NATURA

Biologie für Gymnasien

bearbeitet von

Irmtraud Beyer
Horst Bickel
Hans-Peter Krull

Neurobiologie und Verhalten

Ernst Klett Verlag
Stuttgart • Leipzig

1. Auflage 1 ⁶ 5 4 3   2011 2010

Alle Drucke dieser Auflage sind unverändert und können im Unterricht nebeneinander verwendet werden. Die letzte Zahl bezeichnet das Jahr des Druckes.

Das Werk und seine Teile sind urheberrechtlich geschützt. Jede Nutzung in anderen als den gesetzlich zugelassenen Fällen bedarf der vorherigen schriftlichen Einwilligung des Verlages. Hinweis zu § 52a UrhG: Weder das Werk noch seine Teile dürfen ohne eine solche Einwilligung eingescannt und in ein Netzwerk eingestellt werden. Dies gilt auch für Intranets von Schulen und sonstigen Bildungseinrichtungen.
Fotomechanische oder andere Wiedergabeverfahren nur mit Genehmigung des Verlages.

© Ernst Klett Verlag GmbH, Stuttgart 2007
Alle Rechte vorbehalten.
Internetadresse: www.klett.de

Autoren
Dr. Irmtraud Beyer, Dr. Horst Bickel, Hans-Peter Krull

unter Mitarbeit von
Detlef Eckebrecht, Prof. Dr. Harald Gropengießer, Prof. Dr. Siegfried Kluge, Bernhard Knauer, Dr. Inge Kronberg, Hans-Dieter Lichtner, Uschi Loth, Elisabeth Ponzelar-Warter, Dr. Horst Schneeweiß, Gerhard Ströhla, Dr. Wolfgang Tischer

Redaktion
Dr. Sigrid Schrooten

Mediengestaltung
Andrea Lang

Layoutkonzeption und Gestaltung
Prof. Jürgen Wirth, Visuelle Kommunikation, Dreieich
unter Mitarbeit von Eveline Junqueira, Matthias Balonier und Nora Wirth

Umschlaggestaltung
normal Industriedesign, Schwäbisch Gmünd; unter Verwendung eines Fotos von IFA (Krämer), Ottobrunn

Reproduktion
Meyle + Müller, Medien-Management, Pforzheim

Druck
Firmengruppe APPL,
aprinta druck, Wemding

Printed in Germany
ISBN 978-3-12-045330-7

Schülersoftware zu Natura

Biologisches Fachwissen schnell und gezielt testen, das können Sie mit der Lernsoftware **Natura Biologie-Trainer**, die genau zu Natura passt.
Interaktive Lernbausteine bieten neue Wege zum Verständnis. Übungs- und Testaufgaben machen fit für Klausur und Abitur.
Den **Natura Biologie-Trainer** erhalten Sie im Buchhandel oder unter www.klett.de (im Internet gibt's auch weitere Infos):

 Zu diesen Seiten finden Sie Material im
Natura Biologietrainer Neurobiologie und Verhalten

— Natura Biologietrainer Genetik und Immunbiologie
  ISBN 978-3-12-045360-4
— Natura Biologietrainer Stoffwechsel
  ISBN 978-3-12-045362-8
— Natura Biologietrainer Ökologie
  ISBN 978-3-12-045366-6
— Natura Biologietrainer Neurobiologie und Verhalten
  ISBN 978-3-12-045364-2
— Natura Biologietrainer Evolution in Vorbereitung

Was steht in diesem Buch?

Dieses Buch enthält viele Seiten, die neben der Vermittlung von Wissen zur vielfältigen Auseinandersetzung mit den biologischen Themen anregen:

— **Informationsseiten:** Hier wird die grundlegende Information unterstützt von zahlreichen Abbildungen zu einem Thema geliefert.
— **Praktikumseiten:** Sie finden hier Anleitungen zu Versuchen, die Sie selbst durchführen können.
— **Lexikonseiten:** Diese Seiten bieten eine Fülle zusätzlicher Informationen, die das bisher Gelernte in einen größeren Zusammenhang stellen und damit überschaubarer machen.
— **Materialseiten:** Auf ihnen befinden sich umfangreiche Informationen zu einem Thema und dazugehörige Aufgaben.
— **Impulseseiten:** Auf diesen Seiten finden Sie fächerübergreifende Materialien und Impulse zur selbstständigen Bearbeitung.

Basiskonzepte: Biologie ist eine komplexe Wissenschaft, bei der zwischen den verschiedenen Teildisziplinen viele — teils abstrakte — Beziehungen bestehen. Dieser neue Seitentyp zeigt Querbeziehungen zwischen unterschiedlichsten Themen auf. Basiskonzept-Seiten verdeutlichen Prinzipien und ermöglichen es, Faktenwissen zu ordnen und zu strukturieren. Aufgaben fordern zur Auseinandersetzung mit den Beispielen auf. Informationsseiten enthalten entsprechende Hinweise (→ S. 166/167).

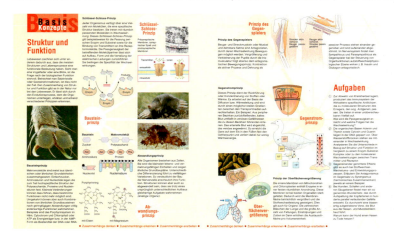

2

Inhaltsverzeichnis

Neurobiologie

1 Reizaufnahme und Erregungsleitung 6
Das Neuron 6
Praktikum: Nervenzelle 7
Die Biomembran — mehr als eine Hülle 8
Das Ruhepotential 10
Das Aktionspotential 12
Fortleitung des Aktionspotentials 14
Material: Geschichte der Neurobiologie 16
Material: Erkenntnisgewinnung 18

2 Neuronale Schaltungen 20
Synapsen 20
Neuromuskuläre Synapse — Motorische Endplatte 22
Vom Reiz zur Reaktion 24
Neurone sind verschaltet — Verrechnung an Synapsen 26
Synapsengifte 28
Material: Synapsengifte als Arzneimittel 29
Reflexe 30

3 Sinnesorgane 32
Menschliches Auge und Netzhaut 32
Lexikon: Lichtsinnesorgane 33
Funktion der Netzhaut 34
Adaptation: Anpassung der Lichtempfindlichkeit 36
Material: Akkommodation 37
Hell und Dunkel: Kontraste 38
Farben entstehen im Kopf 40
Vom Reiz zum Sinneseindruck 42
Riechsinneszellen 44
Lexikon: Reize und Sinne 46

4 Nervensysteme 48
Nervensysteme wirbelloser Tiere 48
Nervensystem der Wirbeltiere 49
Nervensystem des Menschen 50
Bau und Funktion des menschlichen Gehirns 52
Lexikon: Methoden der Hirnforschung 54
Lexikon: Wahrnehmung 56
Gehirn und Gedächtnis 58
Schlaf und Traum 60
Gehirne von Mann und Frau 62
Schmerz, Angst, Depression 64
Impulse: Psychoaktive Stoffe 66

5 Hormone 68
Die Hierarchie der Botenstoffe 68
Hormonwirkung 70
Hormone und Entwicklung 72

Regulation des Blutzuckerspiegels 74
Impulse: Diabetes mellitus 76
Stress 78
Hormone bei Pflanzen — Phytohormone 80
Hormone und Verhalten 82
Material: Brutverhalten bei Lachtauben 83

Verhalten

1 Fragestellungen in der Verhaltensforschung 86
Kausale und funktionale Fragen 86
Zur Geschichte der Verhaltensforschung 88
Konzepte der klassischen Ethologie 90
Lexikon: Instinktlehre — in die Kritik geraten 91
Methoden in der Verhaltensforschung 92
Praktikum: Wandkontakt bei Mäusen 93
Beobachtungsmethoden 94
Humanethologie 96

2 Verhaltensweisen und ihre Ursachen 98
Genetisch bedingte Verhaltenselemente 98
Innere und äußere Impulsgeber 100
Material: Bewegungssteuernde Außenreize 101
Verhaltensabfolgen 102
Material: Das Verhalten der Sandwespe 103
Reflexe sind beeinflussbar 104
Konditionierung — das Tier als Automat? 106
Material: Mehr als Konditionierung 107
Konditionierung im menschlichen Verhalten 108
Material: Modelle und Modellkritik 109
Lernen macht flexibel 110
Prägung 112
Material: Karawanenbildung bei Spitzmäusen 113
Hirnentwicklung und sensible Phasen 114
Komplexes Lernen 116
Lexikon: Weitere Lernformen 118
Kognition und das Lösen von Problemen 119
Affen und Sprache 120
Das Lernen beim Menschen 122

Impulse: Lernprozesse 124
Intelligenz 126
Körpersprache und nonverbale Kommunikation 128

3 Ökologie und Verhalten 130
Habitatwahl und Reviere 130
Optimale Ernährungsstrategien 132
Nahrungserwerb 133
Vor- und Nachteile des Zusammenlebens 134
Sozialsysteme 135

4 Evolution und Verhalten 136
Fortpflanzungserfolg 136
Sozial- und Paarungssysteme der Primaten 138
Sexualstrategien 140
Fortpflanzungsstrategie der Orang-Utans 141
Eltern investieren in ihre Nachkommen 142
Material: Fortpflanzungstaktiken der Heckenbraunelle 144
Infantizid und Fortpflanzungserfolg 146
Material: Infantizid beim Menschen 147
Uneigennütziges Verhalten 148
Gegenseitigkeit bei Vampiren 149
Altruismus bei Primaten 150
Material: Lebenslaufstrategien 152
Kampfstrategien der Rothirsche 154
Computersimulation der Kampfstrategien 155
Aggression und Versöhnung 156
Aggressionsverhalten bei Menschen 158
Material: Aggressionsformen 159
Signale und Kommunikation 160
Impulse: Kulturenvielfalt und menschliche Universalismen 162
Material: Kultureller Wandel und moderne Gesellschaft 164

Basiskonzepte:
Struktur und Funktion 166
Reproduktion 168
Steuerung und Regelung 170
Kompartimentierung 172
Information und Kommunikation 174
Variabilität und Angepasstheit 176

Glossar 178
Register 184
Bildnachweis 188
Gefahrensymbole 190

Neurobiologie

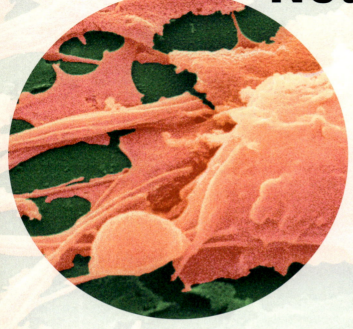

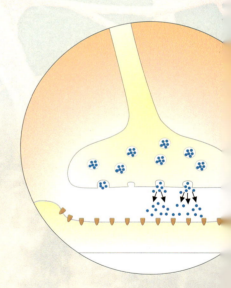

Die Reize lösen in den Sinnesorganen elektrische Erregungen aus. Die Sinneseindrücke, wie Geruch und Farbe des Lachses, entstehen durch die Erregungen von Nervenzellen in bestimmten Hirnzentren.

Ein Bär jagt Lachse. Der Geruch der Fische hat ihn angelockt. Er steht im seichten Wasser und wartet. Im richtigen Moment schlägt die Pranke des Bären zu. Er hat Erfolg, weil er bereits Erfahrungen im Lachsfang gesammelt hat. Die Vorgänge im Nervensystem während der Lachsjagd des Bären sind hier nur vereinfacht dargestellt worden. Mit der genauen Untersuchung dieser Vorgänge beschäftigt sich die *Neurobiologie*.

Der Bär kann nur existieren, wenn er Informationen aus seiner Umwelt aufnimmt, sie verarbeitet und darauf reagiert. Reize aus der Umgebung wirken auf spezialisierte Sinneszellen in den Sinnesorganen ein.

Das Gehirn verarbeitet die vielen Erregungen, speichert sie und vergleicht sie mit bereits gespeicherten Informationen.

Sinneszellen sind selektiv und reagieren nur auf adäquate Reize. Für die Sinneszellen in der Nase sind das bestimmte chemische Substanzen, für die Sinneszellen des Auges hingegen ist es das Licht. Diese Reize lösen Erregungen aus. Sie werden über fadenförmige Nerven zum Gehirn geleitet. Diese Nervenfasern bezeichnet man als *sensorisch* oder *afferent*, weil sie die Erregungen zum Gehirn hinleiten.

Gehirn und Rückenmark fasst man als *Zentralnervensystem* (ZNS) zusammen. Das ZNS nimmt nicht nur Erregungen auf und verarbeitet diese, sondern es löst auch das weitere Verhalten des Bären beim Fischfang aus. Dieses beobachtbare Verhalten setzt sich aus einer Vielzahl koordinierter Muskelbewegungen zusammen. Vom ZNS werden dazu Erregungen über die Nerven an die Muskeln der Bärenpranken weitergeleitet. Diese Nerven nennt man *efferent* oder *motorisch*, weil sie Erregungen vom ZNS zu den Muskeln leiten.

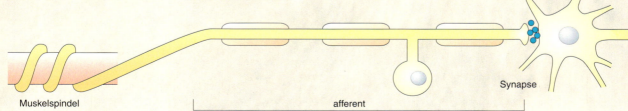

Muskelspindel — afferent — Synapse

Nicht nur die Muskeln, sondern auch innere Organe und Drüsen, wie die Speicheldrüsen, werden über die motorischen Nerven erregt. Strukturen, auf die efferente Nerven einwirken und die daraufhin eine Reaktion zeigen, bezeichnet man als *Effektoren*.

Die Änderung der Gehirnaktivität lässt sich messen und bestimmten Hirnregionen zuordnen. Auch Zustandsänderungen im Körper, wie ein veränderter Glucosespiegel im Blut (ein Maß für Hunger) und gespeicherte Erfahrungen, werden im Gehirn mit ausgewertet. Ein hungriger Bär beginnt dort zu jagen, wo er bereits erfolgreich war.

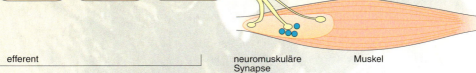

1 Reizaufnahme und Erregungsleitung

Das Neuron

Nerv
Bündel von Nervenfasern, umgeben von Bindegewebe

Nervenfaser
Axon mit umgebenden Hüllzellen

Neuron
meist verzweigte Zelle mit langen Fortsätzen, speziell für die Verarbeitung und Weiterleitung von Erregungen

Die wichtigsten Bauelemente eines Nervensystems sind die Nervenzellen, die *Neurone*. Diese Zellen können elektrische Erregungen erzeugen, verarbeiten und weiterleiten. Die Spezialisierung der verschiedenen Neurone zeigt sich in ihrer Form, ihrer Verzweigung und dem Grad der Ausdehnung (s. Randspalte). Ihre Länge reicht von wenigen Mikrometern bis zu über einem Meter. Dennoch kann die Vielfalt der Neurone auf einen einheitlichen typischen Bauplan zurückgeführt werden (Abb. 1).

Das Neuron ist gegliedert in einen *Zellkörper* und Zellfortsätze. Der Zellkörper (*Soma*) enthält unter anderem den Zellkern. Bei den Zellfortsätzen werden *Dendrit* und *Axon* (auch *Neurit*) unterschieden. Dendriten bilden oft weit verzweigte Fortsätze („Bäumchen") von selten mehr als 2 mm Länge. Sie sind in der Nähe des Zellkörpers meistens dicker als das Axon, verjüngen sich aber mit jeder Gabelung. Das Axon ist oft wesentlich länger als die Dendriten. Ein Neuron besitzt meist nur ein einziges Axon mit einem kegelförmigen Ursprungsbereich, dem *Axonhügel*. Dendriten leiten Erregungen zum Zellkörper hin, Axone leiten Erregungen von ihm weg. Viele Axone verzweigen sich am Ende. An jedem Axonende befindet sich eine Verdickung. Diese *Endknöpfe* bilden Verbindungen (*Synapsen*), in denen Informationen in Form elektrischer Erregungen entweder auf ein anderes Neuron oder auf Muskelfasern übertragen werden.

Neurone sind von Hüllzellen umgeben, den *Gliazellen*. Es gibt schätzungsweise 10-mal so viele Gliazellen wie Neurone. Sie stützen und ernähren die Neurone und sorgen für die elektrische Isolation. Bei vielen Wirbeltieren sind die erregungsleitenden Axone der sensorischen und motorischen Nervenzellen durch Lagen von Zellmembranen spezialisierter Hüllzellen *(Myelin)* umwickelt. Sie bilden die so genannte *Markscheide*, indem sie bei der Entwicklung des Axons dieses mehrfach umschlingen (Abb. 2). Das Axon und die umgebenden Hüllzellen werden *Nervenfaser* genannt. Viele dieser Fasern bilden gebündelt und von Bindegewebe umgeben einen mehr oder weniger dicken *Nerv*. Dieser sieht im lichtmikroskopischen Bild wegen der Hüllzellen weiß aus. Nervenzellkörper sind meist grau gefärbt.

Neuron im Kleinhirn

im Rückenmark

im autonomen Nervensystem

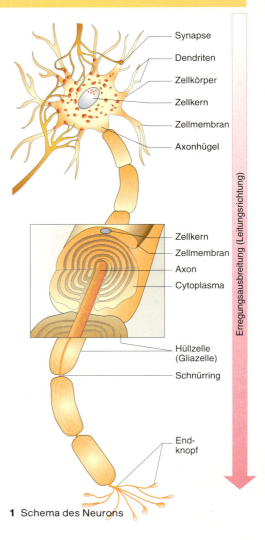
1 Schema des Neurons

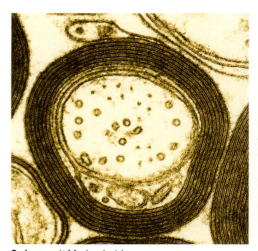
2 Axon mit Markscheide

Neurobiologie und Verhalten

Nervenzelle

Präparation von Nervenzellen

Material:
— Rückenmarksstrang von einem Schlachttier (z. B. Schwein); frisch, oberflächlich leicht angefroren
— scharfe Rasierklinge oder Skalpell
— spitze Schere oder spitze Pinzette
— 6 Objektträger
— 2 Petrischalen
— Mikroskop und Zubehör
— Giemsa-Lösung, Aqua dest.

Durchführung:
a) Der Rückenmarksstrang wird quer geschnitten und seine runde Form wieder hergestellt. Umgeben von einer Bindegewebshülle, ist eine äußere weißliche und eine innere schmetterlingsförmige, zartrosa Fläche zu sehen, die der weißen bzw. der grauen Substanz entsprechen.

b) Aus dem Vorderhorn der grauen Substanz wird mithilfe der Schere oder der Pinzette etwas Material entnommen und auf einen Objektträger gebracht.
c) Versuch a) und b) werden wiederholt, bis 5 Proben auf Objektträgern vorliegen.

d) Mit einem weiteren Objektträger wird das Material gequetscht und verschiebend auseinander gezogen.
e) *Giemsa-Lösung* zum Färben dick auftropfen und 5 Minuten einwirken lassen (Petrischale).
f) Mit destilliertem Wasser wird anschließend überschüssige Giemsa-Lösung abgespült.

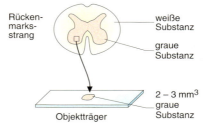

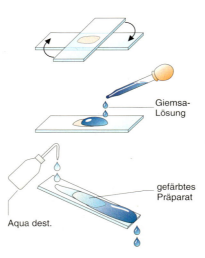

g) Untersuchen Sie die Präparate mikroskopisch: Zellkörper und Zellfortsätze sind violett gefärbt. Kerne mit dunkler kontrastiertem Kernkörperchen und das schollige Endoplasmatische Retikulum heben sich ab. Weiterhin sind Kerne von Hüllzellen zu sehen.

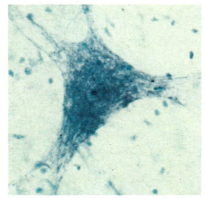

CAMILLO GOLGI entdeckte 1885, dass bei der Behandlung von Nervenzellen mit bestimmten Schwermetallsalzen nur einzelne Zellen eine Färbung annehmen. Dadurch werden auch im dichten Nervengewebe des Gehirns einzelne Zellen erkennbar. Der räumliche Verlauf der Dendriten und Axone wird durch diese Methode deutlich.

SANTIAGO RAMÓN Y CAJAL (1852—1934) untersuchte mithilfe der Golgi-Färbung die Nervensysteme des Menschen und vieler Wirbeltiere. Seine Zeichnungen gehören auch heute noch zu den Standardwerken der Neurobiologie.

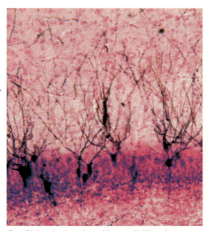

Großhirnrinde einer Katze (Mikrofoto; Golgi-Färbung)

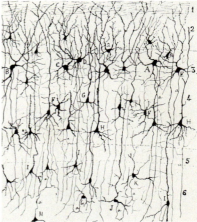

Großhirnrinde einer Ratte (Zeichnung von CAJAL 1888; Golgi-Färbung)

Aufgabe

① Vergleichen Sie die beiden Abbildungen in ihrer Aussagekraft. Weshalb erscheinen im Foto die Axone nicht in ihrer vollen Länge?

Neurobiologie und Verhalten

Die Biomembran — mehr als eine Hülle

Alle Zellen haben als Abgrenzung zur Umgebung eine *Biomembran*, die immer die gleiche Grundstruktur besitzt. Man spricht daher auch von der *Elementarmembran*. Sie besteht aus einer doppelten Schicht von Phospholipidmolekülen *(Lipiddoppelschicht)*. Die unpolaren Kohlenwasserstoffketten der Phospholipide sind zum Inneren der Membran ausgerichtet, die polaren Enden mit der Phosphatgruppe nach außen. Die Biomembran ist die Voraussetzung für die Schaffung von Funktionsräumen und unterschiedlichen Konzentrationen verschiedener Stoffe innerhalb und außerhalb der Zelle (→ 172/173). Dies ist beim *Neuron* eine wichtige Voraussetzung für die Funktion der Erregungsweiterleitung.

Eingebettet in die Membran findet man verschiedene Proteine, die sehr spezifische Funktionen übernehmen. Einige dieser Proteine registrieren bestimmte Stoffe außerhalb der Zelle, wie z. B. Hormone und übertragen die Information vom Vorhandensein dieser Stoffe in das Innere der Zelle. Die *peripheren Membranproteine* liegen auf der Membranoberfläche und sind durch Ionenbindungen sowie Wasserstoffbrücken mit dieser verbunden. Sie sind an der Zusammenarbeit der Plasmamembranen mit Mikrotubuli oder Aktinfilamenten beteiligt. Sie spielen bei der Erregungsweiterleitung eines Neurons eine untergeordnete Rolle. Weitere Proteine dienen dem Austausch bestimmter Stoffe in die Zelle oder aus der Zelle heraus. Der Stoffaustausch kann hierbei passiv durch die Eigenbewegung der Stoffmoleküle erfolgen oder aktiv unter Energieverbrauch und mithilfe von Proteinen, die als „Transporter" bezeichnet werden. Diese *integralen Membranproteine* durchspannen die Phospholipiddoppelschicht und verbinden so die Außenseite der Zelle mit der Innenseite.

Kanäle, Carrier und Pumpen

Der Durchtritt von Stoffen durch Biomembranen erfolgt unterschiedlich. Unpolare Moleküle wie Sauerstoff, Stickstoff und Kohlenstoffdioxid können die Biomembran leicht durchdringen. Wasser kann in geringen Mengen passiv durch diese diffundieren. Der Austausch von größeren Molekülen oder Ionen, die von einer Hydrathülle umgeben sind, setzt jedoch die Hilfe von integralen Membranproteinen voraus, die als *Ionenkanäle, Carrier* (Transporter) oder *Pumpen* fungieren. Der Transport in Richtung des Konzentrationsgefälles ist passiv, d. h. energieunabhängig *(Diffusion)*, während beim aktiven Transport gegen das Konzentrationsgefälle Energie aufgewendet werden muss.

Ionenkanäle sind integrale Tunnelproteine. Sie können ständig geöffnet sein oder sie öffnen und schließen sich durch elektrische oder chemische Auslöser (spannungsabhängige oder ligandengesteuerte Ionenkanäle). Durch die Kanäle diffundieren große Mengen von Ionen — bis zu 100 Millionen pro Sekunde — von der hohen zur niedrigen Konzentration *(passiver Transport)*. Bei den Carriern gibt es ebenfalls eine Form, die Substanzen nur in Richtung des Konzentrationsgefälles transportiert. Diesen Mechanismus bezeichnet man als *Uniport*.

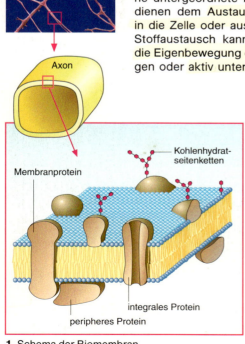

1 Schema der Biomembran

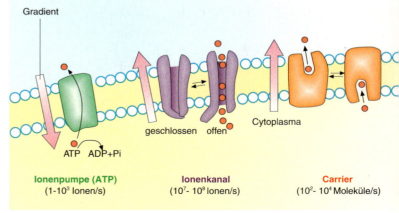

2 Schematische Darstellung der Transportmechanismen

Ionenpumpe (ATP) ($1-10^3$ Ionen/s)

Ionenkanal ($10^7 - 10^8$ Ionen/s)

Carrier ($10^2 - 10^4$ Moleküle/s)

Neurobiologie und Verhalten

Beim *aktiven Transport* gibt es zwei Varianten: primär aktiv und sekundär aktiv. Der primär aktive Transport ist direkt verbunden mit energetischen Vorgängen. Die Energie stammt aus dem energiereichen ATP-Molekül. Ein Beispiel sind die Natrium-Kaliumpumpen in den Nervenzellen. Unter Verbrauch von ATP werden Natriumionen aus der Nervenzelle in die interzelluläre Flüssigkeit abgegeben, während gleichzeitig Kaliumionen aus der interzellulären Flüssigkeit ins Zellinnere gelangen. Hierdurch wird eine ungleiche Verteilung von Ionen aufrechterhalten, die zur Funktion der Nervenzelle notwendig ist. Beim sekundär aktiven Transport werden die Moleküle zusammen mit einem anderen Molekül in die gleiche Richtung *(Symport, Abb. 1)* oder die entgegengesetzte Richtung *(Antiport)* transportiert. Beim Symport und Antiport ist immer ein endergonischer Prozess mit einem exergonischen gekoppelt. Das zu transportierende Molekül wird gegen das Konzentrationsgefälle transportiert, der zweite Stoff in die Richtung des Konzentrationsgefälles. Hierzu wird das jeweilige Molekül an eine spezifische Stelle des Carriers gebunden und gelangt dadurch auf die andere Seite der Membran. (→ 166/167)

Wie ermittelt man die Funktion der Kanäle?

Viele Vorgänge lassen sich allein mit der Kenntnis von Zellstrukturen nicht erklären. Hierzu sind spezielle Messmethoden notwendig. In Versuchen wird zuerst untersucht, welche Substanzen durch die Membran transportiert werden. Hierzu verwendet man Substanzen in radioaktiv markierter Form. Diese Substanzen werden dann in die Nervenzelle injiziert und nach einiger Zeit wird der radioaktive Anteil außerhalb der Zelle gemessen. Diesen Versuch wiederholt man anschließend in umgekehrter Richtung. Auf diesem Wege ermittelt man gezielt die Transportrichtung bestimmter Substanzen bei den Transportvorgängen durch die Membran.

Die Erkenntnis, welche spezifischen Kanäle beim Austausch bestimmter Ionen beteiligt sind, erhält man mit der *Patch-Clamp-Technik*. Gleichzeitig kann hierbei untersucht werden, wann die Kanäle geöffnet oder geschlossen sind. Mit dieser Technik wird der Ionenstrom durch eine sehr kleine Membranfläche gemessen. Eine Mikropipette aus Glas wird durch leichtes Ansaugen auf der Zellmembran befestigt. Dieser abgegrenzte Teil der Biomembran, z. B. am Axon, ist mit 0,5 µm so klein, dass einzelne Ionenkanäle oder Ionenpumpen analysiert werden können. Die Glaskapillare ist mit einer Salzlösung gefüllt, die den Strom leitet. Eine zweite Kapillare wird in die Zelle eingeführt. Bei der Messung des Stromflusses beobachtet man plötzliche, kurzfristige Ausschläge: Der Kanal öffnet sich, Ionen diffundieren hindurch, danach schließt sich der Kanal wieder. Die Ionenströme liegen im Messbereich von 10^{-12} A. Auf diesem Weg kann man die Anzahl der diffundierenden Ionen pro Zeiteinheit messen. Um zu untersuchen, welche Ionen sich durch die Ionenkanäle bewegen, werden diese durch spezifische Substanzen blockiert. So können getrennt Natrium- oder Kaliumionenkanäle blockiert werden. Mithilfe dieser Messungen wurde die Arbeitsweise des Axons in Ruhe und Erregung untersucht. (→ 166/167, → 172/173)

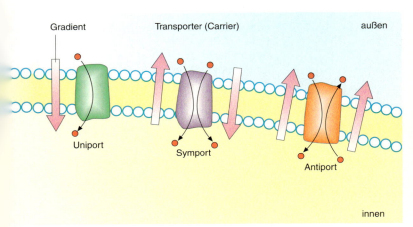

1 Transportmechanismen über Carrier

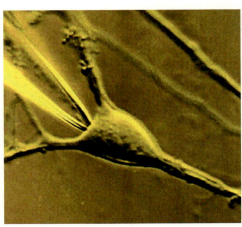

2 Patch-Clamp-Technik

Neurobiologie und Verhalten

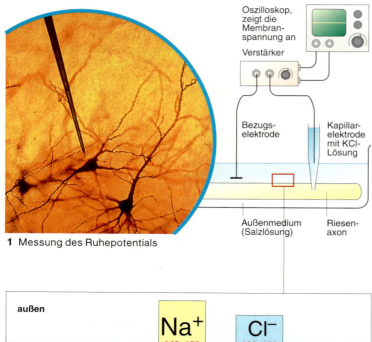

1 Messung des Ruhepotentials

2 Axon mit Ionenverteilung (Ionenkonzentration in mmol/l)

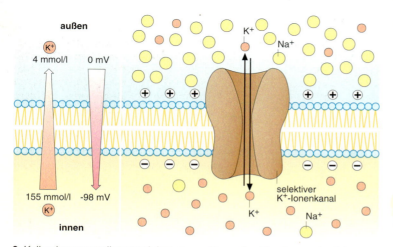

3 Kaliumionenverteilung und daraus resultierendes Membranpotential

Das Ruhepotential

Bereits im 18. Jahrhundert beobachtete der Forscher Luigi Galvani eine Kontraktion am Nerv-Muskel-Gewebe eines Froschbeins, während er dieses mit seinem Metallbesteck präparierte. Er führte diese Beobachtung auf „tierische Elektrizität" zurück. Genaue Deutungen sind aber erst durch die Entwicklung von besonderen Messgeräten (s. Seite 9) möglich, mit denen sich sehr geringe Spannungen und Ströme nachweisen lassen.

Membranpotential

Um die elektrischen Vorgänge am Neuron zu studieren, untersucht man nicht einen ganzen Nerv, sondern einzelne Axone. Die Messung erfolgte früher mithilfe von Elektroden, die über einen Messverstärker mit einem Oszilloskop verbunden sind. Um die Messungen im dünnen Axon durchführen zu können, wurde eine extrem feine, harte Glaskapillar-Mikroelektrode entwickelt, die mit einer leitenden Salzlösung gefüllt wird.

Misst man an einem nicht erregten Axon, bei dem beide Elektroden außerhalb der Membran in der umgebenden Körperflüssigkeit liegen, so tritt keine Spannung auf. Wird eine der beiden Mikroelektroden durch die Axonmembran eingestochen, so misst man zwischen den Elektroden auf der Innen- und Außenseite der Membran eine Spannung, die auf dem Oszilloskop angezeigt wird (Abb. 1).

Eine Spannung ist eine elektrische Potentialdifferenz. Bei den Messungen am Axon liegt diese Spannung zwischen der Außenseite und der Innenseite der Axonmembran. Man nennt diese Spannung das *Membranpotential*. Das Potential der außen liegenden Bezugselektrode wird willkürlich als Null definiert. Für das Innere eines Axons ergibt sich dann ein Potential von z. B. -70 mV. Membranpotentiale treten nicht nur bei Neuronen, sondern bei allen pflanzlichen und tierischen Zellen (z. B. bei Muskelzellen) auf.

Eine Spannung bildet sich an der Zellmembran aus, weil positiv bzw. negativ geladene Ionen in unterschiedlichen Konzentrationen auf den Seiten der Membran vorliegen (Abb. 2). Das *Ruhepotential* basiert auf der Verteilung positiv geladener K^+- und Na^+-Ionen und negativ geladener Cl^--Ionen sowie organischer Ionen (A^-). Bei den organischen Anionen handelt es sich um Säurereste organischer Säuren oder um Proteine.

10   Neurobiologie und Verhalten

Entstehung des Ruhepotentials

Die Axonmembran besteht aus einer Biomembran. Sie trennt das Cytoplasma im Intrazellularraum von der Körperflüssigkeit *(Lymphe)* im Extrazellularraum. Die Membran ist selektiv permeabel. Wassermoleküle können passieren, gelöste Ionen nicht oder nur eingeschränkt.

Untersuchungen, bei denen radioaktiv markierte Ionen entweder extra- oder intrazellulär zugeführt wurden, zeigten jedoch, dass ein Teil dieser Ionen anschließend auf jeweils der anderen Seite der Axonmembran zu finden war. Die Permeabilität für die einzelnen Ionen ist verschieden (s. Randspalte). Für Na^+-Ionen beträgt sie nur 4% der Permeabilität für K^+-Ionen. Die geladenen Eiweißmoleküle können die Membran überhaupt nicht durchqueren.

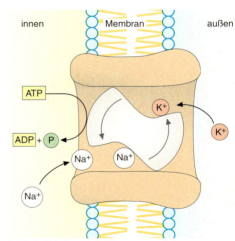

1 Na^+-K^+-Ionenpumpe

Diese selektive Permeabilität der Axonmembran lässt sich mit dem Vorkommen *selektiver Ionenkanäle* erklären. Es wurden verschiedene Kanalproteine nachgewiesen, die in der Lipidschicht der Zellmembran liegen und jeweils nur eine Ionenart, z. B. K^+-Ionen, hindurchlassen (Abb. 10.3).

In der Axonmembran sind im Ruhezustand hauptsächlich die K^+-Ionenkanäle geöffnet. Die Konzentration der K^+-Ionen ist auf der Innenseite der Axonmembran 40fach größer als auf der Außenseite. Die Wahrscheinlichkeit, dass ein K^+-Ion von innen nach außen den Kanal durchquert, ist daher 40-mal höher als umgekehrt. Jedes K^+-Ion, das sich über den Ionenkanal von innen nach außen bewegt, entfernt eine positive Ladung aus dem Axoninnenraum. Der Intrazellularraum wird relativ zum Extrazellularraum negativ geladen, da die Anzahl der positiv geladenen Ionen abnimmt. Die negativ geladenen Ionen bleiben zurück. Da sich unterschiedliche Ladungen anziehen, lagern sich an der Innenseite der Axonmembran negativ geladene Ionen an, an der Außenseite positiv geladene Ionen. Mit dieser Ladungstrennung entsteht ein elektrisches Feld an der Membran.

Durch den Überschuss positiver Ladungen auf der Außenseite werden nachfolgende K^+-Ionen immer stärker durch gleiche Ladungen abgestoßen. Es wirken also zwei Kräfte auf die K^+-Ionen ein (Abb. 10.3):
— Das Konzentrationsgefälle *(Konzentrationsgradient)* zwischen innen und außen, das die Diffusion (Brown'sche Molekularbewegung) von K^+-Ionen durch die Ionenkanäle begünstigt.
— Das durch die Ladungstrennung bedingte elektrische Feld, das den entgegengesetzten Einstrom begünstigt.

Dies führt letztlich zu einem Zustand, bei dem beide Vorgänge im Gleichgewicht stehen. Die hierbei durch die K^+-Ionen entstandene Spannung, das Kaliumgleichgewichtspotential, bildet die Grundlage für das Membranpotential, wie es am nicht erregten Neuron, also im Ruhezustand, vorliegt. Man nennt diese Spannung *Ruhepotential*. Ihre Höhe wird durch die Ionenströme der Na^+- und Cl^--Ionen in geringem Maße beeinflusst.

Natrium-Kalium-Pumpe

Das Ruhepotential müsste im Gleichgewichtszustand lange Zeit erhalten bleiben. Wird die Bildung des energiereichen Stoffes ATP durch Zellgifte behindert, zeigt sich jedoch, dass sich das Potential langsam abbaut. Aufgrund der Ionengradienten und des Membranpotentials diffundieren ständig kleine Mengen Na^+-Ionen nach innen und infolgedessen K^+-Ionen nach außen. Diese *Ionenleckströme* durch die Axonmembran werden ausgeglichen durch einen aktiven, Energie benötigenden Transportmechanismus, die Natrium-Kalium-Pumpe (Abb. 1). Ohne sie würden sich die Ionenkonzentrationen langsam ausgleichen und damit würde das Ruhepotential gegen Null gehen. Die Pumpe ist ein Membranprotein, das Na^+-Ionen aus der Zelle und K^+-Ionen in die Zelle transportiert. Die dazu notwendige Energie liefert ATP. Die Ionenpumpe tauscht in einem Pumpzyklus drei Na^+-Ionen gegen zwei K^+-Ionen aus. (→ 166/167)

Permeabilität = Ionendurchlässigkeit
(relative Werte)
K^+ 1
Na^+ 0,04
Cl^- 0,45
A^- 0

Ionendurchmesser mit Wasserhülle:
K^+ 396 pm
Na^+ 512 pm

1 pm = 10^{-12} m

Ruhepotential (mV)

Katze   -60 bis -80
(Motoneuron)

Krabbe   -71 bis -94
(Riesenaxon)

Tintenfisch   -62
(Faser ohne Markscheide)

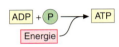

ATP
(Adenosintriphosphat) ein energiereicher Stoff

Neurobiologie und Verhalten   **11**

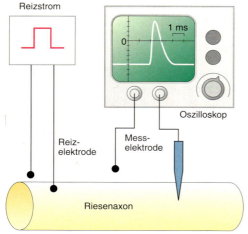

1 Messung des Aktionspotentials

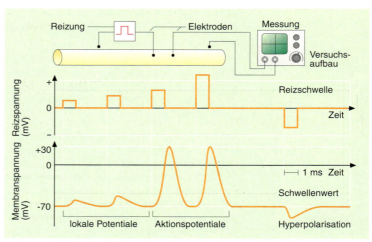

2 Reizstärke und Membranpotential

Das Aktionspotential

Reize rufen in Sinneszellen elektrische Erregungen hervor. Sensorische Nervenzellen leiten diese Erregungen zum Gehirn. Motorische Nervenzellen leiten Erregungen zu den Muskeln, wodurch deren Kontraktion ausgelöst wird. An der Axonmembran der beteiligten Nervenzellen misst man zu diesem Zeitpunkt kurzfristige Veränderungen des Membranpotentials.

Messung des Aktionspotentials

Wissenschaftlich untersucht wurden diese Zusammenhänge seit 1936 an den Axonen von *Loligo*, einem Tintenfisch. Diese Axone besitzen einen besonders großen Durchmesser (bis zu 1 mm) und sind daher für Messungen gut geeignet.

Im Experiment wird das Axon an einer bestimmten Stelle mit unterschiedlichen Spannungen elektrisch gereizt. An einer etwas entfernt liegenden Stelle wird mithilfe einer Glaskapillarelektrode und des Oszilloskops die Reaktion des Axons gemessen.

Wird durch die Reizelektroden kurzzeitig eine stärker negative Spannung als das Ruhepotential angelegt, sinkt sie auch kurzzeitig an der Messstelle (*Hyperpolarisation*). Im anderen Fall hat eine Reizspannung mit umgekehrter Polung eine kurzfristige Erhöhung des Axonpotentials zur Folge (*Depolarisation*). Je höher die Reizspannung ist, desto höher ist auch die Depolarisation an der Messstelle. Überschreitet die Depolarisation einen bestimmten Schwellenwert der Span-

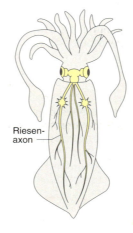

Riesenaxon

Hyperpolarisation
hyper, gr. = über;
Spannung ist negativer als das Ruhepotential

Depolarisation
de, lat. Vorsilbe = weg;
schnelle Änderung des Ruhepotentials in Richtung des positiven Spannungsbereiches

Repolarisation
re, lat. Vorsilbe = zurück;
Rückkehr zum Ruhepotential

nung, ändert sich das Axonpotential schlagartig innerhalb einer Millisekunde bis zu einem Spitzenwert von ca. +30 mV. Das Axon bildet aktiv ein *Aktionspotential*, das sich über das Axon fortpflanzt. Dabei misst man nach dem Überschreiten der Spannungsschwelle eine schnelle, starke Erhöhung des Potentials, den *Aufstrich* oder die *Depolarisationsphase*. Im *Überschuss* kann das Axonpotential positive Werte annehmen. Nach kurzer Zeit sinkt das Potential in der *Repolarisationsphase* aber schnell wieder auf das Ruhepotential ab.

Aktionspotentiale zeigen immer den gleichen Verlauf. Sowohl die zeitliche Dauer der einzelnen Phasen als auch ihr elektrisches Potential sind immer gleich; sie geschehen so oder gar nicht. Sie folgen also streng dem *Alles-oder-Nichts-Gesetz*.

Molekulare Vorgänge

Eine Veränderung der Ionenkonzentration an der Innen- oder Außenseite der Axonmembran führt zu einer Änderung des Membranpotentials. ALAN HODGKIN und BERNARD KATZ wiesen 1949 durch Experimente an Tintenfischaxonen nach, welche Ionen hierbei eine Rolle spielen. Sie ersetzten die außerhalb des Axons vorhandenen Na^+-Ionen durch positiv geladene, aber wesentlich größere Cholinionen, die die Axonmembran nicht durchqueren können. So konnten keine Aktionspotentiale ausgelöst werden. Die Forscher vermuteten, dass das Aktionspotential durch das Öffnen von Na^+-Ionenkanälen und

Neurobiologie und Verhalten

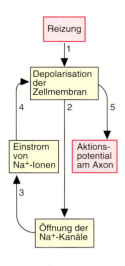

den schnellen Einstrom der Na$^+$-Ionen in das Axon entsteht *(Ionentheorie der Erregung)*. Die Messung der vorhandenen Ionenkonzentration ergab, dass die Außenkonzentration der Na$^+$-Ionen gegenüber der Innenkonzentration 10fach höher ist. Die Hypothese wurde durch Patch-Clamp-Messungen (s. Seite 9) an Ionenkanälen bestätigt: Während der Depolarisation sind die meisten Na$^+$-Ionenkanäle geöffnet, jedoch nur wenige für K$^+$.

Abbildung 1 veranschaulicht die Entstehung des Aktionspotentials. Durch einen elektrischen Reiz wird das Axon überschwellig depolarisiert. Durch die Änderung des Membranpotentials wird die Wahrscheinlichkeit der Öffnung von benachbarten Na$^+$-Ionenkanälen erhöht (Abb. 1b). Man nennt diese Kanäle *spannungsabhängige Kanäle*. Na$^+$-Ionen strömen in großer Zahl in das Innere des Axons. Der Anteil der positiv geladenen Ionen wird dadurch außerhalb des Axons geringer, innerhalb dagegen größer. Diese Veränderung des Membranpotentials führt zur Öffnung weiterer spannungsabhängiger Na$^+$-Ionenkanäle und zur weiteren Depolarisation bis zum Höhepunkt des Aktionspotentials (Abb. 1c). Die einzelnen Na$^+$-Ionenkanäle schließen sich jedoch sehr schnell wieder und sind anschließend für eine kurze Zeit nicht mehr zu öffnen. Sie werden erst nach dem Eintreten des Ruhepotentials und einer anschließenden *Refraktärzeit* wieder aktivierbar.

Die Repolarisation der Axonmembran wird wesentlich durch den Ausstrom von K$^+$-Ionen bedingt (Abb. 1d). Dies ließ sich durch Experimente mit Giftstoffen nachweisen, die die spannungsabhängigen K$^+$-Ionenkanäle blockieren. Die Repolarisation ist bei solchen Experimenten sehr stark verlangsamt. Messungen an den spannungsabhängigen K$^+$-Ionenkanälen ergaben, dass im Vergleich zu Na$^+$-Ionenkanälen ihre Öffnungswahrscheinlichkeit erst bei einer stärkeren Depolarisation gegeben ist. Durch das verstärkte Ausströmen der K$^+$-Ionen aus dem Axon wird das Zellinnere wieder zunehmend negativ, bis das Ruhepotential erreicht ist. Erst beim Erreichen des Ruhepotentials schließen sich die K$^+$-Ionenkanäle wieder. Das Ruhepotential wird kurzfristig sogar unterschritten *(Hyperpolarisation)*. Eine Hyperpolarisation tritt auf, da außerhalb des Axons an den Ionenkanälen die K$^+$-Ionen nicht so schnell in die Umgebung wegdiffundieren können.

Ein einzelnes Aktionspotential verändert die Ionenkonzentrationen an der Membran nur geringfügig, sodass sich das Ruhepotential leicht wieder einstellt. Laufen jedoch tausende von Aktionspotentialen über die Axonmembran, so gewinnt die Natrium-Kalium-Pumpe an Bedeutung. Sie verhindert, dass sich die Ionenverteilung so sehr verändert, dass sich kein Ruhepotential mehr einstellen kann. (→ 172/173)

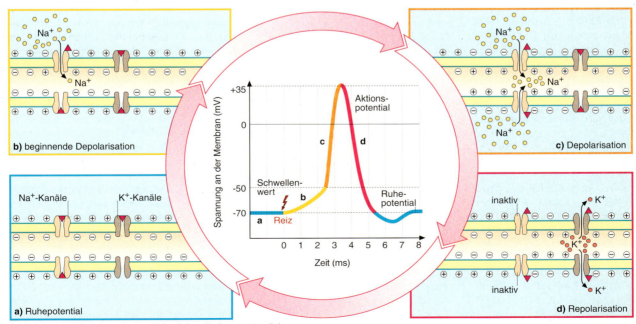

1 Molekulare Vorgänge beim Ablauf des Aktionspotentials

Neurobiologie und Verhalten

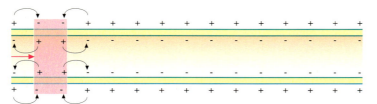

1 Kontinuierliche Erregungsleitung

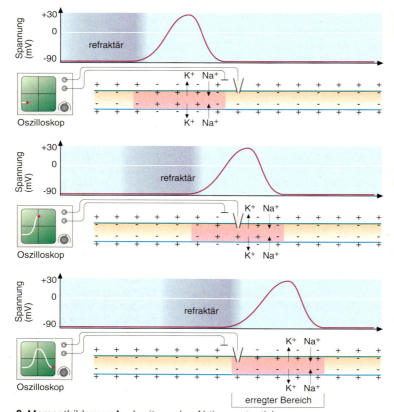

2 Momentbilder zur Ausbreitung des Aktionspotentials

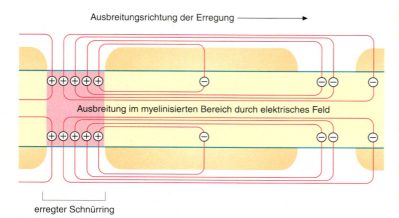

3 Saltatorische Erregungsleitung

Fortleitung des Aktionspotentials

Ein unterschwelliger elektrischer Reiz löst im Experiment an der gereizten Stelle des Axons eine lokale Depolarisation aus. An der Reizstelle liegt eine stärker positive Ladung an der Innenmembran vor als in der Umgebung. Es entsteht ein elektrisches Feld in beide Richtungen entlang des Axons (Abb. 1). Die Feldstärke und damit die Depolarisation der Membran nimmt mit zunehmender Entfernung ab. Eine gute elektrische Leitfähigkeit entlang der Axonmembran führt zu einer weiteren Ausbreitung des elektrischen Feldes, ebenso eine möglichst kleine Leitfähigkeit durch die Membran, da sich das elektrische Feld dann nicht durch Ionenströme durch die Membran abschwächen kann. Je nach den Bedingungen breitet sich das elektrische Feld zwischen 0,1 und 1 mm weit aus. Eine solche passive Ausbreitung der Spannungsänderung entlang des Axons nennt man *elektrotonische Leitung*.

Kontinuierliche Erregungsleitung

Aktionspotentiale werden im Gegensatz zu den lokalen Potentialen entlang der Axone weiter geleitet, ohne dabei schwächer zu werden. Wird die Spannungsschwelle am Axon überschritten, bildet sich ein elektrisches Feld aus, das stark genug ist, um auch an benachbarten Axonstellen die Spannungsschwelle zu überschreiten und die spannungsgesteuerten Natriumkanäle zu öffnen. Die daraus resultierende Depolarisation löst dort wieder ein Aktionspotential aus, das seinerseits an den Nachbarstellen zu einer überschwelligen Depolarisation führt. Durch fortwährende Wiederholung dieser Vorgänge wird das Aktionspotential immer weiter geleitet (Abb. 2). Da es an jeder Stelle der Membran nach dem Alles-oder-Nichts-Prinzip neu gebildet wird, schwächt es sich mit der Entfernung auch nicht ab. Man spricht von *kontinuierlicher Erregungsleitung*.

Das elektrische Feld kann sich grundsätzlich in beide Richtungen am Axon ausbreiten. Trotzdem läuft normalerweise das Aktionspotential nur in eine Richtung. Dort, wo gerade ein Aktionspotential gebildet wurde, befindet sich die Axonmembran in der *Refraktärzeit*, die Natriumkanäle sind inaktiv und nicht zu öffnen. Nur die vor dem Aktionspotential liegenden aktivierbaren Natriumkanäle können sich öffnen und ein Aktionspotential hervorrufen. Im Organismus

14 Neurobiologie und Verhalten

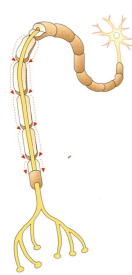

Saltatorische Erregungsleitung

saltatorisch
lat. *saltus* = der Sprung

läuft also ein Aktionspotential immer vom Axonhügel zu den Endknöpfen. Axone sind „Einbahnstraßen".

Schnelle Reaktionen, z. B. bei der Jagd oder bei der Flucht, sichern das Überleben eines Tieres. In der Evolution haben sich zwei Mechanismen zur schnelleren Fortleitung der Aktionspotentiale entwickelt. Die Vergrößerung des Axondurchmessers vermindert den elektrischen Widerstand entlang der Axonmembran und bewirkt so bei der Depolarisation der Nachbarstellen durch ein elektrisches Feld ein schnelleres Erreichen des Schwellenwertes. Dadurch wird dort schneller ein Aktionspotential aufgebaut, die Fortleitungsgeschwindigkeit ist gegenüber dünneren Axonen erhöht.

Saltatorische Erregungsleitung

Sehr hohe Fortleitungsgeschwindigkeiten findet man bei *myelinisierten Axonen*. Nur an den nicht myelinisierten Schnürringen bilden sich Aktionspotentiale aus, da sich nur hier spannungsgesteuerte Natrium-Ionenkanäle befinden. Die myelinisierten Bereiche werden von den Aktionspotentialen scheinbar fast ohne zeitliche Verzögerung übersprungen. Man spricht daher von einer *saltatorischen Erregungsleitung* (Abb. 14.3).

Die Membranen der Gliazellen (s. Seite 6) sind in vielen Schichten um das Axon gewickelt. Die Lipide der Membranen *(Myelinschicht)* isolieren elektrisch sehr gut und sorgen daher für eine extrem geringe Leitfähigkeit quer durch die Membran. Dadurch breitet sich das elektrische Feld bei einer Depolarisation sehr schnell und nur wenig abgeschwächt aus und depolarisiert die Membran am nächsten Schnürring rasch. Da dort auch viele Natriumkanäle liegen (bis 12 000 pro μm^2 statt „nur" 500 im unmyelinisierten Neuron), erfolgt die Spannungsänderung bei der Entstehung des Aktionspotentials ebenfalls schnell. Da die Schnürringe etwa 2 mm Abstand haben und nur dort die zeitaufwändigere Verstärkung des Aktionspotentials auf den Ausgangswert erfolgt, beobachtet man bei Axonen des Menschen Fortleitungsgeschwindigkeiten bis zu 180 m/s.

Die saltatorische Erregungsleitung ist nicht nur in zeitlicher Hinsicht der kontinuierlichen überlegen. Da geringere Axondurchmesser ausreichen, wird Material eingespart. Nur dünne Axone ermöglichen die Entstehung komplexer Nervensysteme wie des Gehirns auf kleinem Raum. Auch der Energiebedarf ist geringer.

Aufgaben

① Erklären Sie, warum die saltatorische Erregungsleitung weniger Energie benötigt als die kontinuierliche.
② Im Experiment wird ein präpariertes Axon in der Mitte überschwellig gereizt. Wie unterscheidet sich die Erregungsleitung in diesem Versuch von der unter natürlichen Verhältnissen?

Zettelkasten

Elektrische Felder — unsichtbare Kräfte

Jeder kennt den Effekt: Eine Plastikfolie über die man mit einem Stück Stoff gerieben hat, zieht kleine Papierstückchen, Haare oder Staubpartikel an.

Auf der Oberfläche der Kunststofffolie sind durch die Reibung Ladungen entstanden. Geladene Körper üben Kräfte aufeinander aus, ohne dass sie sich berühren. In der Umgebung eines elektrisch geladenen Körpers bzw. zwischen zwei elektrisch geladenen Körpern besteht ein *elektrisches Feld*. Dieses lässt sich durch Feldlinien darstellen (s. Abb.). Die Richtung der Feldlinien gibt die Richtung der Kraft auf einen anderen Körper an. Durch diese Kräfte werden von der Plastikfolie Papierstückchen, Haare oder Staubpartikel angezogen. Bei gleichen Ladungen zweier Körper stoßen sich diese ab.

Bei den Körpern kann es sich auch um geladene Teilchen, wie Ionen handeln. Auf dem Axon entsteht durch die Ionen unterschiedlich geladener Abschnitte ebenfalls ein elektrisches Feld. Die Kräfte dieses elektrischen Feldes wirken auf die spannungsabhängigen Ionenkanäle ein und verändern die Form ihrer Proteine. Dies führt zu einer Öffnung der spannungsabhängigen Ionenkanäle.

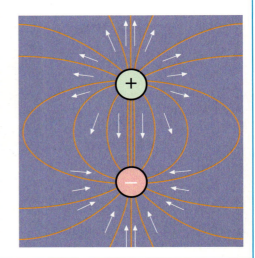

Neurobiologie und Verhalten

GALVANIS Experiment

Geschichte der Neurobiologie

Wissenschaftliche Erkenntnisse lassen sich nur durch Experimente und vielseitige Beobachtungen gewinnen. Zwar erklärte bereits HIPPOKRATES (460–379 v. Chr.), dass das Gehirn für Empfindung und Intelligenz verantwortlich sei, jedoch glaubte ARISTOTELES (335 v. Chr.) zur gleichen Zeit, dass das Herz die Quelle mentaler Prozesse sei. Hieran erkennt man, dass die Menschen schon sehr lange der Frage nach der Funktion und dem Ort des Denkens und Fühlens nachgingen, jedoch keine schlüssigen Antworten finden konnten, da notwendige Untersuchungsmethoden und Grundkenntnisse noch nicht vorhanden waren.

Genauere anatomische und histologische Untersuchungen wurden erst durch die Erfindung des Mikroskops (ca. um 1600) möglich. 1717 beschreibt ANTONIE VAN LEEUWENHOEK hohle Nervenquerschnitte unter dem Mikroskop.

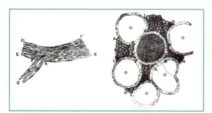

VAN LEEUWENHOEKS Zeichnung Quer- und Längsschnitt von Nerven

Erst 1838 vermutete man infolge mikroskopischer Beobachtungen, dass Nervenfasern aus Nervenzellkörpern entspringen.

1791 beobachtete LUIGI GALVANI an Froschmuskeln ein Zucken beim Berühren mit Metallen. Er vermutete, dass eine „tierische Elektrizität" durch die Nerven zu den Muskeln gelangt und in diesen gespeichert wird. Durch die Metalle sollte die Elektrizität aus dem Muskel entladen werden. Erst später wurde durch den Physiker ALESSANDRO VOLTA ein Verständnis des elektrischen Stroms entwickelt. 1840 gelang es VITTORIO MATTEUCCI, Muskelpräparate durch Strom zu reizen und zu zeigen, dass Nerven elektrische Ströme erzeugen. 1874 führte ROBERT BARTHOLOW elektrische Reizungen an der menschlichen Hirnrinde durch.

1949 gelang es den Wissenschaftlern GILBERT LING und RALPH W. GERARD mithilfe der Glaskapillar-Methode und Messverstärkern, exakte Messungen zu den Membranpotentialen am Axon durchzuführen. Diese Messungen führten zu einem Verständnis des Ruhe- und Aktionspotentials. Viele Experimente wurden an den Riesenaxonen des Tintenfisches Loligo durchgeführt.

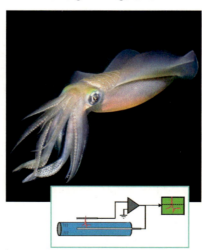

ALAN L. HODGKIN an ANDREW F. HUXLEYS Experiment zur Aufklärung der ionischen Zusammensetzung der Aktionsströme an Axonen vom Tintenfisch

Bereits 1911 hatte der Chemiker FREDERIK G. DONNAN die Verteilung von Ionen in zwei getrennten Kammern gemessen. Diese beiden Kammern waren durch eine Membran getrennt.

ALAN L. HODGKIN und Andrew F. HUXLEY wiesen 1940 mit den Mikroglaskapillaren am Axon nach, dass das Aktionspotential in den negativen Bereich geht. Bisher

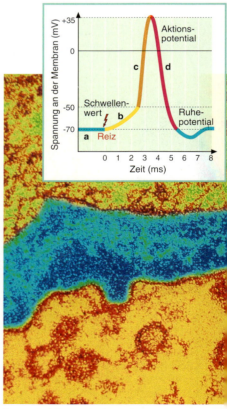

Synapse, Mikroaufnahme mit Transmissions-Elektronenmikroskop

Neurobiologie und Verhalten

hatte man geglaubt, dass das Potential zusammenbricht und auf den Wert Null geht. 1949 fanden ALAN L. HODGKIN und BERNARD KATZ heraus, dass durch Entfernen von Natriumionen auf der Aussenseite des Axons die Amplitude des Potentials kleiner wurde.

Mit radioaktiven Kaliumionen wiesen ALAN L. HODGKIN und ANDREW F. HUXLEY 1953 nach, dass diese Ionen eine große Rolle bei der Depolaristion spielen.

1937 führte ALAN L. HODGKIN Messungen an einem Axon durch, bei dem ein Stück gefroren war und somit kein Ionenaustausch erfolgte. Trotzdem wurden Erregungen über dieses Stück hinweg geleitet. Er führte dies auf eine „elektrotonische Ausbreitung", also elektrische Felder zurück, die über das gefrorene Stück Axon hinweg wirkten.

Voraussetzung für ein Verständnis der Membranpotentiale und die Funktion der Ionenkanäle waren die Erkenntnisse zum Aufbau der Zellmembran. 1935 wiesen E. GORTER und F. GRENDEL anhand von Experimenten und elektronenmikroskopischer Aufnahmen nach, dass die Zellmembran eine Lipiddoppelschicht ist. 1972 konnten SEYMOUR J. SINGER und GARTH NICOLSON anhand elektronenmikroskopischer Aufnahmen nachweisen, dass in der Lipiddoppelschicht integrale Proteine vorhanden sind. Dies war eine wichtige Erkenntnis zur Lage der Ionenkanäle in der Membran.

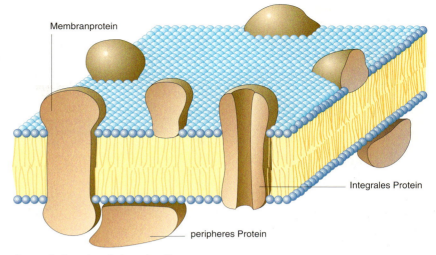

Integrale Proteine als Ionenkanäle

1932 hatte der Physiker ERNST RUSKA das Elektronenmikroskop erfunden.

1906 formulierte CHARLES SHERRINGTON: "The neuron itself is visibly a continuum from end to end, but continuity fails to be demonstrable where neurone meets neuron — at the synapse".

OTTO LOEWI stellte 1921 fest, dass bei der Hemmung der Herztätigkeit über einen Nerv eine Substanz entsteht, die ein anderes Herz ebenfalls hemmt. Er wies so das Vorhandensein von Transmittern nach.

RUDOLPHO LLINÁS und CHARLES L. NICHOLSON wiesen 1975 die Bedeutung der Calciumionen bei der Synapse nach. Hierzu gaben sie zu den Synapsen eine Substanz, das Aequorin, die bei der Zugabe von Calciumionen bläulich aufleuchtet. Die Leuchtintensität an der Synapse nahm deutlich zu, nachdem ein Aktionspotential eintraf.

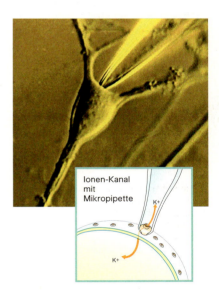

ERWIN NEHER und BERT SAKMANN erhielten 1991 den Nobelpreis für ihre Arbeiten und Erkenntnisse mit der *Patch-Clamp-Technik*. Mithilfe von Mikropipetten, die auf der Zelloberfläche kleinste Abschnitte abtrennen, konnten sie untersuchen, welche Ionen zu welchem Zeitabschnitt des Ruhe- oder Aktionspotentials durch die Ionenkanäle diffundieren.

Aufgabe

① Ordnen Sie die wissenschaftlichen Erkenntnisse auf einer Zeitachse und erklären Sie kurz die Bedeutung für den heutigen Erkenntnisstand.

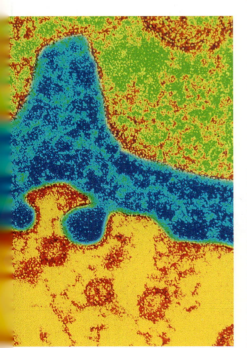

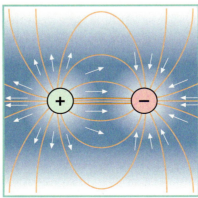

Elektrische Felder

Neurobiologie und Verhalten

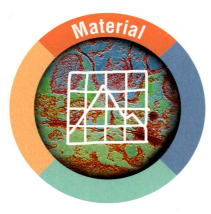

Erkenntnisgewinnung

Erregungsleitung

1937 untersuchte der Naturwissenschaftler ALAN L. HODGKIN die Erregungsweiterleitung an marklosen Riesenaxonen. Bei diesen Experimenten ging es um die Klärung der Frage, wodurch die räumlich vor dem Aktionspotential liegenden Ionenkanäle geöffnet werden. Ist es die Veränderung der Ionenkonzentration auf stofflicher Basis oder eine Weiterleitung über elektrische Felder s. Seite 15)?

ALAN L. HODGKIN kühlte einen Abschnitt des Riesenaxons und verminderte dadurch die Ionenbewegung sehr stark. Vor dem gekühlten Bereich wurde die Axonmembran durch einen Reiz depolarisiert. An mehreren Stellen hinter dem gekühlten Bereich wurden gleichzeitig Potentiale an der Membran gemessen.

Aufgaben

① Beschreiben Sie den Versuchsaufbau und erläutern Sie anhand der Messergebnisse auf molekularer Ebene die unterschiedlichen Prozesse am Riesenaxon vor und nach dem Kälteblock.
② Erklären Sie anhand des Versuches und der Messergebnisse, ob die Hypothese der elektrotonischen Depolarisation, d. h. des elektrischen Feldes, geklärt werden konnte.

Ionenkanäle

Mithilfe der Patch-Clamp-Messungen lässt sich die Öffnungswahrscheinlichkeit und der Zeitpunkt der Öffnung einzelner Ionenkanäle am Axon ermitteln. Während der Messungen an den Natriumkanälen werden die vorhandenen Kaliumkanäle chemisch blockiert.

Die Membran wird an der Stelle des Membranflecks elektrisch gereizt. Die Messungen werden kurz hintereinander wiederholt und die Messergebnisse summiert. Die Summe der Kanalströme ist ein Maß für die Öffnungswahrscheinlichkeit eines Ionenkanals.

Aufgaben

③ Stellen Sie die Patch-Clamp-Messung in eigenen Worten dar und erklären Sie Form und Amplitude der Einzelmessergebnisse (s. Seite 9).
④ *Tetrodotoxin*, das Gift von Kugelfischen, wird zur Untersuchung der Kaliumionenkanäle verwendet, weil es die Natriumionenkanäle verschließt. Erläutern Sie, welche medizinische Bedeutung dieser Stoff bei der Zahnbehandlung hat, wenn er in die Umgebung der von den Zähnen kommenden Nerven gespritzt wird.

Membranveränderung

Bei den Messungen zur Membranpermeabilität am Axon wurden unterschiedliche Messergebnisse bei den Kalium- und Natriumionen gefunden. Gleichzeitig wurde das Aktionspotential gemessen.

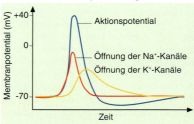

3 Membranpermeabilität

Aufgabe

⑤ Beschreiben Sie die Vorgänge zu den Messwerten der Kalium- und Natriumionen und bringen Sie diese mit der Entstehung des Aktionspotentials in Zusammenhang.

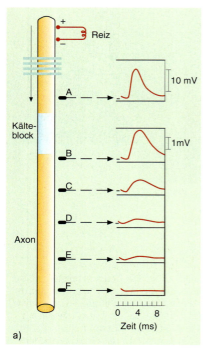

a)

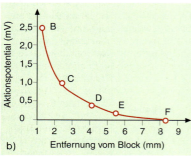

b)

1 Blockade von Ionenkanälen

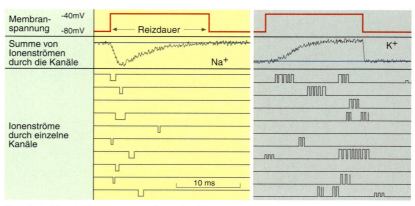

2 Patch-Clamp-Messungen an Ionenkanälen

Neurobiologie und Verhalten

K⁺-Konzentration und Ruhepotential

Experimentell kann die K⁺-Konzentration extrazellulär leicht verändert werden, indem das Axon in verschiedene Badelösungen mit unterschiedlichen K⁺-Konzentrationen getaucht wird. Danach wird jeweils das Ruhepotential gemessen.

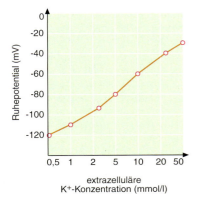

1 Einfluss der K⁺-Konzentration

Aufgabe

⑥ Beschreiben Sie die Ergebnisse (Abb. 1) und erklären Sie die Vorgänge auf molekularer Ebene.

Einfluss der Na⁺-Konzentration

An isolierten Axonen wird die Na⁺-Konzentration schrittweise verringert. Dies erreicht man indem man die Na⁺-Ionen der Bachlösung schrittweise durch Glucosemoleküle ersetzt. Die Aktionspotentiale werden jeweils ausgelöst und registriert. In Abbildung 2 werden Veränderungen im Vergleich zur Amplitude eines Aktionspotentials unter normalen Bedingungen aufgetragen.

Aufgaben

⑦ Zeichnen Sie ein typisches Aktionspotential und tragen Sie die Veränderungen durch die Verringerung der extrazellulären Na⁺-Ionenkonzentration ein.
⑧ Erklären Sie die Beobachtungen mithilfe der Ionentheorie des Aktionspotentials.
⑨ Erläutern Sie was passiert, wenn die Na⁺-Ionen nicht durch Glucosemoleküle ersetzt würden?

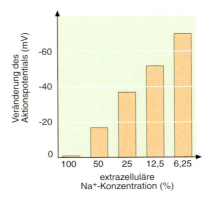

2 Einfluss der Na⁺-Konzentration

Vergiftung von Neuronen

Cyanide sind stark giftig, weil sie u.a. die Atmungskette blockieren, sodass kein ATP zur Verfügung gestellt werden kann. Gibt man Cyanide auf Neurone, sind zunächst noch Aktionspotentiale auslösbar. Schließlich können sie aber nicht mehr ausgelöst werden. Zugleich wird das Ruhepotential kleiner.

Aufgabe

⑩ Begründen Sie die Wirkung von Cyaniden auf Neurone.

Leitungsgeschwindigkeit

Die Leitungsgeschwindigkeit eines Nervs am Unterarm wird bestimmt, indem nacheinander je ein kleiner Stromstoß im Ellenbogen und am Handgelenk gesetzt werden (Abb. 3). Die Stellen liegen 27 cm voneinander entfernt. Die Wirkung der ausgelösten Aktionspotentiale wird am Daumenmuskel extrazellulär als Muskelaktionspotential abgeleitet. Auch Muskelzellen zeigen ein Aktionspotential.

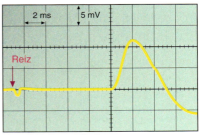

a) nach Reiz am Ellenbogen

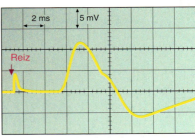

b) nach Reiz am Handgelenk

3 Leitungsgeschwindigkeit

Aufgaben

⑪ Berechnen Sie aus den dargestellten Messergebnissen die Leitungsgeschwindigkeit eines Nervs am Unterarm.
⑫ In der nebenstehenden Tabelle sind Beispiele für die mittlere Leitungsgeschwindigkeit unterschiedlicher Neurone angegeben. Leiten Sie aus den Daten die Faktoren ab, welche die Geschwindigkeit der Erregungsleitung beeinflussen und begründen Sie Ihre Angaben.

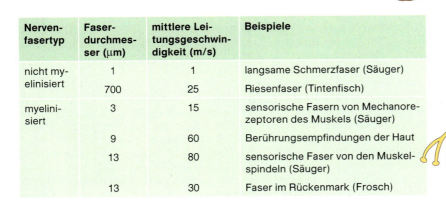

Nervenfasertyp	Faserdurchmesser (μm)	mittlere Leitungsgeschwindigkeit (m/s)	Beispiele
nicht myelinisiert	1	1	langsame Schmerzfaser (Säuger)
	700	25	Riesenfaser (Tintenfisch)
myelinisiert	3	15	sensorische Fasern von Mechanorezeptoren des Muskels (Säuger)
	9	60	Berührungsempfindungen der Haut
	13	80	sensorische Faser von den Muskelspindeln (Säuger)
	13	30	Faser im Rückenmark (Frosch)

Neurobiologie und Verhalten **19**

2 Neuronale Schaltungen

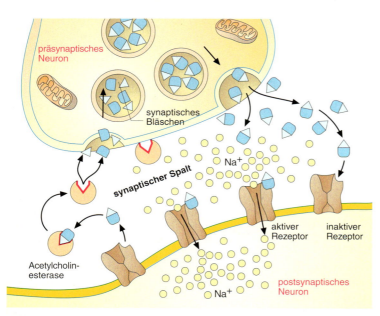

1 Funktionsschema einer Synapse

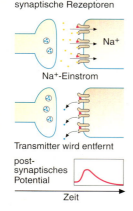

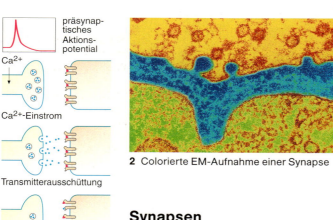

2 Colorierte EM-Aufnahme einer Synapse

Synapsen

Die Verbindungsstelle eines Neurons mit einem anderen Neuron wird *Synapse* genannt. An diesen Stellen können Erregungen übertragen werden. Ein Neuron kann bis zu 15 000 (durchschnittlich 1000) synaptische Kontakte haben.

Die Synapse besteht aus einem verdickten Axonende, dem *Endknopf*, einem nur elektronenmikroskopisch sichtbaren Spalt, dem *synaptischen Spalt*, und dem gegenüberliegenden Membranbereich der folgenden Zelle (s. Seite 6). Dementsprechend wird die Zelle und deren Teile vor dem synaptischen Spalt *präsynaptisch* genannt, die dahinter liegende *postsynaptisch*.

In den Endknöpfen des Axons befinden sich membranumhüllte Bläschen, die vom Golgi-Apparat gebildet werden *(synaptische Bläschen)*. Sie enthalten winzige Mengen eines Überträgerstoffes *(Transmitter)*, der durch ein Aktionspotential in den synaptischen Spalt freigesetzt werden kann. Transmitter sind chemische Substanzen, die zur Informationsübertragung an der Synapse genutzt werden. Man kennt ca. 50 verschiedene Transmitterstoffe, die in verschiedenen Bereichen des Nervensystems vorkommen, z. B. Dopamin, Adrenalin oder Acetylcholin. Das *Acetylcholin* z. B. ist ein Transmitter, der beim Menschen zwischen Neuronen und Skelettmuskeln, Herz, Eingeweide und im Gehirn wirksam ist.

Erreicht ein Aktionspotential den Endknopf, werden im Bereich des synaptischen Spaltes an der präsynaptischen Membran Calciumionenkanäle geöffnet. Calciumionen diffundieren in den Endknopf und bewirken innerhalb von einer Millisekunde das Verschmelzen von synaptischen Bläschen mit der präsynaptischen Membran. Die Bläschen öffnen sich und die Transmittermoleküle werden in den synaptischen Spalt abgegeben.

Erregende Synapsen

In der postsynaptischen Membran befinden sich Rezeptorproteine, zu denen die Transmittermoleküle wie ein Schlüssel zum Schloss passen (→ 166/167). Sie gehen eine kurzfristige Bindung ein, die zu einer vorübergehenden Änderung des Rezeptorproteins führt. Hierdurch öffnet sich im Falle des Acetylcholins ein Natriumionenkanal, der mit dem Rezeptorprotein gekoppelt ist. Je mehr Transmittermoleküle abgegeben werden, desto mehr Kanäle werden geöffnet, und es diffundieren mehr positiv geladene Natriumionen in die postsynaptische Zelle. Die Konzentration an positiv geladenen Ionen nimmt in dieser Zelle zu, die negative Ladung des Zellkörpers wird geringer. Dies entspricht einer Depolarisation.

Würden die Transmitter nicht aus dem synaptischen Spalt entfernt, käme es zu einer Dauererregung der postsynaptischen Nervenzelle. Um dieses zu verhindern werden die Transmittermoleküle von einem Enzym, (Acetylcholinesterase) in zwei Teile gespalten. Diese Spaltung verläuft sehr schnell, sodass in einer Millisekunde etwa 50 Trans-

Neurobiologie und Verhalten

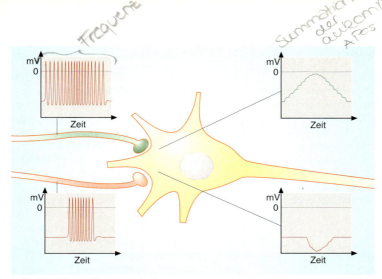

1 Erregende und hemmende Synapse

Hemmende Synapsen

Im Nervensystem findet man bei der Verschaltung von Nervenzellen zwei Typen von Synapsen, die äußerlich nicht zu unterscheiden sind: erregende und hemmende Synapsen. Beide Typen kommen etwa gleich häufig vor.

Hemmende Synapsen bewirken an der postsynaptischen Membran keine *Depolarisation*, sondern eine *Hyperpolarisation*. Bei den hemmenden Synapsen werden andere Transmitter freigesetzt, die auf die Chloridionenkanäle einwirken. Negativ geladene Chloridionen diffundieren durch die postsynaptische Membran und verstärken die negative Ladung. Dadurch verstärkt sich das Potential von −70 mV auf −90 mV. Diese Hyperpolaristion wirkt einer Depolarisation durch ein gleichzeitig ankommendes erregendes Aktionspotential entgegen. Am Axonhügel wird die Auslösung des Aktionspotentials gehemmt. Man bezeichnet die durch die Transmitter erzeugte Hyperpolaristion als *inhibitorisches postsynaptisches Potential (IPSP)*. (→ 174/175)

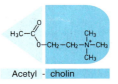

mittermoleküle gespalten werden. Die Spaltungsprodukte sind am Rezeptor nicht mehr wirksam und werden zur erneuten Synthese wieder in den Endknopf aufgenommen.

Im Gegensatz zum Axon sind im Bereich des Zellkörpers nur *ligandenabhängige Ionenkanäle* jedoch keine *spannungsabhängigen Ionenkanäle* vorhanden (s. Seite 8 und unten). Diese befinden sich nur am Axonhügel. Ein weiterleitendes Aktionspotential kann bei den spannungsabhängigen Ionenkanälen erst ausgelöst werden, wenn durch die über den Zellkörper laufende Depolarisation am Axonhügel ein bestimmtes Membranpotential entstanden ist. Dieses Aktionspotential wird daher *erregendes postsynaptisches Potential (EPSP)* genannt.

Aufgaben

1. Vergleichen Sie die Ionenkanäle eines Neurons am Axonhügel, am Axon und im synaptischen Spalt und erklären Sie die Unterschiede.
2. Erklären Sie die Bedeutung der schnellen Spaltung der Transmittermoleküle im synaptischen Spalt.
3. Erklären Sie die Bedeutung der Calcium-, Chlorid- und Natriumionen für die Erregungsweiterleitung.

Zettelkasten

Spannungsabhängige Kanäle

Die Wahrscheinlichkeit der Öffnung von spannungsabhängigen Ionenkanälen steigt mit zunehmendem Membranpotential. Diesen Zusammenhang konnte man mit Patch-Clamp-Messungen (s. Seite 9) nachweisen. Erklären lässt sich dieser Effekt mithilfe des elektrischen Feldes. Das Membranpotential erzeugt über der Axonmembran ein elektrisches Feld. Dieses übt auf die in der Membran befindlichen Ladungen eine anziehende oder abstoßende Kraft aus. Einige Proteine in den spannungsgesteuerten Kanälen, enthalten positiv geladene Aminosäuren. Eine Änderung des Membranpotentials und somit des elektrischen Feldes verändert die Krafteinwirkung auf diese Proteine. Dies führt zu einer schraubigen Bewegung der Proteinabschnitte und dadurch einer räumlichen Veränderung des Ionenkanals. Die Kanalpore öffnet oder schließt sich dementsprechend und gibt den Weg für die Ionen frei *(elektrische Felder,* s. Seite 15).

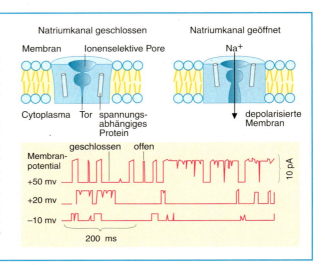

Neurobiologie und Verhalten

Neuromuskuläre Synapse — Motorische Endplatte

Sarkomer
sarkos (gr.) = Fleisch, Muskel

Über die motorische Nervenzelle werden Aktionspotentiale zum Muskel geleitet. Der Muskel kontrahiert. Das Bindeglied zwischen der Nervenzelle und dem Muskel ist eine spezifische Synapse, die *Motorische Endplatte*. Über viele Einzelvorgänge wird das elektrische Signal der Nervenzelle in eine mechanische Veränderung im Muskel umgewandelt. Diese Vorgänge bezeichnet man als *elektromechanische Kopplung*.

Bau des Muskels

Am isolierten Muskel lassen sich mit bloßem Auge Muskelfaserbündel erkennen (Abb. 1). Diese umfassen eine größere Anzahl von Muskelfasern, Nervenfasern und Blutgefäßen. Jede Muskelfaser ist eine einzige große Zelle. Ihr Plasma ist reich an Mitochondrien. Die Außenmembran dieser Muskelzelle ist eingestülpt. Die Einstülpungen bilden quer zur Faserrichtung transversale Tubuli. Längs davon verläuft das *Sarkoplasmatische Retikulum*, ein Membransystem, das viele Calciumionen enthält (→ 172/173). Die in den Zellen in Längsrichtung laufenden 1 bis 2 μm dicken Myofibrillen zeigen bei mikroskopischer Betrachtung eine typische Querstreifung, die sich aus ihrem Feinbau ergibt. Deshalb wird die Skelettmuskulatur *quer gestreifte Muskulatur* genannt. Die Myofibrillen bestehen aus Proteinmolekülen, von denen zwei Proteinkomponenten hauptsächlich ihre Struktur bestimmen. Die dünneren Aktinfilamente sind an quer gelagerten Z-Scheiben fest verankert, die die Myofibrillen in eine lange Kette identischer Glieder, die *Sarkomere*, teilen. Zwischen den Aktinfilamenten sind die dickeren Myosinfilamente eingelagert. (→ 166/167)

Ablauf der Muskelkontraktion

Der Vergleich mikroskopischer Bilder kontrahierter und gedehnter Myofibrillen zeigt die bei der Kontraktion näher aneinander gerückten Z-Scheiben. Myosin- und Aktinfilamente werden durch teleskopartiges Gegeneinandergleiten bei der Kontraktion ineinander verschoben (Filamentgleittheorie).

Die Myosinfilamente zeigen im elektronenmikroskopischen Bild seitliche Fortsätze, die *Myosinköpfe* (Abb. 23.3). Diese Köpfe können sich kurzzeitig mit dem Aktin verbinden und durch Kippbewegungen die Aktin- gegen die Myosinfilamente verschieben. Das an das Aktin gebundene Myosin aktiviert ein Enzym, die ATPase. Dadurch können sich an die gebundenen Myosinköpfe ATP-Moleküle anlagern, was zu einer Trennung von Aktin und Myosin führt. Fehlt ATP, wird der Muskel starr und nicht mehr dehnbar. Für die folgende Rückbewegung der Filamente in die energiereiche Konformation ist die Spaltung von ATP und die damit verbundene Energiefreisetzung notwendig. Die einzelnen Verschiebungen der Filamente liegen im Bereich von 10 — 15 nm. Sie wiederholen sich mit großer Schnelligkeit und führen durch das Ineinanderschieben der Filamente vieler Sarkomere zur Kontraktion der Muskelfaser.

Motorische Endplatte

Die Motorischen Endplatten sind größer als die Synapsen zwischen zwei Neuronen, der Aufbau ist jedoch prinzipiell der gleiche. Auch bei der Motorischen Endplatte werden durch das Aktionspotential Transmittermoleküle *(Acetylcholin)* freigesetzt, durch die an der postsynaptischen Membran, hier ist

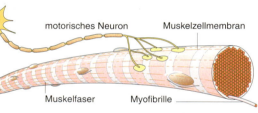

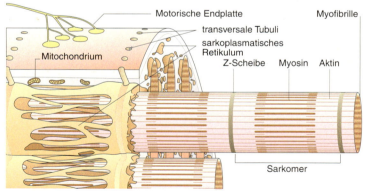

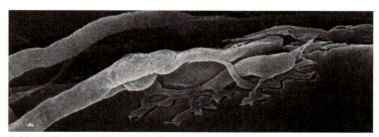

1 Muskelfaser und Motorische Endplatte

22 Neurobiologie und Verhalten

es die Muskelmembran, die Na⁺-Ionenkanäle geöffnet werden. Der Na⁺-Einstrom führt zu einer Depolarisation der Muskelzellmembran. Diese löst wie an einem Neuron ein Aktionspotential aus, das sich über die Fasermembran fortpflanzt. Messungen ergaben, dass sich das an der Muskelfaser durch das Aktionspotential gebildete elektrische Feld entlang der Membranen über fingerförmige Einstülpungen in das Innere der Muskelfaser ausbreitet und gleichzeitig die Calciumionenkonzentration im Plasma der Muskelzellen zunimmt.

Um die Wirkung des sich an der Muskelzelle bildenden Aktionspotentials zu erforschen, führten der Wissenschaftler J. R. BLINKS und seine Mitarbeiter folgenden Versuch durch (Abb. 1): Aus Leuchtquallen hatten sie ein Protein, das *Aequorin*, isoliert, welches mit Calciumionen reagiert und dabei Licht aussendet. Dieses Aequorin injizierten sie in eine Muskelfaser und befestigten diese in einer Apparatur, mit der man die Lichtemission und die Kraftentwicklung der isolierten Muskelfaser messen konnte. Wurde die Muskelfaser erregt, so wurde Licht emittiert, jedoch nur für einen kurzen Zeitraum. Zu dem Zeitpunkt der maximalen Lichtemission zuckte die Muskelfaser. Dies lässt sich nur durch eine rasche Freisetzung der gespeicherten Calciumionen aus dem Sarkoplasmatischen Retikulum und mit einem raschen Zurückpumpen der Calciumionen erklären. Nach kurzer Zeit stehen diese Ionen wieder zur Verfügung (Abb. 2).

Die freigesetzten Calciumionen wirken sich auf die Bindungsstelle zwischen Aktin und Myosin aus (Abb. 3). Sie reagieren mit spezifischen Proteinen, sodass eine Verbindung zwischen Myosin und Aktin eintritt. Dies erklärt auch die Abfolge von Lichtemission und Kontraktion der Muskelzelle im Experiment. Durch das aktive Zurückpumpen der Calciumionen sinkt deren Konzentration im Plasma. Die Wahrscheinlichkeit zur Bindung mit dem spezifischen Protein geht zurück und die Bindungsmöglichkeiten zwischen Myosin und Aktin werden geringer. Der Muskel erschlafft und lässt sich durch den Gegenspieler wieder auseinander ziehen.

Aufgaben

① Erläutern Sie den als elektromechanische Kopplung bezeichneten Vorgang am Skelettmuskel anhand der Abb. 2.
② Muskelfasern enthalten viele Mitochondrien. Erklären Sie diesen Befund.

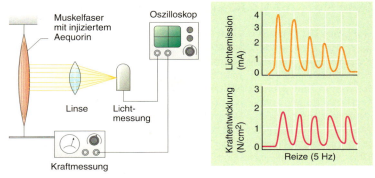

1 Ca²⁺-Messung bei der Muskelkontraktion

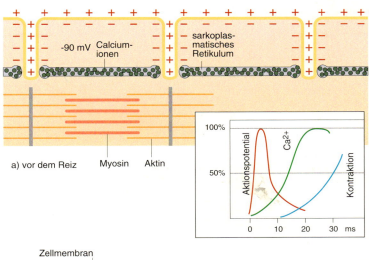

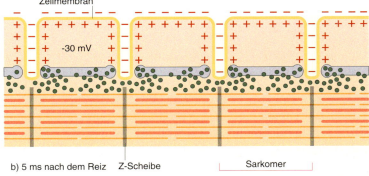

2 Elektromechanische Kopplung im Schema

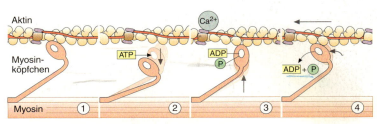

3 Myosin und Aktin bei der Muskelkontraktion

Neurobiologie und Verhalten

Vom Reiz zur Reaktion

Reize aus der Umwelt oder dem Körper müssen in die Sprache des Nervensystems übersetzt werden. Als Rezeptorzellen findet man bei Mensch und Tieren häufig spezialisierte Neuronen, die *primären Sinneszellen*. Man findet sie beispielsweise in den Muskelspindeln, die parallel zu den Muskelfasern liegen (Abb. 1). Sie reagieren auf die Kontraktion einzelner Muskelfasern. Das dient der Regulation der Muskelkontraktion bei der Bewegung. (→ 170/171)

Wird die Muskelfaser gedehnt, so werden diese Sinneszellen ebenfalls gedehnt. In einer spezialisierten Region liegen Na^+-Ionenkanäle, die bei diesem Vorgang geöffnet werden. Na^+-Ionen können in das Axon difundieren, die Membran wird depolarisiert. Diese Depolarisation wird *Rezeptorpotential* genannt. In dieser spezialisierten Region liegen jedoch keine spannungsabhängigen Na^+-Ionenkanäle zur Auslösung eines Aktionspotentials.

Spannungsabhängige Ionenkanäle findet man am Beginn des myelinisierten Axons. Das Rezeptorpotential ist daher ein lokales Potential, es wird elektrotonisch weitergeleitet. Das elektrische Feld breitet sich über die Membran aus. Erst wenn im Bereich der spannungsabhängigen Na^+-Ionenkanäle der Schwellenwert erreicht wird, kann dort ein Aktionspotential ausgelöst werden (Abb. 1), das weitergeleitet wird.

Bei einer hohen Reizstärke, wie z. B. einer starken Dehnung der Muskelfaser, ist die Amplitude des Rezeptorpotentials höher als bei einem schwachen Reiz, da durch mehr geöffnete Ionenkanäle mehr Na^+-Ionen difundieren können. Die Amplitude des Rezeptorpotentials steigt im Anfangsbereich linear mit der Reizstärke (s. Randspalte). Amplitude und Dauer des Rezeptorpotentials bestimmen die Frequenz und den Zeitraum der ausgelösten Aktionspotentiale. Im einfachsten Fall führt ein stärkerer Reiz zu einer höheren Anzahl der Aktionspotentiale pro Zeiteinheit (Frequenz der Aktionspotentiale). Die Dauer und die Intensität eines Reizes wird also durch die Frequenz codiert. Bei längerer Reizdauer sinkt die Amplitude des Rezeptorpotentials und damit auch die Frequenz.

Am Ende des Axons werden die Aktionspotentiale über die Synapse auf das folgende Neuron weitergeleitet. Hierbei können mehrere Axone verschaltet werden. In den Endknöpfen werden je nach der Anzahl der Aktionspotentiale (Frequenz) unterschiedlich viele synaptische Bläschen geöffnet. Bei

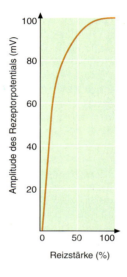

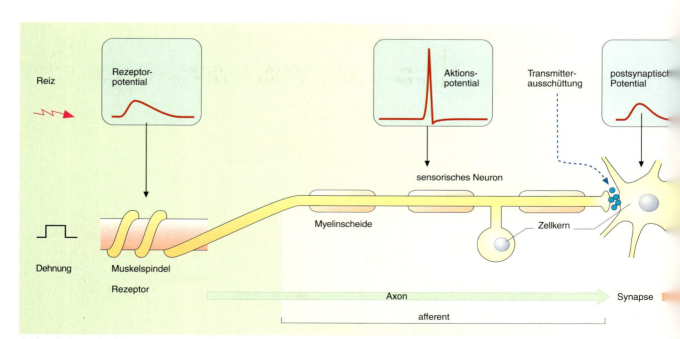

1 Vom Reiz zur Reaktion

24 Neurobiologie und Verhalten

EPSP
erregendes postsynaptisches Potential

IPSP
inhibitorisches postsynaptisches Potential

inhibitorisch
lat. *inhibere* = hindern, zurückhalten

einer hohen Impulsrate werden viele Bläschen geöffnet und dadurch viele Transmittermoleküle in den synaptischen Spalt abgegeben. Im synaptischen Spalt wird also nicht die Frequenz weitergegeben, sondern diese in eine größere oder kleinere Menge von Transmittermolekülen umgesetzt. Diese unterschiedliche Menge *(Amplitude)* codiert nun die Weiterleitung des Aktionspotentials auf das folgende Neuron.

Durch die Reaktion der Transmittermoleküle mit den Rezeptormolekülen in der postsynaptischen Membran werden die Na^+-Ionenkanäle geöffnet. Mit steigender Zahl der Transmittermoleküle nimmt die Öffnungswahrscheinlichkeit der Kanäle zu. Dadurch kommt es auf der postsynaptischen Membran je nach Frequenz des Aktionspotentials zu einer mehr oder weniger starken Höhe des Membranpotentials *(Amplituden-Codierung)*. Da im Bereich des Zellkörpers keine spannungsgesteuerten Ionenkanäle vorhanden sind, wird das Membranpotential erst dann zum Aktionspotential am Axon, wenn die Stärke des elektrischen Feldes die spannungsgesteuerten Ionenkanäle am Axonhügel öffnen kann. Hier wird die Amplitude des Membranpotentials wieder in eine entsprechende Frequenz der Aktionspotentiale umcodiert. Durch den schnellen Abbau der Transmittermoleküle im synaptischen Spalt wird verhindert, dass sich das Membranpotential auf der postsynaptischen Seite unkontrolliert weiter aufbaut, denn hierdurch wäre keine proportionale Umcodierung möglich.

Die Informationsweiterleitung über die frequenzcodierte Form ist sicherer als über die amplitudencodierte Form, da die Amplitudenhöhe bei der Weiterleitung über lange Nervenfasern abgeschwächt werden könnte und dadurch die Information verfälscht würde. An der *Motorischen Endplatte* des Muskels wird entsprechend eine unterschiedliche Menge an Transmittermolekülen *(Acetylcholin)* in den Endknöpfen abgegeben. Diese führt je nach Menge zu einer unterschiedlich hohen Freisetzung von Calciumionen in der Muskelzelle. Je nach Calciummenge zieht sich die Muskelfaser stärker oder schwächer zusammen. Auch im Muskel wird die Frequenz in die Höhe der freigegebenen Calciumionenkonzentration umcodiert. (→ 174/175)

Aufgaben

① Erklären Sie, weshalb das Alles-oder-Nichts-Gesetz nicht für das Rezeptorpotential und das EPSP (s. Seite 21) gilt.

② Erklären Sie anhand der Abbildung 1 den Zusammenhang zwischen den Reizstärken, den Rezeptor- und Aktionspotentialen, sowie EPSP und beschreiben Sie den Einfluss der Reizdauer auf eine Frequenz- oder Amplituden-Codierung.

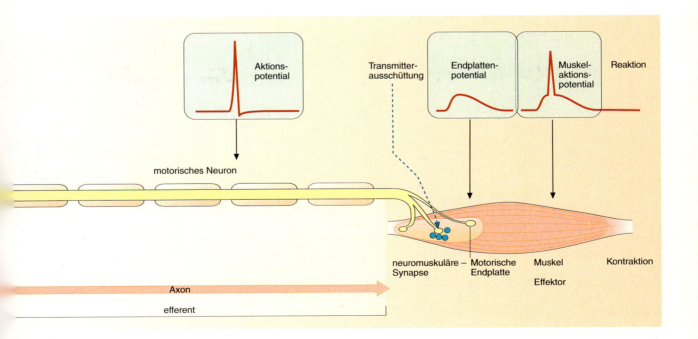

Neurobiologie und Verhalten

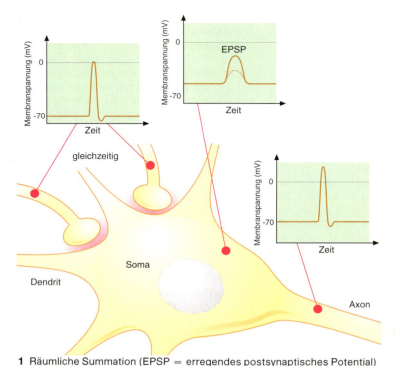

1 Räumliche Summation (EPSP = erregendes postsynaptisches Potential)

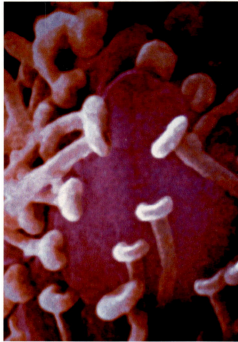

2 Synapsen auf einem Neuron

Neurone sind verschaltet — Verrechnung an Synapsen

Ein Neuron im Zentralnervensystem ist nicht nur mit einem anderen Neuron verbunden, sondern empfängt und verarbeitet Informationen von bis zu 15 000 Synapsen. Dies können sowohl *erregende* als auch *hemmende Synapsen* sein (s. Seite 20). Das Neuron verrechnet die eingehenden Signale. Je nachdem, wie stark das verschaltete Neuron depolarisiert wird, sendet es Aktionspotentiale in verschiedener Frequenz weiter.

Räumliche Summation

Über die Synapsen, die am Zellkörper einer weiterleitenden Nervenzelle liegen, können zur gleichen Zeit viele Erregungen die postsynaptische Nervenzelle erreichen. Werden gleichzeitig mehrere räumlich getrennte, erregende Synapsen aktiviert, so lässt sich dies in Form einer größeren Amplitude des EPSP am Zellkörper messen (Abb. 1). Man spricht von einer *räumlichen Summation*. Dies ist mit der größeren Anzahl gleichzeitig ausgeschütteter Transmittermoleküle erklärbar. Das einzelne präsynaptische Aktionspotential bewirkt über die Transmitter an der postsynaptischen Zelle ein EPSP. Häufig reicht das dadurch entstandene elektrische Feld nicht aus, um am Axonhügel ein Aktionspotential auszulösen. Einzelne Aktionspotentiale werden dann nicht weitergeleitet. Erst die Summation der über mehrere Synapsen ausgelösten Depolarisation an der Membran des Zellkörpers führt zu einer hinreichenden Depolarisation am Axonhügel. Der Schwellenwert wird überschritten; durch viele eintreffende Aktionspotentiale entsteht am weiterleitenden Axon ein Aktionspotential.

Zeitliche Summation

Gelangen über eine präsynaptische Nervenzelle an eine Synapse in einem Zeitraum von einigen Millisekunden nacheinander mehrere Aktionspotentiale, so lässt sich experimentell die Auslösung von Aktionspotentialen am weiterleitenden Axon messen (Abb. 27.1). Das postsynaptische Potential baut sich nur langsam ab. Erreicht eine Folge von Aktionspotentialen die Synapse, addiert sich das jeweils folgende Potential zu dem noch vorhandenen. Die Amplitude des entstehenden EPSP ist dadurch bei Übertragung einer schnellen Folge von Aktionspotentialen wesentlich größer als bei einzelnen Aktionspotentialen. Dadurch kann am Axonhügel das Aktionspotential ausgelöst wer-

26 *Neurobiologie und Verhalten*

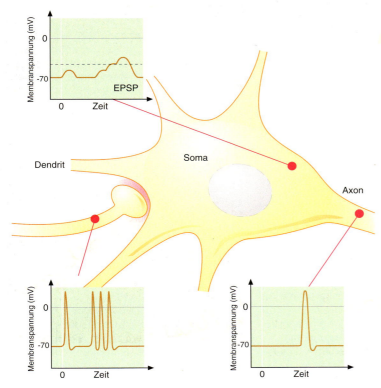

1 Zeitliche Summation

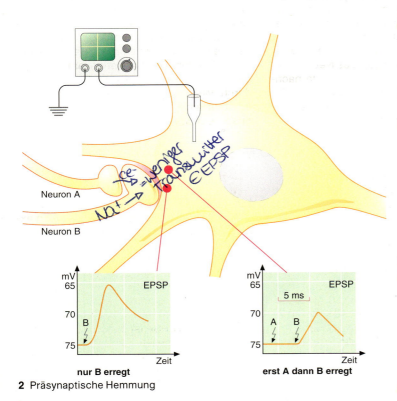

2 Präsynaptische Hemmung

den. Ebenso wie bei der räumlichen Summation wird auch hier die Anzahl der Transmittermoleküle größer. Dies führt über die erhöhte Diffusion von Na$^+$-Ionen zu einem stärkeren EPSP. Die zeitliche und räumliche Summation laufen ständig als Formen der Signalverarbeitung an Neuronen ab und beziehen auch die Weiterleitung von hemmenden Signalen ein.

Präsynaptische Hemmung

Ein wirkungsvoller Kontrollmechanismus bei der Weiterleitung von Erregungen ist die *präsynaptische Hemmung*. Hier wirkt die Hemmung nicht auf den Zellkörper des Neurons, sondern auf den Endknopf einer erregenden Synapse. Sie ist bei der Regelung der Muskelbewegung sehr wichtig. Diese Hemmung wirkt gezielt an einzelnen Synapsen, z. B. auf die motorischen Endplatten an den Muskelfasern von Insekten ein. Man findet die Beeinflussung über diese Hemmung häufig auch im Rückenmark von Wirbeltieren.

Die Wirkungsweise der Hemmung lässt sich über die in Abbildung 2 dargestellte Messung erklären. Durch ein Aktionspotential werden an der Membran der erregenden Synapse die Na$^+$-Ionenkanäle geöffnet und führen zu einer Depolarisation. Die Transmitter der hemmenden Synapse öffnen bei der erregenden Synapse jedoch die Cl$^-$-Ionenkanäle. Gleichzeitig strömen nun die positiv geladenen Na$^+$-Ionen und die negativ geladenen Cl$^-$-Ionen in den Endknopf ein. Durch das resultierende niedrigere Potential an der erregenden Synapse werden weniger Transmittermoleküle freigesetzt. Dadurch bleibt das EPSP der weiterleitenden Nervenzelle unterhalb des Schwellenwertes. Ein Aktionspotential wird nicht ausgelöst, bzw. die Kontraktion der Muskelfasern bleibt aus.

Postsynaptische Hemmung

Bei dieser Verschaltung liegen die erregenden und hemmenden Synapsen an der gleichen postsynaptischen Membran des folgenden Neurons. Durch die gleichzeitige Abgabe von Transmittermolekülen, die die Na$^+$- und die Cl$^-$-Ionenkanäle öffnen, kommt es zu einer Verringerung der Depolarisation. Hierdurch ist das entstehende elektrische Feld am Zellkörper geringer und die Öffnungswahrscheinlichkeit der spannungsabhängigen Ionenkanäle am Axonhügel ist ebenfalls geringer. Ein Aktionspotential kann dadurch verhindert oder die Frequenz verringert werden (s. Seite 21).

Neurobiologie und Verhalten

Synapsengifte

Für Pflanzen und Tiere ist es oft ein Vorteil, Gifte als Fraßschutz oder zum Beutefang herstellen zu können. Sehr gut untersucht sind inzwischen viele schnell wirkende Gifte, die auf die Motorische Endplatte, also die Erregungsübertragung zwischen Nerven- und Muskelzelle, einwirken.

Veränderte Acetylcholin-Freisetzung

Das Bakterium *Clostridium botulinum* lebt anaerob, z. B. in schlecht konservierten Nahrungsmitteln wie Fisch-, Fleisch- oder Bohnenkonserven. Befallene Dosen erkennt man an der Wölbung des Deckels durch die bei der Gärung entstehenden Gase. *Botulinumtoxin* ist eines der stärksten bekannten Gifte. 0,01 mg in der Nahrung, 0,003 mg in der Blutbahn wirken tödlich. Symptome wie Kopfschmerzen oder Muskelschwäche setzen nach 4 bis 24 Stunden ein. Der Tod erfolgt durch Atemlähmung oder Herzstillstand. Kochen macht das Gift unwirksam.

Botulinumtoxin zersetzt ein Protein in der Membran der synaptischen Bläschen, das ihnen die Verschmelzung mit der präsynaptischen Membran bei der Ausschüttung des Transmitters Acetylcholin in den synaptischen Spalt ermöglicht. Dadurch wird die Ausschüttung gehemmt. Aktionspotentiale können nicht mehr vom Nerv auf die Muskeln übertragen werden. Botulinumtoxin wird inzwischen auch medizinisch bei krankhaften Verkrampfungen oder in der kosmetischen Medizin sogar als Mittel gegen Faltenbildung angewendet.

Das Gift der *Schwarzen Witwe*, einer Spinne der Gattung *Latrodectes*, führt zu Schüttelfrost, Schmerzen und Atemnot. Manchmal tritt der Tod durch Atemlähmung ein. Das Gift bewirkt die gleichzeitige Entleerung aller synaptischen Bläschen der Motorischen Endplatten in den synaptischen Spalt.

Blockade des Acetylcholin-Rezeptors

Coniin, das Gift des *Gefleckten Schierlings (Conium maculatum)*, verursacht bei vollem Bewusstsein eine schlaffe Lähmung und schließlich den Tod durch Versagen der Atemmuskulatur. PLATON beschrieb den Tod des SOKRATES, der den *Schierlingsbecher* nehmen musste. Der Wirkstoff bindet reversibel an Rezeptormoleküle für Acetylcholin, ohne die Natriumionenkanäle zu öffnen.

Suxamethonium, eine dem Acetylcholin ähnliche Substanz, bewirkt eine Verkrampfung durch Dauerdepolarisation. Sie öffnet die Natriumionenkanäle, wird aber wesentlich langsamer durch die Acetylcholinesterase abgebaut als Acetylcholin.

Hemmung der Acetylcholinesterase

Alkylphosphate sind organische Phosphorsäureester und Bestandteil von Insektiziden, Weichmachern in Kunststoffen und von chemischen Kampfstoffen *(Tabun, Sarin)*. Sie hemmen die Acetylcholinesterase irreversibel. Es kommt zu einer Verkrampfung der Skelettmuskulatur durch Dauerdepolarisation und zum Tod durch Atemlähmung.

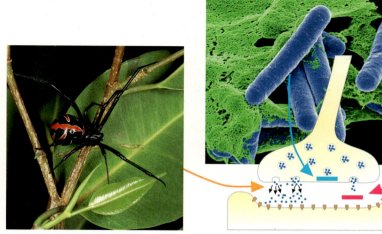

1 Schwarze Witwe, Clostridium botulinum und Schierling

Neurobiologie und Verhalten

Synapsengifte als Arzneimittel

Myasthenia gravis

Myasthenia gravis bedeutet schwere Muskelschwäche. Die Patienten leiden unter Ermüdungserscheinungen der Skelettmuskulatur, die sich im Laufe des Tages und vor allem unter körperlicher Belastung verstärken, sich aber bei Ruhe wieder bessern.

Den Patienten sinken die Augenlider herab oder ihre Mimik ist gestört, manche haben Probleme beim Sprechen. Bei schweren Formen weiten sich die Symptome auf Schultern, Arme und Beine aus. Selten auftretende myasthenische Krisen können durch Versagen der Schluck- und Atemmuskulatur tödlich enden.

Betroffen sind etwa 5 bis 7 von 100 000 Menschen. Bei ihnen ist die Erregungsübertragung zwischen Nervenzellen und Muskelzellen gestört. Ursache ist eine so genannte *Autoimmunerkrankung*: Das Immunsystem bildet Antikörper gegen Acetylcholinrezeptoren, sodass diese blockiert werden. Auf Grundlage dieser Kenntnisse wurden neue Therapieverfahren entwickelt. Die Behandlungsmöglichkeiten sind günstig, viele Patienten sind annähernd symptomfrei und können einen Beruf ausüben.

Aufgaben

1. Erläutern Sie die Zusammenhänge zwischen der Bildung von Antikörpern, die sich gegen den Acetylcholinrezeptor richten, und dem Auftreten der oben beschriebenen Symptome.
2. Schlagen Sie auf dieser Grundlage mögliche medikamentöse Behandlungsmethoden vor.
3. Informieren Sie sich z. B. im Internet über gängige Therapieverfahren und erläutern Sie diese.

Wirkort von Curare

Curare ist ein Gemisch verschiedener Pflanzengifte, mit dem Indianer Südamerikas die Spitzen ihrer Jagdpfeile bestreichen. Gelangt das Gift in den Blutstrom des Beutetieres, kommt es zu einer Lähmung der Skelettmuskulatur. Eine Vergiftung beim Verzehr des Fleisches wird durch dessen Erhitzung vermieden. Das Gift zerfällt dabei.

Die Frage nach dem Wirkort von Curare klärt das im Folgenden beschriebene historische Experiment, das 1857 von CLAUDE BERNARD durchgeführt wurde.

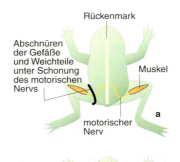

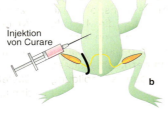

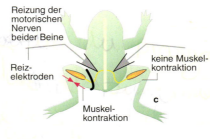

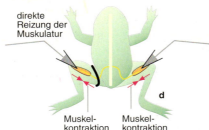

Aufgaben

4. Beschreiben Sie das Experiment und seine Ergebnisse.
5. Welche Aussage über Wirkort und Wirkungsweise von Curare können Sie machen? Begründen Sie.

„Synapsengifte" in der Medizin

Der isolierte Wirkstoff *Tubocurarin* wird bei chirurgischen Eingriffen zur Muskelerschlaffung eingesetzt. Er ermöglicht es beispielsweise, die Atembewegungen des Patienten bei Operationen am offenen Brustkorb auszuschalten.

Nach Beendigung der Operation kann diese muskelerschlaffende Wirkung durch Injektion der Substanz *Neostigmin* wieder aufgehoben werden. Neostigmin ist ein Alkylphosphat, das reversibel an die Acetylcholinesterase bindet und dessen Wirkung nur für kurze Zeit unterbricht.

Aufgaben

6. Welche Eigenschaften eines synaptischen Hemmstoffs sind eine wesentliche Voraussetzung für einen therapeutischen Einsatz?
7. Was spricht gegen die Verwendung von Alkylphosphaten, um die Wirkung von Tubocurarin aufzuheben?
8. Was können Sie aufgrund der Wirkung von Neostigmin über den genauen Wirkort von Curare bzw. Tubocurarin aussagen? Begründen Sie.

Atropin ist das Gift der Tollkirsche (*Atropa belladonna*) und anderer Nachtschattengewächse. Es besetzt die Natriumionenkanäle in den Synapsen des Herzens und weiterer innerer Organe, aber auch in der Irismuskulatur des Auges, die die Iris zusammenzieht und damit die Pupille verkleinert.

Aufgaben

9. Wieso wird Atropin häufig vor Augenuntersuchungen auf das Auge getropft?
10. Geweitete Pupillen signalisieren anderen Menschen Aufmerksamkeit und machen eine Person „sympathischer". Erklären Sie daraus die Bezeichnung „belladonna" für das Gift der Tollkirsche.
11. Atropin wird aber auch als Gegenmittel bei einer Vergiftung mit einem Acetylcholinesterase-Hemmstoff gegeben. Erläutern Sie.

Neurobiologie und Verhalten

Reflexe

Es gibt eine Reihe einfacher genetisch bedinger Verhaltenselemente, die bei allen Tieren einer Art in gleicher Weise ablaufen. Dazu gehören z. B. Atmen, Husten und das Schließen des Auges bei Herannahen eines Gegenstandes. Diese Verhaltensweisen erfolgen auf einen Reiz hin, ohne dass eine bewusste Steuerung oder spezifische Bereitschaft notwendig ist. Sie heißen *Reflexe*. Ihre Grundlage ist eine einfache Nervenverschaltung, die eine kurze Reaktionszeit ermöglicht. Das ist besonders wichtig bei der Abwehr einer Gefahr, wie zum Beispiel beim Eindringen eines Fremdkörpers in die Luftröhre oder in das Auge.

Ein leichter Schlag auf ein entspanntes, abgewinkeltes Bein unmittelbar unter der Kniescheibe löst ein unwillkürliches Hochschnellen des Unterschenkels aus (*Kniesehnenreflex*, Abb. 1). In Skelettmuskeln des Menschen findet man Muskelspindeln. Diese Spindeln im Inneren des Muskels erzeugen bei Dehnung oder Stauchung des Muskels Rezeptorpotentiale. Über schnell leitende *sensorische Nerven* empfängt das *Rückenmark* die dadurch ausgelöste Erregung. Beim Kniesehnenreflex führt der Schlag über die Sehne zu einer Dehnung des Quadrizepsmuskels. Die sensorischen Neurone sind durch Synapsen direkt mit *motorischen Nerven* verbunden. Deren Aktionspotentiale werden über Motorische Endplatten auf den Quadrizepsmuskel übertragen und bewirken eine Kontraktion, die den Unterschenkel hochschnellen lässt. Da beim Kniesehnenreflex nur eine zentrale Synapse beteiligt ist, nennt man ihn *monosynaptisch*. Das Gehirn erhält nachträglich eine Information über die Reaktion.

Der Reflexbogen als Modell

Das Reflexen zugrunde liegende Prinzip lässt sich anschaulich als *Reflexbogen* darstellen (Abb. 31.1). Er beginnt mit einem Rezeptor, an dem ein Reiz eine Erregung auslöst. Diese wird über sensorische (afferente) Nervenbahnen, also zum Zentralnervensystem führende Neurone, zum Reflexzentrum geleitet. Dort erfolgt die Umschaltung auf motorische (efferente) Bahnen, die zum reagierenden Organ (Effektor) führen. Die Reaktionszeiten variieren, da die Elemente unterschiedlich komplex verschaltet sein können. Reflexzentren befinden sich beim Menschen im Rückenmark und im Gehirn. Von dort kann die Möglichkeit einer bewussten Beeinflussung gegeben sein. (→ 170/171)

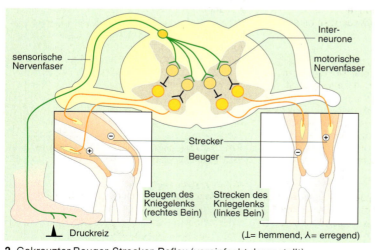

1 Reflexbogen beim Kniesehnenreflex

2 Gekreuzter Beuger-Strecker-Reflex (vereinfacht dargestellt)

Neurobiologie und Verhalten

Monosynaptische und polysynaptische Reflexe

Tritt man auf einen spitzen Gegenstand, so hebt man unwillkürlich den Fuß und streckt das andere Bein. Bei diesem gekreuzten *Beuger-Strecker-Reflex* (Abb. 30.2) sind die Muskeln beider Beine beteiligt. Dazu ist eine Übertragung des sensorischen Signals auf mehrere Motoneurone notwendig; es handelt sich somit um einen *polysynaptischen Reflex*. Während bei *monosynaptischen Reflexen* eine weitgehend konstante Zeitspanne zwischen Reizung und Reaktion zu messen ist (Kniesehnenreflex ca. 30 ms), kann diese bei *polysynaptischen Reflexen* zwischen 60 und 200 ms variieren.

Man kann Reflexe auch danach einteilen, ob Reizaufnahme und Reaktion im selben Organ *(Eigenreflexe)* oder in verschiedenen Organen *(Fremdreflexe)* erfolgen. Während der Kniesehnenreflex ebenso wie beispielsweise der *Lidschlussreflex* zu den Eigenreflexen gehört, handelt es sich beim *Husten* um einen Fremdreflex, denn hier erfolgt die Reizaufnahme durch Sinneszellen in der Schleimhaut der Luftröhre, während als Reaktionen Kontraktionen von Zwerchfell und Zwischenrippenmuskulatur auftreten. Diese Muskelbewegungen führen durch ihre Kontraktion zu einer plötzlichen Erhöhung des Druckes in der Lunge. Dadurch kann ein Fremdkörper aus der Luftröhre gepresst werden.

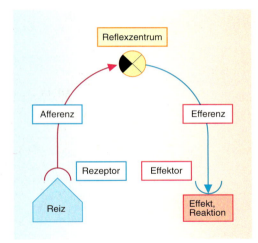

1 Reflexbogen

Reflex

Ein Reiz-Reaktions-Zusammenhang, bei dem ein bestimmter Reiz bei allen Individuen einer Art dieselbe stereotype, nervös ausgelöste unwillkürliche Reaktion hervorruft.

Aufgaben

1. Lösen Sie den Kniesehnenreflex aus. Achten Sie auf die Reihenfolge von Reaktion und bewusster Wahrnehmung.
2. Neugeborene zeigen einen Greifreflex, der sich durch Berühren der Handinnenflächen auslösen lässt. Klassifizieren Sie den Reflex und geben Sie seine biologische Bedeutung an.
3. Der Herzschlag wird beim Menschen durch ständige, periodische Signale eines Muskelknotens *(Sinusknoten)* ausgelöst. Vergleichen Sie diesen Vorgang mit dem Ablauf eines Reflexes.

Zettelkasten

Verhalten — immer nur Reaktion oder auch spontan?

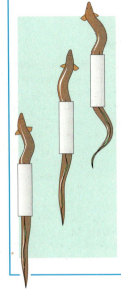

Wie kommen komplizierte Abläufe, beispielsweise die geordneten Beinbewegungen eines Tausendfüßers oder die Schlängelbewegungen eines Aals zustande?

Ein Erklärungsmodell greift auf den *Reflex* zurück. Rezeptoren kontrollieren die Muskelspannung eines Körperabschnitts; ihre Erregung stellt den Reiz für das folgende Segment dar. Durch diese *Reflexkette*, also die Hintereinanderschaltung mehrerer Reflexe, kommt es zum koordinierten Bewegungsablauf. Eine andere Vorstellung geht davon aus, dass das zeitliche Erregungsmuster für eine solche Bewegung im Nervensystem als Einheit *vorprogrammiert* ist.

Für die Schlängelbewegung des Aals konnte ERICH VON HOLST experimentell entscheiden, welche Erklärung zutrifft. Er hatte am Rückenmark eines Aals sämtliche afferenten Nervenbahnen durchtrennt, der Fisch führte dennoch geordnete Bewegungen aus. Selbst wenn man das mittlere Drittel eines solchen Aals in einem Rohr festlegt, so setzt sich eine Bewegungswelle des vorderen Körperdrittels im hinteren Abschnitt fort, und zwar genau nach der Zeit, die auch ohne Fixierung der Körpermitte benötigt worden wäre. Das zeigt, dass es eine *Zentralkoordination* gibt, die spontan, d. h. ohne afferente Erregungsleitung, ein Schlängelverhalten bewirkt. Viele rhythmische Bewegungsabläufe bei Tieren beruhen auf solchen Zentralkoordinationen, auch die beim Gehen synchron ablaufenden Armbewegungen des Menschen.

Während beim Reflex die Reaktion nur auf einen Reiz hin erfolgt, ergibt sich bei der Zentralkoordination die spontane Aktivität des Organismus allein aus der genetisch bedingten Verschaltung bestimmter Neuronen.

Neurobiologie und Verhalten

3 Sinnesorgane

Menschliches Auge und Netzhaut

Sinneszelle (Rezeptorzelle)
Zelle, in der durch Reize aus der Umwelt oder dem eigenen Körper Erregungen ausgelöst werden.

Bei der äußeren Betrachtung des Auges fällt die *Iris* auf, die das schwarz erscheinende Sehloch *(Pupille)* freilässt. Daneben ist die von Blutgefäßen durchzogene *Bindehaut* zu sehen. Die *Hornhaut* ist durchsichtig, hinter ihr befindet sich die *vordere Augenkammer*. Im Inneren wird diese Kammer durch die *Linse* begrenzt (Abb. 1), dahinter befindet sich der gallertartige *Glaskörper*, dem die Netzhaut *(Retina)* anliegt. Es folgen *Pigmentschicht, Aderhaut* und *Lederhaut*.

muss sich zum Scharfsehen die Brennweite der Linse ändern *(Akkommodation)*. Die elastische Linse ist ringsherum an den *Zonulafasern* aufgehängt, die zugleich mit der Aderhaut und Lederhaut verbunden sind.

Die Sinneszellen der Netzhaut liegen auf der dem Licht abgewandten Seite. Man findet zwei mikroskopisch unterscheidbare Rezeptortypen: die schlanken *Stäbchen*, die dem Hell-Dunkel-Sehen, und die kegelförmigen *Zapfen*, die dem Farbensehen dienen. Die Sinneszellen haben synaptische Kontakte mit *Bipolarzellen* und diese mit den *Ganglienzellen*, deren Nervenfasern zum Sehnerv vereinigt werden. Quer dazu sind die *Horizontalzellen* und *Amakrinen* verschaltet (Abb. 2). Dadurch kann die Erregung einer Sinneszelle mehr als eine Ganglienzelle beeinflussen. Andererseits gibt es wesentlich mehr Sinneszellen als Ganglienzellen. Stäbchen und Zapfen sind unterschiedlich dicht auf der Netzhaut verteilt. Im Zentrum, dort wo das Licht eines fixierten Punktes auf die Netzhaut fällt, gibt es nur Zapfen. Diese Stelle der Netzhaut heißt *zentrale Sehgrube (Fovea)* und ist leicht vertieft. Nur hier kommt auf jeden Zapfen eine Ganglienzelle. Deshalb müssen wir Gegenstände, die wir deutlich sehen wollen, so betrachten, dass sie auf diesem Bereich abgebildet werden. In dem Bereich, in dem der Sehnerv durch die Netzhaut tritt, liegen keine Lichtsinneszellen *(Blinder Fleck)*.

1 Horizontalschnitt durch das menschliche Auge

Ganglienzelle
Synonym für Nervenzelle, die der Aufnahme, Verarbeitung und Weiterleitung von Nervenerregungen dient.

Mit Ausnahme der *Netzhaut*, in der Millionen von Lichtsinneszellen eng beieinander stehen, handelt es sich bei dem komplexen Aufbau des Auges um Hilfsstrukturen, die es ermöglichen, dass ein sichtbares Bild auf die Netzhaut fokussiert wird. Das Licht gelangt durch die Pupille in unser Auge. Hornhaut, Linse, vordere Augenkammer und Glaskörper bilden den lichtbrechenden *(dioptrischen) Apparat*, sie beeinflussen den Strahlengang. Auf der Netzhaut entsteht dadurch ein reelles, verkleinertes und umgekehrtes Bild. Da der Abstand zwischen Linse und Netzhaut nicht verändert werden kann,

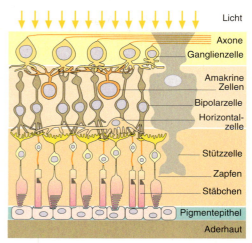

2 Netzhautquerschnitt

Neurobiologie und Verhalten

Lichtsinnesorgane

Viele Einzeller reagieren auf plötzliche Änderungen der Lichtintensität mit spezifischen Bewegungen: Das Augentierchen *(Euglena)* wendet sich aktiv dem Licht zu, reagiert also positiv *fototaktisch*, während die meisten Bakterien sich vom Licht abwenden *(negative Fototaxis)*. Da diese Organismen nur über spezifische Membranbereiche oder Augenflecken mit Pigmenten verfügen, spricht man von *Augenorganellen* und wertet sie als erste Ansätze zur Evolution von Augen.

Regenwürmer ziehen sich bei Licht sofort in den Boden zurück, auch augenlose Schlangensterne verbergen sich in tropischen Gewässern erfolgreich in dunklen Spalten und Schattenbereichen vor ihren Feinden. Diese Tiere verfügen, wie viele Schnecken, Krebse und niedere Wirbeltiere, über einen *Hautlichtsinn*. Während die Schlangensterne mit kleinen Kalkspatlinsen Licht auf Nervenfasern fokussieren, besitzen Regenwürmer einzelne, in der Haut verteilte Lichtsinneszellen.

Die Entwicklung höherer Augentypen geht vom *Grubenauge* aus und führt zum Lochkamera-Typ *(Nautilus)* oder zum *Linsenauge*. Letzteres kann eine Kugellinse (z. B. Fische), mehrere Linsen (z. B. Ruderfußkrebse) oder zwei lichtbrechende Komponenten (Linse und Hornhaut) haben. Das Sehvermögen entwickelt sich dabei vom Hell-Dunkel-Sehen über das Richtungs- und Bewegungssehen hin zum Bild- und Entfernungssehen sowie dem Unterscheiden von Farben.

Das *Facettenauge* der Insekten liefert durch seine Einzelaugen bei der kleinen Augengröße ein besseres Gesamtbild als ein gleich großes Linsenauge.

Augentyp	Baumerkmale und Vorkommen	Sehleistungen / Strahlengang
Lichtsinneszellen, Flachauge	einzelne Fotorezeptoren in der Haut bzw. im Nervengewebe oder in Gruppen zusammengefasste Sinneszellen Regenwurm, Quallen, Seesterne	Hell-Dunkel-Sehen (mit beginnendem Richtungssehen)
Pigmentbecherauge	Sinneszellen sind von einem Becher aus pigmenthaltigen Zellen umgeben (Abschirmung gegen Lichteinfall von der Seite, Becher ist nur zu einer Seite hin geöffnet. Strudelwürmer, Lanzettfisch	Hell-Dunkel-Sehen, grobes Richtungssehen (abhängig von der Zahl der Sinneszellen)
Grubenauge	Sinneszellen bilden geschlossenes Epithel in einer Grube. Zwischen den Sinneszellen liegen Pigmentzellen zur Abschirmung. Grube ist mit Gallerte gefüllt. Napfschnecke (Patella)	Hell-Dunkel-Sehen, Richtungssehen (je kleiner die Öffnung, desto besser das Richtungssehen)
Blasenauge	stark eingesenkte Grube mit kleiner Öffnung wirkt als Lochkamera, Blase ist mit Sekret gefüllt (Lichtsammler) Nautilus (Kopffüßer)	Hell-Dunkel-Sehen, Richtungssehen, Bildsehen (je kleiner das Sehloch, desto schärfer und lichtschwächer ist das Bild)
einfaches Linsenauge	Bei Verdichtung des Sekrets entsteht eine einfache Linse, die das Licht auf die Netzhaut konzentriert. Weinbergschnecke, Würfelquallen	wie Blasenauge, aber hellere und noch unscharfe Bilder, Farbensehen möglich
Komplexauge	aus 20 bis 10 000 Einzelaugen *(Ommatidien)* zusammengesetzt; jedes Ommatidium besteht aus Linse, Kristallkörper und 8 um die Längsachse angeordneten Sinneszellen. Die Einzelaugen sind durch Pigmentzellen abgeschirmt. Gliedertiere	wie Linsenauge, aber das Bild besteht aus zahlreichen Bildpunkten (Raster)

Neurobiologie und Verhalten **33**

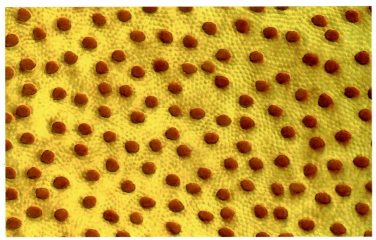

1 Mosaik der Zapfen (rot) und Stäbchen (gelb) in der Netzhaut

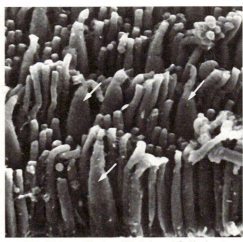

2 REM-Bild von Zapfen (Pfeile) und Stäbchen

Funktion der Netzhaut

Die Netzhaut des menschlichen Auges enthält etwa 6 Millionen Zapfen zum Farbensehen und 120 Millionen Stäbchen zum Hell-Dunkel-Sehen (Abb. 2). In Abbildung 1 wird in der Aufsicht auf die Netzhaut die mosaikartige Verteilung deutlich, die rotgefärbten Zellen sind die *Zapfen*, die gelbgefärbten die *Stäbchen*. Elektromagnetische Strahlung im Wellenlängenbereich von 400 nm (violett) bis 700 nm (rot) führt in diesen Sinneszellen zu einer Erregung, die wir im Gehirn als Licht verschiedener Farben empfinden. Der Aufbau der beiden Zelltypen ist sehr ähnlich. Das Innensegment enthält den Zellkern, Mitochondrien und die synaptische Endigung. Das Außensegment besteht aus vielen Lamellen (ca. 1000), die durch Einfaltungen der Zellmembran entstanden sind (Abb. 3). Diese Einfaltungen schnüren sich in Stäbchen zu so genannten Disks ab, die innerhalb der Außensegmente freischwimmend sind. In der Membran dieser Disks oder Lamellen liegen die Sehpurpurmoleküle, das *Rhodopsin*. Bereits im vorletzten Jahrhundert vermuteten Wissenschaftler, dass die purpurrote Farbe der Froschretina eine Bedeutung für den Sehvorgang hat, da die Farbe bei Belichtung verschwindet und sich bei Dunkelheit zurückbildet.

Die Rhodopsinmoleküle reichen durch die Membran hindurch (Abb. 3). Bestandteil des Rhodopsins ist neben einem Protein, dem Opsin, das Retinal, das aus dem Vitamin A aufgebaut wird, welches wir mit der Nahrung aufnehmen. Vitamin A-Mangel kann zur Beeinträchtigung der Sehfähigkeit, wie z. B. zur Nachtblindheit, führen. Das Molekül des Retinals kommt in zwei Formen vor, der gewinkelten *cis-* und der gestreckten *trans-Form* (s. Randspalte). Bei Dunkelheit ist die Wahrscheinlichkeit 1:1000, dass sich aus der cis- die trans-Form bildet. Durch Lichteinfall steigt die Bildung der trans-Form stark an.

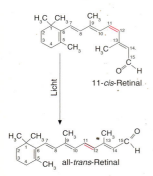

Lichtaktive Reaktion des Sehfarbstoffes

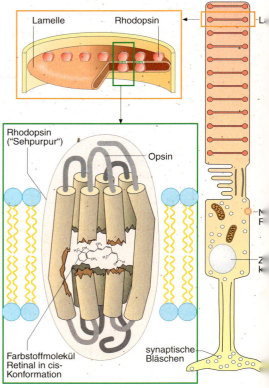

3 Aufbau eines Stäbchens

34 *Neurobiologie und Verhalten*

1 Stäbchen (links) und Zapfen (rechts)

Misst man an den Lichtsinneszellen das Rezeptorpotential, findet man im Gegensatz zu anderen Sinneszellen, die bei Reizeinwirkung depolarisiert werden, eine erstaunliche Veränderung des Membranpotentials (Abb. 33.2): Bei Lichteinstrahlung entsteht eine *Hyperpolarisation* von -30 mV auf -70 mV. Die Zellmembran ist also ohne Reiz stärker depolarisiert. Dies lässt sich nur mit der Hypothese erklären, dass bei einer Erregung durch Licht die Na$^+$-Ionenkanäle nicht geöffnet, sondern geschlossen werden. Bei Dunkelheit sind demnach mehr Na$^+$-Ionenkanäle geöffnet als bei Lichteinwirkung.

Das Schließen von Na$^+$-Ionenkanälen bei Lichteinstrahlung ist auf molekularer Ebene durch die Veränderung des Retinalmoleküls im Rhodopsin bedingt. Das Rhodopsin spaltet sich und das Retinal wirkt auf ein Protein *(Transducin)* in der Lamellenmembran der Stäbchen ein und aktiviert es ebenfalls. Transducin bewirkt den Abbau von sekundären Botenstoffmolekülen. Diese Moleküle haben die Aufgabe, sich an die Na$^+$-Ionenkanäle in der Membran der Sinneszelle zu binden und sie geöffnet zu halten. Je geringer also die Anzahl der sekundären Botenstoffmoleküle im Cytoplasma der Stäbchen ist, desto weniger Kanäle sind geöffnet. (→ 166/167)

Bereits ein sehr kurzer Lichtblitz löst eine Hyperpolarisation der Membran aus. Die hohe Effektivität der Lichtsinneszellen kann nur über eine intrazelluläre Signalverstärkung der molekularen Vorgänge erreicht werden. Die Verstärkung erfolgt kaskadenartig vom Rhodopsin über das Transducin und die sekundären Botenstoffe. Durch ein Molekül Rhodopsin werden bei diesem Prozess etwa 100 000 Moleküle sekundärer Botenstoffmoleküle abgebaut. Die Reizung der Lichtsinneszellen führt also über diesen Verstärkungseffekt dazu, dass zahlreiche Na$^+$-Ionenkanäle geschlossen werden.

Die Veränderung des Zellmembranpotentials führt jedoch zunächst nicht zu einem Aktionspotential an der Lichtsinneszelle, sondern zu einer Veränderung des elektrischen Feldes. Dieses breitet sich elektrotonisch zur präsynaptischen Membran der Zelle aus. Die dort freigesetzten Transmitter wirken depolarisierend auf die nachfolgende Bipolarzelle, und diese wirkt weiter auf die folgende Nervenzelle ein (s. Seite 38).

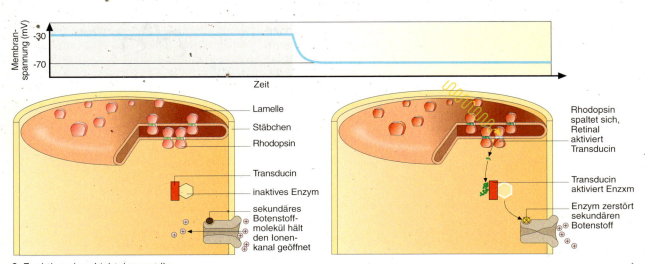

2 Funktion einer Lichtsinneszelle

Neurobiologie und Verhalten **35**

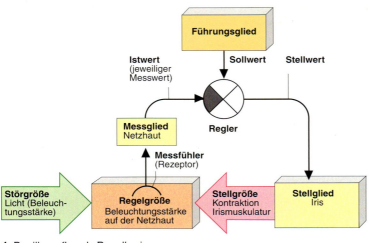

1 Pupillenreflex als Regelkreis

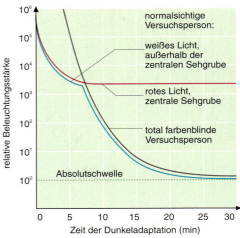

2 Dunkeladaptationskurven

Adaptation: Anpassung der Lichtempfindlichkeit

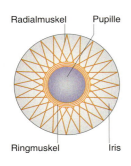

Adaptationsleistung der Iris

Beleuchtungsstärken

Mondlicht: 0,01 lx
Sommertag: 100 000 lx
Leuchtdichtenverhältnis:
1 : 10 000 000

Größe der Pupille von 4 bis 64 mm² Regelbereich der Pupille 1 : 16

Geht man aus einem hell erleuchteten Raum in die Nacht, so kann man zunächst fast nichts erkennen. Erst nach einer Weile werden schwach beleuchtete Gegenstände sichtbar. Das Auge *adaptiert*, es passt seine Lichtempfindlichkeit der Beleuchtungsstärke an. Zwei Vorgänge sind dafür verantwortlich.

Bei Dunkelheit ist die Pupille weit geöffnet. Trifft mehr Licht auf das Auge, so verengt sie sich. Die Beleuchtungsstärke der Netzhaut soll damit im optimalen Bereich gehalten werden. Nach dem *Regelkreismodell* (Abb. 1) kann man die Vorgänge so deuten: Ein starker Lichtreiz ruft in den Fotorezeptoren der Netzhaut, die als *Messfühler* wirken, eine starke Potentialänderung hervor. Ganglienzellen senden über den Sehnerv Erregungen ins Gehirn, das als *Regler* fungiert. Als Folge werden efferente Nerven erregt, die die Iris-Ringmuskulatur als *Effektoren* zur Kontraktion veranlassen. So wird die Pupille kleiner und die ins Auge einfallende Lichtmenge verringert. Der *Istwert* wird dem *Sollwert* angeglichen. Bei Dunkelheit laufen die umgekehrten Vorgänge ab. Durch den *Regelkreis* wird einer Veränderung der einfallenden Lichtmenge entgegengewirkt *(negative Rückkopplung)*, die *Regelgröße* möglichst konstant gehalten. (→ 170/171)

Allerdings kann die Pupillenweite nur in engen Grenzen verändert werden (s. Randspalte), die die Adaptationsleistungen des Auges nicht erklären. Den größeren Beitrag dazu leisten Veränderungen der Netzhaut.

Bei geringer Beleuchtungsstärke wird nur wenig Rhodopsin verändert. Die Wahrscheinlichkeit, dass ein einfallendes Lichtquant auf ein intaktes Rhodopsin-Molekül trifft und sich deshalb das Potential der Sinneszelle verändert, ist hoch. Bereits wenige Lichtquanten können daher wahrgenommen werden. Beim Eintreten in einen dunklen Raum ist zunächst nur eine kleine Menge 11-cis-Retinal verfügbar, der größte Teil liegt als all-trans-Retinal vor. Nur langsam wird er zur vollen Menge der lichtempfindlichen Form regeneriert. Daher benötigt die Dunkeladaptation längere Zeit.

Umgekehrt laufen die Vorgänge schneller ab. Durch eine plötzlich einfallende hohe Lichtmenge ist man zwar zunächst geblendet, aber sie verändert auch schnell eine große Menge Sehfarbstoff. Damit wird die Wahrscheinlichkeit dafür, dass ein Lichtquant auf ein lichtempfindliches Rhodopsin-Molekül trifft und eine Potentialänderung auslöst, schnell kleiner. Das Auge passt sich rasch an die große Helligkeit an.

Die Zapfen in der zentralen Sehgrube des Auges passen sich recht schnell an Dunkelheit an (Abb. 2), haben aber einen relativ hohen Schwellenwert. Die Stäbchen adaptieren langsamer, reagieren aber viel empfindlicher auf kleine Lichtintensitäten.

Außer der Menge des Sehfarbstoffs verändert sich auch die Zahl der Sehsinneszellen, auf die eine Ganglienzelle reagiert. Sie wird bei Dunkelheit größer, bei Helligkeit kleiner.

Neurobiologie und Verhalten

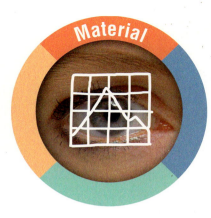

Akkommodation

Sollen mit einem Fotoapparat nahe oder ferne Gegenstände scharf gestellt werden, verändert man den Abstand zwischen Linse und Film. Im menschlichen Auge können Linse und Netzhaut ihre Positionen nicht ändern. Trotzdem gelingt es uns schnell, zwischen einer Nah- und einer Ferneinstellung zu wechseln.

Prinzipien der Bewegung

Jeder Muskel kann sich aktiv nur zusammenziehen. Um seinen Ausgangszustand wieder zu erreichen, muss eine Dehnung durch den Gegenspieler erfolgen.

Aufgaben

1. Erläutern Sie das *Gegenspielerprinzip* (→ 166/167) für das bekannte *Beuger-Strecker-System* auch auf molekularbiologischer Ebene. Benutzen Sie dazu die Informationen zum Ablauf der Muskelkontraktion (s. Seite 22).
2. Das gleiche Bewegungsprinzip trifft auch auf die Vergrößerung und Verkleinerung der Pupillenöffnung (s. Seite 36) zu. Welche Strukturen sind hier die Gegenspieler? Vergleichen Sie mit dem Beuger-Strecker-System.
3. Wird ein Blumenstrauß längere Zeit nicht ins Wasser gestellt, lassen die Stiele „ihre Köpfe hängen" und die Blätter werden schlaff. Zum Auffrischen legt man am besten den ganzen Strauß in die Badewanne. An den osmotischen Vorgängen, die zum „Abschlaffen" und „Auffrischen" führen, sind u. a. die Vakuole und die starre pflanzliche Zellwand beteiligt. Wer stellt hier das Gegenspieler-System dar?

Veränderte Brennweite

Die elastische Linse in unserem Auge ist eine bikonvexe *Sammellinse*. Lichtstrahlen durch den Linsenmittelpunkt werden nicht abgelenkt. Parallel zur optischen Achse verlaufende Strahlen werden so gebrochen, dass sie sich alle in einem Brennpunkt F schneiden. Die Entfernung zwischen Linsenmitte und Brennpunkt heißt *Brennweite* F.

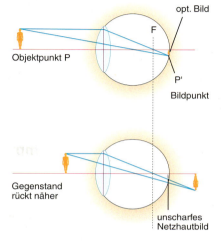

Aufgaben

4. Wie verändert sich das Bild, wenn das Objekt näher rückt und die Linse ihre Brennweite nicht ändert?
5. Wie und wodurch muss sich die Linse verändern, damit das nahe Objekt wieder ein scharfes Bild auf der Netzhaut ergibt?

Augenstrukturen

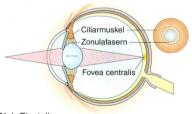

Nah-Einstellung

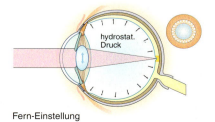

Fern-Einstellung

An der Einstellung des Auges sind folgende Strukturen beteiligt:
— die elastische Linse,
— die Zonulafasern und
— der ringförmige Ciliarmuskel.

Aufgaben

6. Stellen Sie in einer Tabelle die beteiligten Strukturen und ihre Einstellung für das Fokussieren naher bzw. ferner Gegenstände zusammen.
7. Welche Rolle spielen die Druckverhältnisse im Auge?
8. Welche Strukturen sind beim Fokussieren im menschlichen Auge die Gegenspieler?

Akkommodationsmechanismen

Im Tierreich gibt es weitere Mechanismen zur Nah- und Ferneinstellung des Auges. Allgemein gilt: In Ruhe sind die Augen stets auf diejenige Sehentfernung scharf eingestellt, die bei der Lebensweise des Tieres vorherrscht.

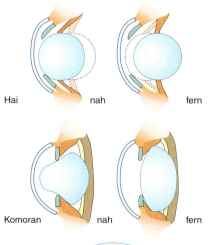

Hai   nah   fern

Komoran   nah   fern

Pferd

Aufgabe

9. Der Hai akkommodiert auf die Nähe durch Vorschieben der Linse. Kormorane erreichen die Naheinstellung, indem sie durch Augenmuskeln Linse und Hornhaut nach vorne drücken. Das Pferd hat eine dauerhaft schräg gestellte Netzhaut. Erläutern Sie die Zusammenhänge.

Neurobiologie und Verhalten **37**

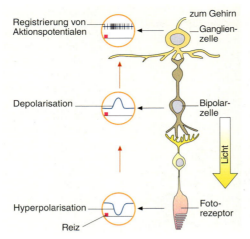

1 Verschaltung in der Netzhaut

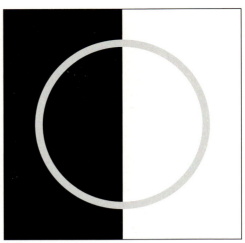

2 Graukontraste

Hell und Dunkel: Kontraste

Betrachtet man den Kreis in Abbildung 2, empfindet man die Kreislinie auf dunklem Untergrund heller als die auf weißem, obwohl die Grauintensität beider Hälften gleich ist. Wir erhalten also wenig Informationen über die absolute Helligkeit eines Gegenstandes, sondern heben vergleichend Kontraste hervor. Diese Kontrastverstärkung lässt sich über die rezeptiven Felder und dem Verrechnungsvorgang bei der lateralen Inhibition erklären. Die biologische Bedeutung der Kontrastverstärkung liegt vermutlich darin, dass Feinde oder Nahrung vor einem Hintergrund mit ähnlicher Lichtintensität besser wahrgenommen werden, besonders in der Dämmerung, wenn das Farbensehen nachlässt.

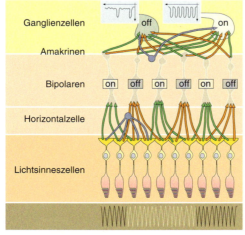

3 Verschaltung von Lichtsinneszellen

Rezeptive Felder

Die Verbindung zwischen den Lichtsinneszellen und dem Gehirn ist nicht direkt. In der Netzhaut sind eine oder mehrere Lichtsinneszellen über Bipolarzellen mit einer Ganglienzelle verbunden. Insgesamt sind rund 126 Millionen Lichtsinneszellen auf 1 Million Ganglienzellen verschaltet. Durch die Wirkung des Lichtes erfährt die Lichtsinneszelle eine Hyperpolarisierung ihrer Membran (s. Seite 35). Diese führt zu einer verminderten Freisetzung von Transmittermolekülen. An der Bipolarzelle verursacht diese Verminderung von Transmittermolekülen eine Depolarisation. Die Depolarisation der Bipolarzelle wiederum führt zu einer höheren Ausschüttung von Transmittermolekülen und erhöht dadurch in der Ganglienzelle die Frequenz der Aktionspotentiale (Abb. 1). Es gibt in der Netzhaut jedoch auch hemmende Bipolarzellen, die die Frequenz der Aktionspotentiale in der Ganglienzelle senken. Diese Verschaltungseinheit, die die Frequenz der Aktionspotentiale einer Ganglienzelle zum Gehirn beeinflusst, ist das *rezeptive Feld*. Die rezeptiven Felder im Bereich der zentralen Sehgrube *(Fovea)* bestehen nur aus einer verschalteten Lichtsinneszelle, im peripheren Bereich dagegen aus mehreren.

Durch Messungen mit Mikroelektroden in der Netzhaut konnte die Aktivität der verschiedenen Zelltypen gemessen werden. Bei diesen Messungen wurden ON-Ganglienzellen und OFF-Ganglienzellen entdeckt. Bei Erregung der Lichtsinneszellen lösen ON-Ganglienzellen ein erregendes, OFF-Gang-

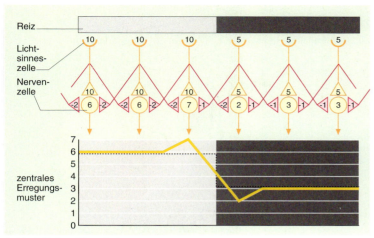

1 Modell einer Verschaltung

Laterale Inhibition

Durch die besondere Verschaltung der Lichtsinneszellen in den rezeptiven Feldern wird eine Kontrastverstärkung erzeugt, die darauf zielt, vorhandene Unterschiede hervorzuheben (Abb. 38.2). Die Bipolarzellen leiten die Erregung der Lichtsinneszellen auf die Ganglienzellen weiter. Jede Lichtsinneszelle wirkt jedoch zusätzlich über die Horizontalzellen, die Querverbindungen zwischen Sehsinneszellen bilden, hemmend auf benachbarte Lichtsinneszellen ein *(laterale Inhibition)*. Wie diese laterale Inhibition zu einer Kontrastverstärkung führt, lässt sich an einem vereinfachten rechnerischen Modell mit folgenden Annahmen erklären (Abb. 1):

— Auf die Lichtsinneszellen an der hellen Fläche wirken doppelt so starke Reize wie auf die an der dunkleren Fläche.
— Über Horizontalzellen erfolgt eine Hemmwirkung von 20 % der Erregungsgröße.

Wird die Lichtsinneszelle mit einer angenommenen Reizintensität der Stärke 10 erregt, entspricht dieser Reizstärke eine Erregungsstärke, d. h. Aktionspotentialfrequenz. Durch die beiden Horizontalzellen erfolgt, der Annahme entsprechend, jeweils eine Hemmung von 20 %. So ergibt sich für die an die Nervenzellen des Sehnervs weitergeleitete Erregungsstärke der Wert:
$10 - 2 - 2 = 6$ (bzw: $5 - 1 - 1 = 3$). Im Bereich der Kontrastgrenze zeigt die Aktionspotentialfrequenz gegenüber den benachbarten Sehnerven eine erhöhte Differenz (7/2). Diese führt zu der betonten Wahrnehmung von verschieden grauen Flächen und somit zu der verbesserten Möglichkeit, geringe Kontrastunterschiede wahrzunehmen.

lienzellen ein *inhibitorisches Potential* aus. Die Verbindung zwischen Lichtsinneszellen und Ganglienzelle stellen wiederum ON- und OFF-Bipolarzellen (Abb. 38.3). Das rezeptive Feld umfasst ein kreisförmiges Zentrum und einen umgebenden Ring. Wird das Zentrum einer ON-Ganglienzellen beleuchtet, so erhöht sich die Frequenz der Aktionspotentiale an der Ganglienzelle, wird das Umfeld belichtet sinkt die Frequenz. Ein rezeptives Feld spricht optimal auf einen Reiz an, der nur das Zentrum erregt. Bei der OFF-Ganglienzellen liegen die Messwerte genau umgekehrt. Der Sinn dieser Verschaltungen liegt in der höheren Kontrastfähigkeit des Auges. Die Erregungsverarbeitung im Auge ist also auf das Erkennen von Kontrasten und Veränderungen ausgerichtet (Abb. 2).

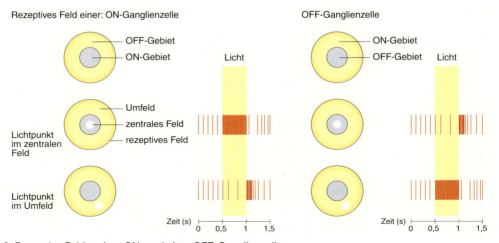

2 Rezeptive Felder einer ON- und einer OFF-Ganglienzelle

Neurobiologie und Verhalten

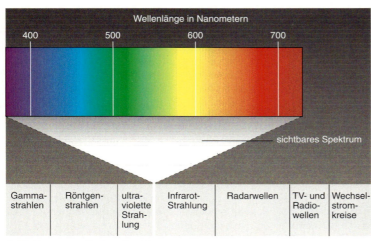

1 Elektromagnetisches Spektrum

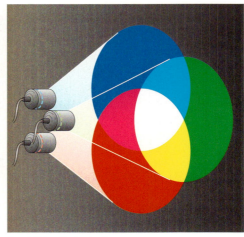

2 Additive Farbmischung

Farben entstehen im Kopf

Elektromagnetische Wellen gelangen von der Sonne durch den Kosmos auf die Erde. Nur ein kleiner Teil dieses Spektrums wird von uns wahrgenommen. Die Lichtsinneszellen unserer Netzhaut werden durch den Wellenlängenbereich zwischen ca. 400 bis 700 nm angeregt. Neben den Stäbchen gibt es drei verschiedene Typen von *Zapfen*, die jeweils von verschiedenen Wellenlängen elektromagnetischer Strahlung angeregt werden. Diese Zapfen reagieren aufgrund von verschiedenen Isoformen ihrer Pigmente unterschiedlich empfindlich auf die im Auge eintreffenden Lichtwellen. Die Zapfen haben drei Sensibilitätsmaxima: 450 nm, 530 nm und 570 nm. Die, die von elektromagnetischer Strahlung mit der Wellenlänge 450 nm angeregt werden, sprechen auf kurzwelliges Licht im Bereich der Farbe Blau an; die beiden anderen Sinneszelltypen werden durch die Farbe Grün bei 530 nm (mittelwelliges Licht) und Rot bei 570 nm (langwelliges Licht) angeregt (Abb. 41.1). Die Absorptionsspektren der Zapfen überlappen sich teilweise. Werden zum Beispiel sowohl die Rot- als auch die Grün-Zapfen stimuliert, sehen wir entweder Gelb oder Orange. Das große Spektrum der verschiedenen Farben und Farbtöne lässt sich erst durch die Verschaltung der drei Zapfentypen in den rezeptiven Feldern erklären. Die farbige Welt, in der wir leben, existiert so, wie wir sie erleben, nur in unserem Gehirn.

Ein Gemisch aus allen Wellenlängenbereichen nehmen wir als Weiß wahr. Diese Empfindung haben wir auch, wenn man spektralreines Licht der Farben Rot, Grün und Blau auf eine Fläche projiziert. Die Summe der drei Lichtsorten entspricht dem weißen Licht *(additive Farbmischung)*. Verschiebungen der Wellenlängen des Lichtes bei der Mischung ergeben jede beliebige Farbe. Wir können Wellenlängenunterschiede von 1 bis 2 nm erkennen und daher tausende von Farbnuancen wahrnehmen.

Betrachten wir eine rote Tomate: Auf diese fällt weißes Licht, von dem Farbstoff der roten Tomate wird kurzwelliges und mittelwelliges Licht absorbiert. Das langwellige Licht wird reflektiert. Das Licht dieses Wellenlängenbereiches gelangt auf die Netzhaut un-

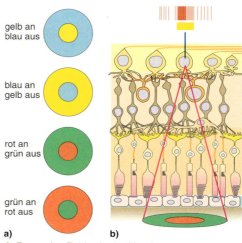

3 Rezeptive Felder in der Netzhaut

40 *Neurobiologie und Verhalten*

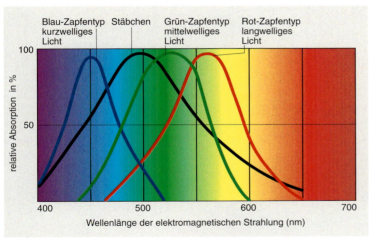

1 Absorptionsspektrum der Lichtsinneszellen beim Menschen

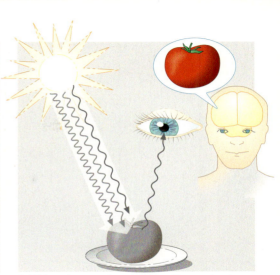

2 Wahrnehmung eines farbigen Gegenstandes

serer Augen und regt dort die Rot-Zapfen im rezeptiven Feld einer Ganglienzelle an (Abb. 40.3). Von diesen Zapfen werden Aktionspotentiale zur Ganglienzelle geleitet. Nur bei Belichtung des zentralen ON-Feldes (rot) reagiert die Ganglienzelle mit Aktionspotentialen, die zum Gehirn geleitet werden und die Farbe rot signalisieren (Abb. 2). Wenn Licht auf das ringförmige OFF-Feld (grün) fällt, wird die Ganglienzelle gehemmt.

Diese Verschaltungen sind in Abbildung 3 an vier Beispielen dargestellt. Abbildung 3a entspricht dem Beispiel der roten Tomate. Werden jedoch die Grün-Zapfen im rezeptiven Feld einer Rot-Grün-Ganglienzelle durch grünes Licht erregt (Abb. 3b), wird diese gehemmt. Dies signalisiert die Farbe Grün. Gelbes Licht, erregt sowohl die Rot-Zapfen als auch die Grün-Zapfen (Abb. 3c). Die gleichzeitige Erregung führt von dem Rot-Zapfen zu einer erregenden Weiterleitung auf rotgrünen, jedoch auch auf die gelb-blauen Ganglienzellen. Vom Grünzapfen erfolgt eine Erregung auf die gelb-blauen Ganglienzellen und eine Hemmung auf die rot-grünen Ganglienzellen. Die Erregung und die Hemmung an der rot-grünen Ganglienzelle heben sich auf, es kommt nicht zu Aktionspotentialen. Nur von den erregten gelb-blauen Ganglienzellen werden Aktionspotentiale zum Gehirn geleitet und die Farbe Gelb signalisiert. Blaues Licht führt zur Erregung der Blau-Zapfen (Abb. 3d). Die resultierende Hemmung der gelb-blauen Ganglienzellen signalisiert die Farbe Blau. (→ 174/175)

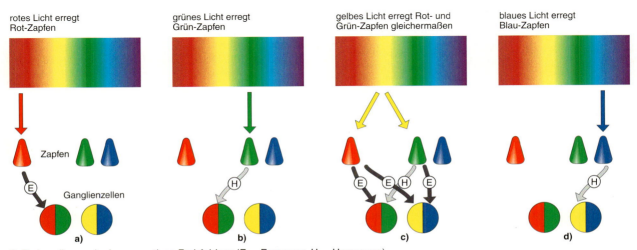

3 Farbcodierung in den rezeptiven Farbfeldern (E = Erregung, H = Hemmung)

Neurobiologie und Verhalten   41

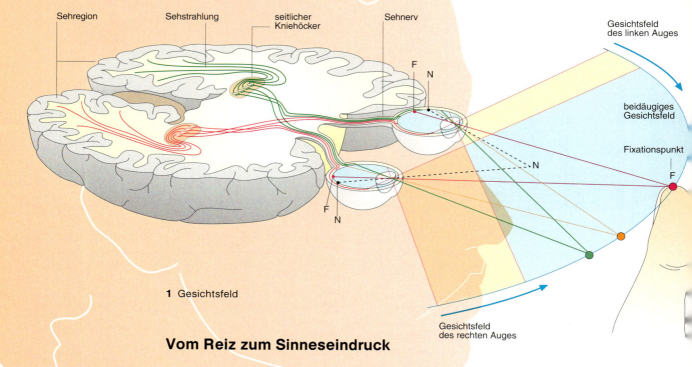

1 Gesichtsfeld

Gesichtsfeld
Ausschnitt der Umgebung, der mit unbewegten Augen wahrgenommen wird.

Vom Reiz zum Sinneseindruck

Ein rotes Auto fährt auf einer Straße, die wir überqueren wollen. Die verschiedenen optischen Reize bei einer solchen Situation lösen in den Lichtsinneszellen der Netzhaut elektrische Erregungen aus. Diese werden über verschaltete Neurone zum Gehirn geleitet. Etwa 1 Million Neurone bilden den Sehnerv, der vom Auge zum Gehirn führt. Die Sehnerven beider Augen treffen sich an der Sehnervenkreuzung. Dort kreuzen Teile der Nervenfasern zur gegenüberliegenden Seite des Gehirns. Die Verteilung ist so, dass alle Nervenfasern, deren Ursprung in den rechten Netzhauthälften beider Augen liegt, in der rechten Großhirnhälfte landen und umgekehrt. Dies bewirkt, dass die Bildinformationen aus jeder Hälfte des mit beiden Augen erfassten Gesichtsfeldes in nur eine Gehirnhälfte gelangen (Abb. 1).

Signalverarbeitung

Die Nervenfasern der Sehnerven enden im Zwischenhirn. Hier werden die Signale verarbeitet und in die Sehregion der Großhirnrinde geleitet. Die Neurone der Großhirnrinde weisen eine unterschiedliche Selektivität für verschiedene visuelle Reizmerkmale im Gesichtsfeld auf und bilden drei Auswertungssysteme: für die *Wahrnehmung* von Bewegung, Form und Farbe.

Das erste System liefert verwaschene, kontrastarme Bilder ohne Farben. Besonders markant treten alle bewegten Teile hervor. Hier geht es um die Analyse der Position und Bewegung. Das zweite System liefert scharfe Formen von Teilen des Gesamtbildes. Hier wird ermittelt, um was für ein Objekt es sich handelt. Das dritte System liefert Bilder von geringer Schärfe, die im mittleren Bereich farbig sind.

Die *Tiefenwahrnehmung* (das räumliche Sehen) entsteht im ersten und zweiten System durch etwas verschiedene Netzhautbilder, die durch den Augenabstand zustande kom-

Zettelkasten

Störungen der Bewegungswahrnehmung

Bereits gegen Ende des 19. Jahrhunderts beobachtete Sigmund Freud das Unvermögen einiger Patienten visuelle Merkmale zu erkennen. Er führte dies nicht auf Defekte im Auge, sondern im Gehirn zurück.

Eine Patientin verlor durch einen Schlaganfall die Bewegungswahrnehmung, konnte jedoch Farben und Formen erkennen. Die Patientin hatte Schwierigkeiten, Tee in eine Tasse zu gießen, da sie die Flüssigkeit nicht in Bewegung sah. Sie empfand sie als „gefrorene Flüssigkeit". Eine zusätzliche Schwierigkeit ergab sich dadurch, dass sie nicht erkennen konnte, wie die Flüssigkeit in der Tasse anstieg. Probleme traten auch auf der Straße auf. Sie konnte die Autos zwar wahrnehmen, nicht jedoch deren Geschwindigkeit, da die Autos plötzlich hier und dann auf einmal dort waren, ohne dass sie gesehen hatte, wie die Autos sich bewegten. Dies führte zu Schwierigkeiten, eine Straße zu überqueren. Sie musste lernen, andere Faktoren, wie lauter werdende Fahrzeuggeräusche, zur Orientierung mit einzubeziehen.

Neurobiologie und Verhalten

men. Beim Fixieren eines Gegenstandes werden die Augen so zueinander gedreht, dass der fixierte Gegenstand in beiden Augen in der zentralen Sehgrube abgebildet wird. Gegenstände, die vor oder hinter der fixierten Ebene liegen, werden seitlich von den beiden Netzhautstellen abgebildet. Gegenstände, die vor der fixierten Ebene liegen (N), werden weiter außen abgebildet, Gegenstände, die weiter entfernt sind, auf der zur Nase gerichteten Seite.

Sehen mit Augen und Gehirn?

Die Wahrnehmung der Umgebung erfolgt über die Ergebnisverarbeitung der drei verschiedenen Systeme. Die Information, die die größte Aufmerksamkeit erzeugt, bestimmt die Wahrnehmung, andere Objekte werden ignoriert. Dies ist vergleichbar mit dem Ausleuchten der Umgebung mit einem Scheinwerfer: Nur einige Teile der Umgebung werden beleuchtet, die anderen bleiben im Dunkeln. Beim Überqueren der Straße wird es die Bewegung des Autos sein, die unsere Aufmerksamkeit erregt. Sie wird in der Großhirnrinde ausgewertet und lässt uns am Straßenrand warten (Abb. 2).

Bei der visuellen Wahrnehmung unserer Umgebung stammen jedoch nur 20 % der Erregungen bei der Verarbeitung in der Großhirnrinde aus den Lichtsinneszellen der Netzhaut. Der größte Anteil stammt aus anderen Hirnregionen. Das Reizmuster aus der Umgebung wird zum Erregungsmuster im

1 Blaue Flecken oder ein Bild?

Gehirn. Mit den gespeicherten Erfahrungen führt das Erregungsmuster zum Erkennen der Umgebung, zur *Kognition*.

Deutlich wird dies in Abbildung 1. Betrachtet man diese Abbildung, so erkennt man nur wahllos angeordnete blaue Flecken. Betrachtet man die Abbildung ein zweites Mal mit der Information, dass hier ein Pferd mit Reiter dargestellt ist, so lässt sich das Gesamte auf dem Bild erkennen. Durch die Zusatzinformation wird die Auswertung der Sinnesdaten aus den Augen im Gehirn verändert und eine neue Wahrnehmung gelangt in unser Bewusstsein. (→ 174/175)

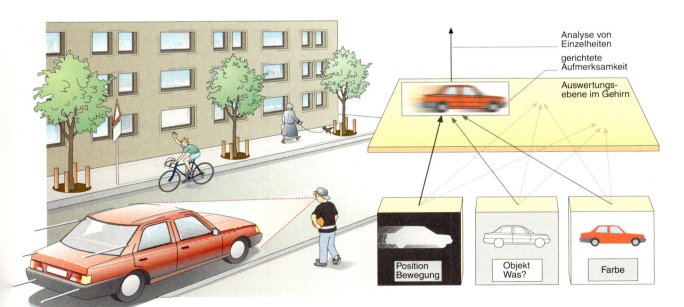

2 Drei Auswertkanäle bei der Wahrnehmung von Gegenständen

Neurobiologie und Verhalten

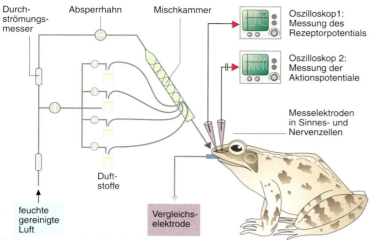

1 Untersuchung der Riechschleimhaut

Riechsinneszellen

Seidenspinnermännchen werden von dem Duft eines Weibchens in einem Umkreis von 10 km angelockt. Etwa 30 000 Riechsinneszellen in den Antennen setzen sie zur Partnersuche ein. Nur wenige Moleküle des Duftstoffes reichen aus, um eine Erregung einzelner Sinneszellen auszulösen. Auf den Sexuallockstoff der Seidenspinnerweibchen sind die *Riechsinneszellen* des Männchens spezialisiert. Eine solche Kommunikation mittels chemischer Substanzen ist nicht nur bei Insekten vorhanden, sondern im gesamten Tierreich verbreitet, z. B. bei der Anlockung der Sexualpartner, bei Reviermarkierungen und beim Erkennen der Jungtiere. Riechvorgänge dienen auch der Orientierung bei der Nahrungssuche oder der Warnung vor weit entfernten Feinden. (→ 174/175)

Wirbeltiere sind in der Lage ein breites Geruchsspektrum wahrzunehmen. Beim Menschen gelangen die verschiedenen Duftmoleküle mit der eingeatmeten Luft in den oberen Teil der Nase. Hier befindet sich die *Riechschleimhaut*, in der ca. 30 Millionen Riechsinneszellen liegen. Die Riechsinneszellen ragen mit feinen Sinneshaaren *(Cilien)* in den Nasenraum hinein. In der Membran der Cilien liegen Rezeptormoleküle, die spezifisch mit bestimmten Duftstoffmolekülen reagieren. (→ 166/167)

Erforschung der Funktion

An Riechsinneszellen wurden verschiedene Experimente durchgeführt:
1. Messung der Potentiale am Zellkörper und der daraus resultierenden Aktionspotentiale am Axon.
2. Messung der Ionenströme an Ionenkanälen und Untersuchung der molekularen Vorgänge an der Zellmembran.

Bei Fröschen wurden Elektroden in die Riechschleimhaut eingeführt (Abb. 1). Anschließend führte man der Riechschleimhaut verschiedene Duftstoffe zu. Eine der Elektroden befindet sich im Bereich der Cilien, die andere im Bereich des Axons (Abb. 2). An den Cilien lässt sich mit zunehmender Konzentration bestimmter Duftstoffmoleküle eine steigende Amplitude der *Rezeptorpotentiale* messen. Je nach der Höhe der Amplitude werden am Axonhügel unterschiedlich viele spannungsabhängige Na^+-Ionenkanäle geöffnet und damit eine unterschiedlich hohe Aktionspotentialfrequenz ausgelöst. Diese wird an dem ableitenden Axon gemessen. In

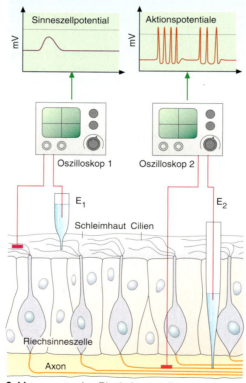

2 Messung an den Riechsinneszellen

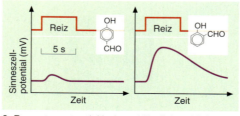

3 Rezeptorpotential bei zwei ähnlichen Molekülen

Neurobiologie und Verhalten

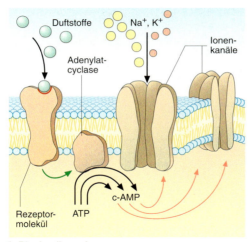

1 Riechzellmembran

der darunter liegenden Zellschicht werden ca. 1000 Axone der Riechsinneszellen auf Neuronen verschaltet, die Reizinformationen zum Gehirn weiterleiten, wo die Erregungen in verschiedenen Gehirnteilen ausgewertet werden.

Biochemische Untersuchungen mit unterschiedlichen Duftstoffmolekülen zeigen, dass Riechzellen von ganz spezifischen Duftstoffmolekülen gereizt werden. Kleine Unterschiede im Molekülaufbau des Riechstoffes können die Wirkung verhindern (siehe Abb. 44.3). Demnach müssen in den Cilien der Riechzellen spezifische Rezeptormoleküle für einzelne Duftstoffmoleküle vorhanden sein. Eine Riechsinneszelle hat nur eine Sorte dieser Rezeptormoleküle. Dies ermöglicht im Gehirn die differenzierte Wahrnehmung verschiedener Düfte.

Rezeptormoleküle sind Proteinkomplexe in den Zellmembranen, an die spezifische Moleküle binden können. Der Aufbau verschiedener Rezeptormoleküle ist ähnlich, sie unterscheiden sich aber im Bereich der Bindungsstelle für Duftmoleküle. Die Struktur der Bindungsstellen ist genetisch bedingt. Fehlt die genetische Information, kann der Duftstoff nicht wahrgenommen werden.

Der Kontakt zwischen dem Rezeptorprotein und dem Duftstoffmolekül führt zu einer Veränderung der räumlichen Struktur des Rezeptormoleküls (Abb. 1). Der Duftstoff-Rezeptorkomplex aktiviert ein membrangebundenes Enzym, die *Adenylatcyclase*, auf der inneren Seite der Zellmembran. Dieses Enzym wandelt ATP in zyklisches AMP *(c-AMP)* um. c-AMP ist ein zellulärer Botenstoff, der u. a. in der Zellmembran die Öffnung von Ionenkanälen bewirkt, durch die Kationen in die Zelle diffundieren. Durch die Aktivierung eines Rezeptormoleküls werden ca. 1000 c-AMP-Moleküle gebildet, die auf die Ionenkanäle einwirken können. Diese intrazelluläre Signalverstärkung führt innerhalb von 100 ms zu einem effektiven Rezeptorpotential. Die Duftstoffmoleküle werden in der Nasenschleimhaut enzymatisch abgebaut. So wird eine Dauerreizung vermieden und die Wahrnehmung nicht störend beeinflusst. Die kaskadenartige Verstärkung ist ähnlich der Reaktion in den optischen Sinneszellen und ein Grundprinzip. (→ 166/167)

Das Gehirn unterscheidet Moleküle

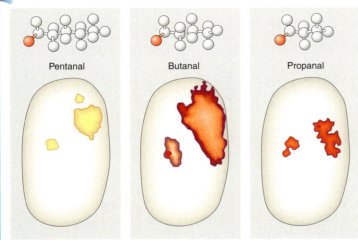

Wir können viele Gerüche identifizieren auch wenn sie von anderen überlagert werden. In einem Experiment wirken auf die Nasenschleimhaut einer Ratte drei verschiedene Geruchsstoffe nacheinander ein. Diese unterscheiden sich nur durch die Länge der Kohlenwasserstoffkette. In den Riechkolben des Gehirns werden die Signale vieler Rezeptoren verschaltet. Das Aktivitätsmuster dieser Gehirnregion wird bei der Ratte mithilfe von bildgebenden Verfahren gemessen (s. Abb.). Die kleinen Punkte stellen eine aktive Schaltstelle dar, die größeren mehrere Schaltstellen. Man erkennt, dass nicht bei jedem Geruchsstoff die gleichen Schaltmuster entstehen. Diese verschiedenen Muster könnten ein Grund der exakten Zuordnung von Gerüchen sein.

Neurobiologie und Verhalten

Reize und Sinne

Für Tiere und Menschen sind Sinnesorgane von existenzieller Bedeutung, da sie nur über diese Organe Informationen aus ihrer Umwelt und ihrem Körper aufnehmen, anschließend verarbeiten und darauf reagieren können. Bei allen Sinnesorganen werden physikalische oder chemische Reize durch spezifische Sinneszellen aufgenommen. Dies führt zu einer Veränderung der Membranpotentiale, den Rezeptorpotentialen, die in Aktionspotentiale umgewandelt *(Codierung)* und über Neuronen weitergeleitet und verschaltet werden.

Man unterscheidet:
— Sinneszellen, die auf mechanische Veränderungen reagieren (wie im Ohr, im Gleichgewichtsorgan oder in Muskelspindeln).
— Sinneszellen, die Temperaturveränderungen wahrnehmen (z. B. in der Haut).
— Sinneszellen, die auf Licht reagieren.
— Sinneszellen, die auf chemische Moleküle reagieren (wie in der Nase, der Zunge oder der Antenne bei Insekten).
— Sinneszellen, die auf elektrische oder magnetische Reize reagieren (bei elektrischen Fischen).

Mechanische Reize

Das Seitenlinienorgan der Fische oder der im Wasser lebenden Amphibien hat die Funktion, Zentren, von denen Erschütterungen im Wasser ausgehen, genau zu orten. Das Herannahen eines Feindes oder der Aufenthaltsort eines Beutetieres können exakt bestimmt werden. Auch die durchsichtige Aquarienwand wird durch den davor auftretenden Staudruck über diese Organe wahrgenommen. Selbst augenlose Höhlenfische können sich so im Raum orientieren. Die Sinneszellen besitzen eine Anzahl haarförmiger Zellmembranausstülpungen *(Stereocilien)* und eine echte Cilie *(Kinocilie)*. Diese sind miteinander verbunden (Abb. 1).

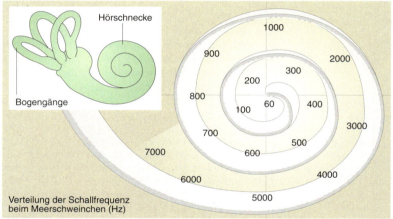

Verteilung der Schallfrequenz beim Meerschweinchen (Hz)

2

Da die Membran dieser Sinneszellen im Ruhezustand etwas depolarisiert ist, werden ständig Transmitter abgegeben. Hierdurch entstehen an den weiterleitenden Axonen Aktionspotentiale, die man als *Ruhefrequenz* registriert. Eine Veränderung der Cilienlage durch den zunehmenden oder abnehmenden Wasserdruck bewirkt eine Depolarisation bzw. Hyperpolarisation. Vermutlich wird die Rezeptormembran durch die Dehnung durchlässig für Natriumionen. Dies könnte durch eine Vergrößerung des Porendurchmessers in der Membran erfolgen. Diese Sinneszellen liefern Informationen über Richtung und Stärke der Druckänderungen im umgebenden Medium (Abb. 3).

Auch die Sinneszellen im Ohr reagieren auf rhythmisch wechselnden Druck, auf die Schallwellen. Jeder Ton entspricht einer spezifischen Schwingung. Die Tonhöhe ändert sich mit der Anzahl der Schwingungen pro Sekunde (Frequenz), die Tonstärke durch die Höhe der Schwingungsamplitude. Klänge entstehen durch das Mischen der Töne verschiedener Tonhöhen.

Der Mensch nimmt Frequenzen zwischen 16 und 20 000 Hz, Tümmler nehmen Frequenzen bis 150 000 Hz wahr.

Die Umwandlung der Schallwellen in Rezeptorpotentiale findet im Innenohr, in der mit Lymphflüssigkeit gefüllten Schnecke, statt (Abb. 2). Die ankommenden Schwingungen erzeugen in der Lymphflüssigkeit eine Druckwelle

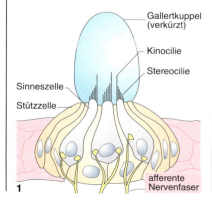

1

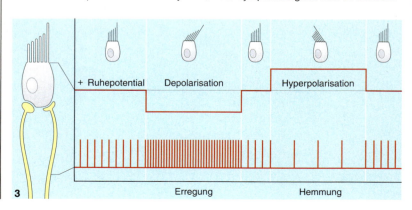

3

46 *Neurobiologie und Verhalten*

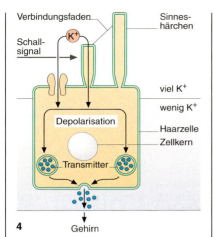

4

und führen dadurch in der Schnecke zu Ausbuchtungen. Je nach der auftreffenden Schallfrequenz entstehen die Ausbuchtungen der Membran an einer anderen Stelle der Schnecke und führen zu einer Erregung der jeweiligen Haarzellen an diesen Stellen. Eine hohe Dauerbelastung kann zur Schädigung dieser Zellen führen.

Diese Haarzellen liegen in einer Flüssigkeit mit einer hohen Kaliumionenkonzentration. Eine Verschiebung der Cilien öffnet direkt dehnungssensitive Ionenkanäle (Abb. 4). Hierdurch gelangen die positiv geladenen Kaliumionen in die Sinneszelle und depolarisieren die Membran. Am unteren Ende der Haarzelle werden entsprechend dem Ausmaß der Depolarisation Transmittermoleküle freigesetzt, die die Hörnervenzellen erregen *(sekundäre Sinneszellen)*.

Selbst Fluggeschwindigkeiten können in der Tierwelt mit Haarzellen gemessen werden. An den Antennen der Mücken werden feine Härchen durch den Flugwind abgelenkt. Eine zunehmende Fluggeschwindigkeit führt zu einer stärkeren Auslenkung an der Antenne.

5a

Elektrische Reize

Einige Fische, z. B. der Nilhecht (Abb. 5) oder der Zitterrochen, können elektrische Felder erzeugen und wahrnehmen. Diese Tiere besitzen in der Nähe der Schwanzregion ein elektrisches Organ, das eine Spannung erzeugt. Die erzeugten Spannungen betragen einige Volt. Zwischen dem elektrischen Organ im Schwanz und dem Kopf bildet sich ein elektrisches Feld aus (Abb. 6). Die nachweisbare Reichweite solcher elektrischer Felder beträgt 1 bis 10 Meter. Durch Gegenstände im elektrischen Feld verändern sich die Feldlinien und damit die Feldstärkenverteilung. Die Fische haben über die ganze Körperoberfläche verstreut Elektrorezeptoren, die mit der Außenwelt keine Verbindung haben. Je nach Veränderung der selbst erzeugten Felder oder Veränderungen durch Felder anderer Fische, können sie durch eine Elektroortung Objekte in ihrer Umgebung wahrnehmen. Bei einigen Fischen werden die elektrischen Entladungen als Signale der innerartlichen Kommunikation eingesetzt: Drohen bei Rivalen und Balzverhalten bei Werbung um Weibchen wurden beobachtet.

Einige Fische können die schwachen Muskelströme von im Sandboden versteckten Beutefischen orten. Dazu dienen Sinneszellen, die mit der Oberfläche der Haut Verbindung haben und auf schwache elektrische Felder reagieren. Die Sinneszellen werden durch das elektrische Feld depolarisiert. An der Außenseite und Innenseite der Rezeptorzellmembran entsteht dadurch eine Spannung, die vermutlich die Durchlässigkeit noch nicht identifizierter Ionenkanäle beeinflusst und dadurch eine Transmitterausschüttung herbeiführt, die in den nachgeschalteten Neuronen eine entsprechende Aktionspotentialfrequenz auslöst. Im Gehirn der elektrischen Fische erfolgt eine Auswertung der Erregung der Elektrorezeptoren.

Magnetismus

Für die Orientierung von Zugvögeln hatte man seit langem angenommen, dass das Magnetfeld, das die Erde umgibt, bei der Navigation über weite Entfernungen eine entscheidende Rolle spielt. So verloren Brieftauben mit auf dem Rücken befestigten Stabmagneten bei bedecktem Himmel ohne die Sonne häufig die Orientierung. Dies war bei Vögeln ohne Stabmagnet nicht der Fall. Die physiologischen Grundlagen dieser Orientierung sind weitestgehend unbekannt. Man vermutet, dass spezifische Moleküle im Auge der Vögel wie kleine Magnete wirken, die Ionenkanäle öffnen können und zu einer Veränderung des Membranpotentials führen.

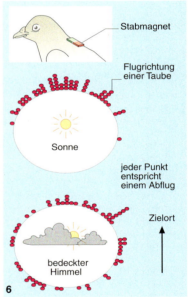

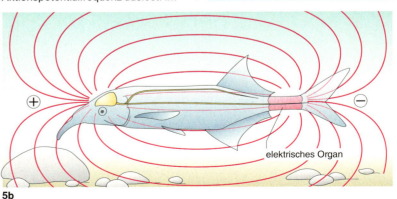

5b   6

Neurobiologie und Verhalten

4 Nervensysteme

Nervensysteme wirbelloser Tiere

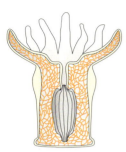
Seeanemone

Blitzschnell reagiert eine Libelle im Flug auf ihre Beute, ein Regenwurm auf Lichteinfluss oder eine Muschel auf Berührung. Veränderungen in der Umwelt werden selbst von winzigen Süßwasserpolypen oder einfachen Strudelwürmern in geeigneter Weise beantwortet. Sind Körperfunktionen auf Gewebe und Organe aufgeteilt, muss deren Tätigkeit koordiniert werden. Diese Aufgaben – sowohl die Reaktionen auf Außenreize wie auch die innere Steuerung – hat das Nervensystem übernommen. Es stellt die Verbindung zwischen den reizaufnehmenden Sinneszellen und den Erfolgsorganen wie Muskeln und Drüsen her. Grundbaustein aller Nervensysteme ist die Nervenzelle (*Neuron*, s. Seite 9).

Bei Nesseltieren (Hydra, Seeanemone) bilden die Neurone ein locker geknüpftes Netz ohne besondere Zentren. Dieses *diffuse Nervensystem* ermöglicht Beutefang, Nahrungsaufnahme und Kontraktionen.

Planarien besitzen bereits besondere Ansammlungen von Nervenzellen im Kopfbereich (*„Cerebralganglien"*). In diesen *Ganglien* (Einzahl *Ganglion*) sind die Zellkörper der Nervenzellen zusammengefasst. Dressurversuche zeigten, dass die Plattwürmer einfache Lernversuche bewältigen können.

Muscheln, Schnecken und Tintenfische konzentrieren ihre Nervenzellen noch stärker in Ganglien, die dann für unterschiedliche Körperbereiche und Funktionen zuständig sind.

Ringelwürmer und Insekten besitzen neben den Ganglien im Kopfbereich paarig angelegte Leitungsbahnen auf der Bauchseite des Körpers (*Bauchmark*). Längs verlaufende Verbindungen (*Konnektive*) sind pro Segment durch quer verlaufende Nervenstränge (*Kommissuren*) verknüpft. Man bezeichnet dies als *Strickleiternervensystem*. Innerhalb der Klasse der Insekten erfolgt eine stufenweise Konzentration: Die Ganglienpaare mehrerer Segmente verschmelzen zunehmend zum Kopf-, Brust und Hinterleibsganglion.

Die Differenzierung und zunehmende Konzentration der Nervenzellen ermöglicht komplexe Verhaltensweisen, komplizierte Lernvorgänge und eine soziale Lebensweise. Besonderes Beispiel sind hier die Staaten bildenden Insekten (Bienen, Ameisen, Termiten). Zusätzlich wird eine Aufteilung der Funktionen auf ein sensorisch-motorisch arbeitendes *Zentralnervensystem* und ein „inneres" System möglich, das vegetative Funktionen kontrolliert und die Verbindung zum Hormonsystem herstellt.

Planarie

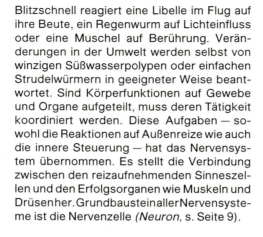

Tintenfisch

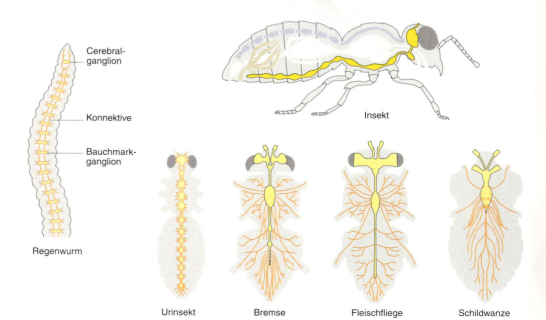

Neurobiologie und Verhalten

Nervensystem der Wirbeltiere

Das Nervensystem der Wirbeltiere zeigt einige Ähnlichkeiten zum System der Wirbellosen: Die Ganglien im Kopfbereich bilden ein kompliziertes Gehirn, es gibt ein Zentralnervensystem für den sensorisch-motorischen Bereich und ein vegetatives Nervensystem. Statt eines Bauchmarks ist jedoch ein Rückenmark ausgebildet und die Gehirnstruktur unterscheidet sich deutlich. Sie verändert sich von den Fischen bis hin zu den Säugetieren erheblich. Anatomisch gesehen bestehen die *Gehirne* der Wirbeltiere ursprünglich aus drei Abschnitten, die sich schon bei den niederen Wirbeltieren in fünf Bereiche aufteilen *(Vorder- oder Endhirn, Zwischen-, Mittel-, Hinter- oder Kleinhirn und Nachhirn)*. Das Endhirn wird letztlich zum Großhirn der Säugetiere, mit dem Zwischenhirn werden über Hypothalamus und Hypophyse Verbindungen zum Hormonsystem hergestellt und aus dem Hinterhirn wird das für Bewegungen bedeutsame Kleinhirn. Das Nachhirn versorgt mit paarigen Gehirnnerven vor allem die Kopfbereiche. Vergleicht man die Wirbeltiere, so lassen sich verschiedene Differenzierungsgrade der einzelnen Gehirnabschnitte aufzeigen. Sie stehen in einem engen Zusammenhang zur Aufgabe der Gehirnteile. (→ 166/167)

Bei Fischen ist entsprechend der Bedeutung des Geruchssinnes für diese Tiere das Endhirn als Riechhirn ausgebildet. Bei Vögeln haben sich die Basalganglien stark entwickelt, die ebenso wie das Kleinhirn wichtige Funktionen bei der Bewegungskontrolle haben. Das Kleinhirn ist stets paarig angelegt und bei Vögeln und Säugetieren durch die Brücke *(Pons)* verbunden. Es ist die zentrale Verarbeitungsstelle für Bewegungen. Bei den Säugetieren hat sich der Außenbereich des Endhirns zunehmend vergrößert. Beim Menschen erreicht die nur 3 mm dicke Großhirnrinde *(Cortex)* durch tiefe Furchen und Windungen eine Oberfläche von ca. 2200 cm^2. Dadurch überfaltet das Großhirn fast alle anderen Hirnteile.

Nachhirn, Brücke und Mittelhirn besitzen einen sehr ursprünglichen Charakter. Das verlängerte Mark im Bereich des Nachhirns ist ähnlich aufgebaut wie das Rückenmark. Eine zentral angelegte schmetterlingsförmige graue Substanz besteht aus den Zellkörpern der Neuronen und die umgebende weiße Schicht aus den erregungsleitenden Fortsätzen und ihren Gliazellen. Je weiter ein Stammhirnabschnitt vom Rückenmark entfernt liegt, desto größer ist der Anteil der grauen Substanz im Verhältnis zum Anteil der weißen. Damit treten verarbeitende und speichernde Tätigkeiten des Gehirns stärker in den Vordergrund. Im Großhirn schließlich besteht die äußere Hirnrinde aus der grauen Substanz und das Innere wird von der weißen Substanz gebildet.

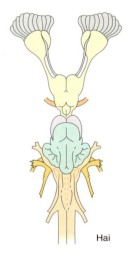
Hai

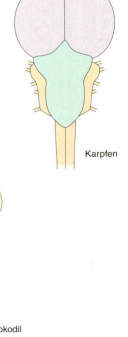
Karpfen

- Vorder-/Endhirn
- Zwischenhirn
- Mittelhirn
- Hinter-/Kleinhirn
- Nachhirn

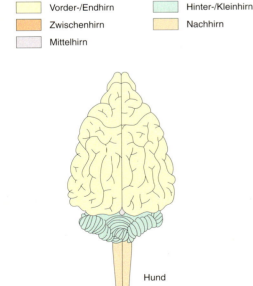
Hund

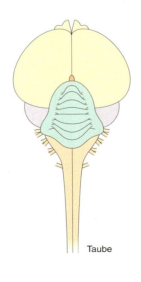
Taube

Krokodil

Neurobiologie und Verhalten

Nervensystem des Menschen

Das Nervensystem des Menschen ist das leistungsfähigste unter denen der Wirbeltiere. Die Anzahl der Neurone, die an seinem Aufbau beteiligt sind, wird auf 10^11 geschätzt.

Zentralnervensystem und periphere Nerven

Gehirn und Rückenmark zusammen bilden das *Zentralnervensystem* (ZNS). Das *Rückenmark* erfüllt zwei Funktionen: Es ist zentrales Verbindungselement zwischen dem Gehirn und dem den Körper durchziehenden *peripheren Nervensystem* (Abb. 1) sowie selbstständige Umschaltstelle sensorischer auf motorische Neurone (s. *Reflexbogen*). Häufig sind *Interneurone* zwischengeschaltet. Diese beiden Funktionen lassen sich anatomisch unterschiedlichen Bereichen des Rückenmarks zuordnen. Die Leitungsbahnen liegen in der äußeren weißen Substanz, die Verschaltungen befinden sich in der inneren grauen Substanz. Zwischen je zwei Wirbeln entspringt rechts und links ein Rückenmarksnerv (Spinalnerv) mit einer vorderen und einer hinteren Wurzel. Durch die hinteren Wurzeln leiten sensorische Neurone Erregungen, die von den Sinneszellen kommen, dem Rückenmark zu (in die *Hinterhörner*). Die Zellkörper dieser Neurone befinden sich außerhalb des Rückenmarks in den *Spinalganglien*. Die vorderen Wurzeln (aus den *Vorderhörnern*) senden motorische Nervenfasern zu den Muskeln des Rumpfes. Die motorischen Neurone haben ihre Zellkörper in der grauen Substanz des Rückenmarks. Darüber hinaus besteht die graue Substanz aus einem Geflecht von Dendriten und meist marklosen kurzen Axonen. Kurz hinter dem Spinalganglion vereinigen sich beide Wurzeln zu einem gemischten Nerv. Der Mensch hat insgesamt 31 Paare von Rückenmarksnerven.

Das autonome Nervensystem

Die Rückenmarksnerven innervieren auch die inneren Organe. Die Wirkungen dieses Teils des Nervensystems sind der willkürlichen Kontrolle weitgehend entzogen. Deshalb wird es auch als *autonom* oder *vegetativ* bezeichnet. Seine Aufgaben bestehen in der Kontrolle des inneren Milieus. Das autonome Nervensystem lässt sich in zwei funktionelle Untersysteme unterteilen, den *Parasympathicus* und den *Sympathicus*. Je nach Anforderungen werden unterschiedliche Organe aktiviert oder gehemmt. Dabei arbeitet das autonome Nervensystem eng mit dem somatischen Teil des Nervensystems zusammen, der die Skelettmuskeln mit dem Rückenmark verbindet. (→ 170/171)

Bei plötzlich herannahender Gefahr gelangt der Mensch beispielsweise rasch in einen Zustand höchster Leistungsfähigkeit. Alle Maßnahmen im Körper, die diesen Zustand fördern, werden durch den Sympathicus eingeleitet und koordiniert (Abb. 51.1). Die Durchblutung wird gefördert. So werden z. B. die Muskeln optimal mit Sauerstoff und Nährstoffen versorgt. Alle zur Bewältigung der Gefahr unnötigen Prozesse, wie z. B. die Verdauung, werden gedrosselt.

Der Parasympathicus wirkt sehr häufig als Gegenspieler des Sympathicus. (→ 166/167) Beide innervieren oft dieselben Organe und regeln die lebenswichtigen Funktionen des Körpers wie: den Kreislauf, die Verdauung, die Entleerung, den Stoffwechsel, die Sekretion, die Körpertemperatur und die Fortpflanzung. Die Vorgänge bei der Verdauung lau-

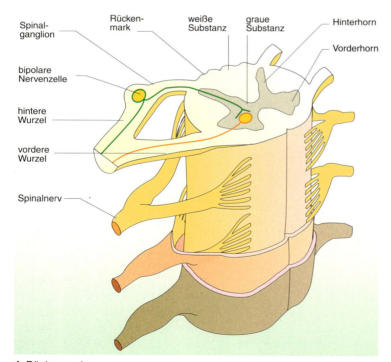

1 Rückenmark

Neurobiologie und Verhalten

fen vor allem bei körperlicher Ruhe ab. Sie werden durch Signale des Parasympathicus ausgelöst bzw. gefördert. Darüber hinaus beeinflussen der *Sympathicus* und der *Parasympathicus* in Zusammenarbeit mit dem Gehirn nachhaltig unsere emotionale Stimmung. Alarmiert durch eine bedrohliche Situation, veranlasst z. B. das *Limbische System* des Gehirns (s. Seite 52) die Nebennieren, die Hormone *Adrenalin* und *Noradrenalin* in höherer Konzentration in den Blutstrom freizusetzen. Gefühle, wie Angst und Zorn, aber auch Glück werden von typischen Körperreaktionen begleitet, die vom autonomen Nervensystem angeregt werden. In welchem Ausmaß diese Gefühle vom Menschen Besitz ergreifen, hängt von übergeordneten Gehirnteilen ab. *Noradrenalin* wird auch in den Endknöpfen von Neuronen des Sympathicus als Transmitter produziert. Dort scheint es unabhängig von Gefühlsschwankungen zu wirken. Der Transmitter der parasympathischen Nervenzellen ist *Acetylcholin*.

Aufgabe

① In Stresssituationen wird durch den Sympathicus die Leistungsfähigkeit gefördert. Zivilisationskrankheiten, wie z. B. erhöhtes Infarktrisiko, Vergrößerung der Nebennieren, Störung des Sexualverhaltens u. a., werden auch auf Dauerstress zurückgeführt. Zeigen Sie die Zusammenhänge auf (Abb. 1).

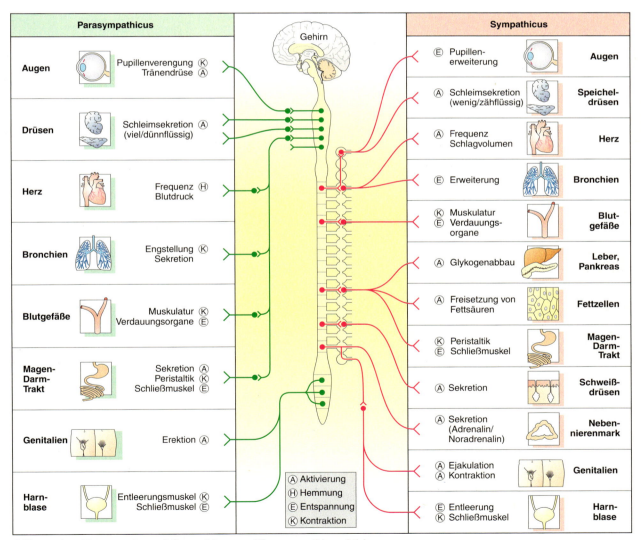

1 Vegetatives Nervensystem mit Sympathicus- und Parasympathicusaktivierung

Neurobiologie und Verhalten 51

Bau und Funktion des menschlichen Gehirns

1 Das End- oder Großhirn

Das *Großhirn* des Menschen nimmt ca. 80 % des Hirnvolumens ein. Es besteht aus der Hirnrinde *(Cortex)*, die beim Menschen eine enorme Oberflächenvergrößerung durch Furchung erfahren hat und aus Milliarden von Neuronen besteht. Darunter liegt die weiße Masse. Diese ist ein Neuronengeflecht, das die Kommunikation der einzelnen Hirnareale der Hirnrinde untereinander ermöglicht. Die Hirnrinde besteht aus zwei Hälften, den *Hemisphären*. Diese sind beim Menschen von der Funktion her nicht gleichwertig. Bei den meisten Menschen ist die rechte Hirnhälfte mehr für den nichtsprachlichen, ganzheitlich integrativen Informationsinhalt verantwortlich, die linke für den sprachgebundenen und für Detailanalysen.

Die *Hirnrinde* lässt sich funktionell in verschiedene Areale aufteilen. In ihnen werden von den Sinnesorganen einlaufende Informationen kombiniert und mit gespeicherten Informationen (Erfahrungen) verglichen. Im Stirnbereich liegen Bereiche für die Eigeninitiative, Handlungsplanung, Sozialverhalten und die Verarbeitung von Inhalten des Kurzzeitgedächtnisses. Hier liegen auch die Sprachregion und die Steuerung der Mundmuskulatur. Die Inhalte des episodischen Gedächtnisses und des Wissensgedächtnisses werden hier ebenfalls gespeichert. Im seitlichen Bereich werden Sprache und Töne wahrgenommen und verarbeitet. Dieser Bereich spielt eine entscheidende Rolle beim Speichern und Festigen von Informationen. Im hinteren Schädelbereich liegt die Verarbeitung der visuellen Reize.

z.B. motorische Steuerung der Körpermuskeln

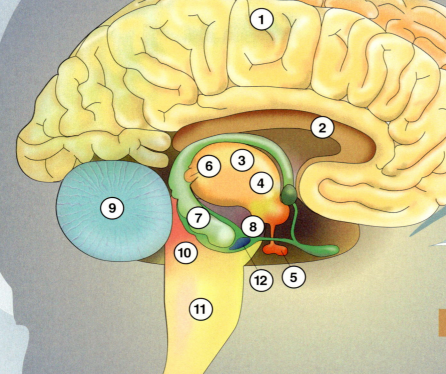

2 Der Balken

Er besteht ausschließlich aus Nervenfasern, welche die beiden Hirnhemisphären miteinander verknüpfen. Bei operativer Durchtrennung des Balkens ist ein Informationsaustausch zwischen den Hirnhälften nicht mehr möglich. Wird solchen Patienten ein Gegenstand so in das linke Gesichtsfeld gebracht, dass die Informationen von der Netzhaut nur in die rechte Hirnhemisphäre gelangen, kann der Patient den Gegenstand nicht benennen, da das Sprachzentrum in der linken Hirnhälfte liegt.

z.B. Informationsaustausch

Neurobiologie und Verhalten

3 – 6 Das Zwischenhirn

Es besteht aus dem *Thalamus* mit der *Epiphyse* (Zirbeldrüse) als Anhängsel und dem darunter liegenden *Hypothalamus* mit der *Hypophyse*.

Im oben gelegenen **Thalamus** (3) befindet sich eine wichtige Umschaltstelle für alle afferenten Bahnen der Sinnesorgane (außer dem Geruchssinn) zum Großhirn. Hier erfolgt eine Verschaltung der Erregungen, bevor sie dem Großhirn zugeleitet und damit bewusst werden. Man nennt den Thalamus daher auch das Tor zur Hirnrinde.

z.B. Verschaltung der Erregungen

4 Hypothalamus

Der darunter gelegene **Hypothalamus** (4) ist die Steuerzentrale für das autonome Nervensystem und das Hormonsystem. Seine zentrale Aufgabe ist die Regelung der Biorhythmik des Körpers (s. Seite 100). So gibt der Hypothalamus Freisetzungshormone (*Releasing-Hormone*) an die untergeordnete Hypophyse ab. Auch motivationale und emotionale Verhaltensweisen werden hier geregelt.

z.B. Hormonsystem

5 Hypophyse

Die kirschkerngroße **Hypophyse** (5) setzt unter der Kontrolle des Hypothalamus Hormone frei, die man als *stimulierende Hormone* bezeichnet. Sie ist mitverantwortlich für Körperfunktionen wie Wärmehaushalt oder Sexualität. Die Hormone steuern auch Eireifung, Schwangerschaft, Wachstum, Wasserhaushalt und Grundumsatz. Im Falle der Eireifung nennt man das spezifische Hypophysenhormon beispielsweise *Follikel stimulierendes Hormon* (FSH).

z.B. Steuerungshormone

6 Epiphyse

Die **Epiphyse** (6), auch *Zirbeldrüse* genannt, ist bei einigen Wirbeltierklassen ein lichtempfindliches Organ, dessen Hormone am Farbwechsel der Haut beteiligt sind. Bei Säugern gibt sie das Hormon Melatonin ab. Melatonin steuert Funktionen, die mit dem Licht und dem jahreszeitlichen Wechsel zusammenhängen, z. B. auch den Schlafrhythmus.

z.B. Tag-Nachtrhythmus

11 Das Nachhirn

Das Nachhirn (*Verlängertes Mark*) ist ein sehr ursprünglicher Gehirnteil. Es ist die Zentrale für lebenswichtige Reflexe, wie Speichelfluss, Schlucken, Erbrechen, Husten und Niesen sowie Automatiezentrum für Atmung, Herzschlag und Blutdruck. Werden diese lebenswichtigen Funktionen zum Beispiel bei einem Genickbruch gestört, tritt unmittelbar der Tod ein. Das Nachhirn wird zusammen mit der Brücke und dem Mittelhirn auch als *Stammhirn* bezeichnet.

z.B. Herzschlag und Blutdruck

7 Der Hippocampus

Er liegt als Teil der Hirnrinde am inneren Rand des Schläfenlappens und hat eine große Funktionsvielfalt, wie Aufmerksamkeit, Neuigkeit der Information, Kurzzeitgedächtnis, Sozialverhalten, Furchtverarbeitung oder Verarbeitung räumlicher Zusammenhänge. Er spielt jedoch auch eine Rolle in der Wahrnehmung unseres Gefühls für Körperlichkeit. Sein Name ist auf die seepferdchenartige Gestalt zurückzuführen.

z.B. Lernprozesse

9 Das Kleinhirn

Es steuert Motorik- und Gleichgewichtsfunktionen. Über das Kleinhirn laufen die Erregungen von und zu den motorischen Zentren der Großhirnrinde, die für Körperhaltung oder Gleichgewicht notwendig sind. Das Kleinhirn gibt seine Erregungen entweder direkt an die motorischen Zentren der Großhirnrinde oder über Bahnen der weißen Substanz des Rückenmarks weiter. Hier sind auch erlernte Handlungsabläufe und Koordinationen, wie Autofahren und Fahrradfahren gespeichert. Ein Funktionsausfall des Kleinhirns führt nicht zum Ausfall konkreter Bewegungsabläufe, sondern zum Verlust der Bewegungskoordination.

z.B. Informationen zum Raumgefühl

12 Das Limbische System

Es ist eine Sammelbezeichnung für Teile des Großhirns sowie für Teile des Zwischenhirns. Zum Limbischen System gehören z. B. der *Hippocampus* (7) und der *Mandelkern* (12). Es spielt die entscheidende Rolle bei der Übertragung von Informationen ins Langzeitgedächtnis. Es liefert die emotionale Bewertung der aufgenommenen Informationen und bewertet diese für die Übertragung ins Langzeitgedächtnis. Durch seine emotionale Bewertung spielt es eine entscheidende Rolle bei Lernvorgängen und beim Abrufen dieser Informationen aus der Hirnrinde.

z.B. Gedächtnis und Sprache

8 Das Mittelhirn

Es leitet Impulse aus Auge, Ohr und Oberflächenrezeptoren an andere Hirnzentren weiter. Es ist zuständig für eine schnelle Orientierung im optischen Bereich. Hier geht es um das Bewegungssehen, das „Wo"-Sehen. Was man sieht, wird erst in der Großhirnrinde verarbeitet. Auch die auditive Wahrnehmung und Schmerzwahrnehmung werden hier verschaltet.

z.B. Impulse aus dem Auge

10 Die Brücke

Die Brücke (*Pons*) verbindet die Kleinhirnhemisphären und leitet Erregungen von den Großhirnhälften zum Kleinhirn. Sie ist mitverantwortlich für Schlaf und Aufwachen sowie Motorikfunktionen. Während des Träumens ist sie aktiv.

z.B. Erregungsleitung

Neurobiologie und Verhalten

Methoden der Hirnforschung

Bereits in der griechischen Kultur des Altertums lagen anatomische Beschreibungen des menschlichen Gehirns vor. Geistige Kräfte, wie Verstand oder Gedächtnis, wurden in den flüssigkeitsgefüllten Hohlräumen des Gehirns, den *Ventrikeln*, vermutet. Erst seit dem 19. Jahrhundert gelang es Wissenschaftlern, einzelnen Gehirnregionen des Menschen bestimmte Funktionen zuzuordnen.

Erste Methoden bestanden darin, Ausfallserscheinungen nach Gehirnverletzungen exakt zu beobachten und die verletzten Stellen im Gehirn zu lokalisieren. Dazu wurden die Gehirne nach dem Tod der Patienten seziert und die anatomischen Veränderungen untersucht.

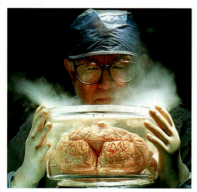

Der Wissenschaftler HARVEY CUSHING führte 1909 eine Methode ein, die es ermöglichte, am lebenden Gehirn von Menschen bestimmte Regionen der Großhirnrinde zu reizen. Die Großhirnrinde hat keine Schmerzrezeptoren, die Operation und die Reizung können daher bei vollem Bewusstsein der Patienten durchgeführt werden. Verschiedene Regionen der Großhirnrinde wurden mit schwachen elektrischen Strömen gereizt. Die Patienten verspürten daraufhin ein leichtes Kribbeln an bestimmten Stellen der Körperoberfläche oder konnten Angaben zu nicht vorhandenen, aber empfundenen Sinnesreizungen machen.

Moderne Methoden machen Untersuchungen am Gehirn möglich, ohne die Schädeldecke zu öffnen. Zwei Verfahren sind die *Elektroenzephalographie* (EEG) und die Messung der Hirndurchblutung *(„Cerebral-Blood-Flow")*. Mit ihnen ist es möglich, einzelnen Gehirnbereichen bestimmte Aktivitäten oder Funktionen zuzuordnen. Bilder vom Gehirn können durch die geschlossene Schädeldecke mithilfe der Tomographie hergestellt werden. Durch den Einsatz von Computern ist es möglich geworden, große Mengen an Messdaten zu speichern und auszuwerten.

Elektroenzephalographie

Das Wort stammt aus der altgriechischen Sprache: *enkephalos* = Gehirn, *graphein* = schreiben. Diese Methode beruht auf der Beobachtung, dass elektrische Potentiale nicht nur auf der Gehirnoberfläche, sondern auch auf der nicht geöffneten Schädeldecke gemessen werden können. Die Potentiale treten in charakteristischen Wellenformen auf (s. Abb.). Man legt zur Messung der Potentiale knopfförmige Elektroden auf die Kopfhaut. Räumlich getrennt von dieser Elektrode, z. B. am Ohrläppchen, wird eine zweite Elektrode angebracht, sodass man zwischen diesen beiden Elektroden Spannungsschwankungen messen kann. Die Potentialschwankungen sind sehr gering. Sie liegen im Mikrovoltbereich und müssen daher verstärkt werden. Die verstärkten Messwerte werden kontinuierlich aufgezeichnet und anschließend ausgewertet.

Experimente an Tieren zeigten, dass es sich bei diesen Potentialänderungen um *erregende postsynaptische Potentiale* (EPSP) handelt. An den auf der Kopfhaut aufgelegten Elektroden werden jedoch nicht einzelne Synapsenvorgänge gemessen, sondern die EPSP von ca. 1 Million Neurone.

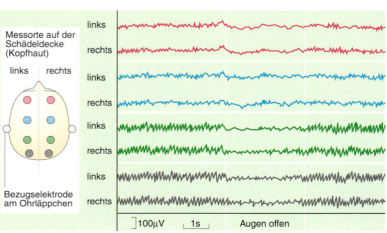

54 *Neurobiologie und Verhalten*

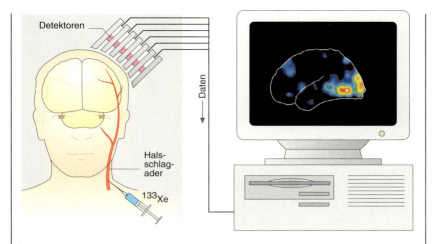

Wichtige Anwendungsgebiete sind die Diagnose von Anfallsleiden, wie z. B. *Epilepsie*, die sichere Bestimmung des *Hirntodes* oder die Ermittlung der Narkosetiefe. Anhand der Frequenz und der Amplitude lassen sich Aussagen zu der untersuchten Person machen. Bei einem epileptischen Anfall wird die Amplitude der Wellen größer und die Frequenz nimmt stark zu. Beim Hirntod erlischt jede elektrische Aktivität.

Eine wichtige Rolle spielt diese Messung bei der *Schlafforschung*, da durch die unterschiedlichen charakteristischen Wellen Aussagen über die Schlaftiefe während der verschiedenen Schlafphasen gemacht werden können. Manche Schlafstörungen lassen sich so bestimmten Typen zuordnen.

Messung der Hirndurchblutung

Der Energiestoffwechsel des Gehirns ist sehr intensiv, 20 % des eingeatmeten Sauerstoffs werden im Gehirn benötigt, obwohl die Masse des Gehirns nur 2 % der Körpermasse beträgt. Das riesige Neuronennetzwerk kann nur betriebsbereit sein, wenn es ununterbrochen mit Sauerstoff und Glucose über die Blutbahn versorgt wird.

Aktivitäten im Gehirn führen zu einer Steigerung des Energiestoffwechsels und damit der Sauerstoffaufnahme innerhalb von Sekunden. Diese Veränderung des Energiestoffwechsels in den neuronalen Zellen nutzt man durch Messungen mit kleineren, unbedenklichen Mengen eines radioaktiven Edelgases. Radioaktives Xenongas wird hierzu in die Halsschlagader injiziert oder eingeatmet (s. Abb. links). Aufgrund der intensiven Durchblutung verteilt es sich sehr rasch im Gehirngewebe. Es wird schnell wieder vom Blut aus dem Gewebe herausgespült und dann ausgeatmet. Je nach der Durchblutungsstärke erfolgt die Ausspülung aus dem Gehirngewebe unterschiedlich schnell. Die unterschiedliche Radioaktivität wird mit seitlich um den Kopf angebrachten Detektoren gemessen und in einem Computer verrechnet. Die einzelnen Intensitäten der Radioaktivität werden mithilfe verschiedener Farben auf dem Monitor dargestellt und ausgewertet.

Bei der PET *(Positronen-Emissions-Tomographie)* wird anstelle des radioaktiven Edelgases Glucose verwendet, die im Positronenstrahler markiert wird. Die Positronen verbinden sich mit Elektronen und geben eine Strahlung ab, die gemessen wird.

Tomographie

Mit der *Tomographie* kann das Gehirn eines Patienten bildlich in verschiedenen Untersuchungsebenen dargestellt werden. Die Schichtdicke der einzelnen Ebenen beträgt 5 bis 10 mm. Wichtig sind solche Darstellungen in der Medizin, besonders bei der Untersuchung von Patienten auf Gehirntumore. Ultraschalluntersuchungen, wie sonst häufig angewandt, sind im Schädelbereich wegen der großen Knochenmassen schlecht einzusetzen. Die *Magnetresonanztomographie (MRT)* macht im Zusammenhang mit der Datenspeicherung im Computer eine Bildauswertung im Schädelbereich möglich.

Zur Messung nutzt man physikalische Eigenschaften der Wasserstoffatome. Sie sind im Gewebewasser und in allen Molekülen im Gehirn vorhanden. Die Atomkerne des Wasserstoffes erzeugen ein Magnetfeld. Zur Messung wird ein Magnetfeld erzeugt, das den Schädel durchsetzt. Die Wasserstoffkerne richten sich wie die Kompassnadeln im angelegten Magnetfeld aus. Beim Abschalten des äußeren Magnetfeldes schwingen die Wasserstoffatome in ihre Ausgangslage zurück und senden hierbei eine elektromagnetische Strahlung im Bereich der Radiowellen aus. Diese wird von Antennen außerhalb des Körpers aufgefangen, im Computer gespeichert und verrechnet. Innerhalb des entstehenden Bildes sind noch Details bis zu 1 mm auswertbar.

Neurobiologie und Verhalten **55**

Wahrnehmung

Optische Täuschungen sind immer überraschend. Doch der Begriff „optische Täuschung" ist irreführend, da nicht das Auge getäuscht wird, sondern das Gehirn. Bei optischen Täuschungen handelt es sich um „Wahrnehmungsfehler". Im Gehirn werden verankerte Erfahrungen mit neuen Informationen verarbeitet. So kann es zu Wahrnehmungsfehlern kommen.

Da Informationen aus der Umgebung über die Sinnesorgane aufgenommen und im Gehirn mit bereits gemachten Erfahrungen verglichen werden, sehen wir Bilder nicht wie mit einer Videokamera, sondern setzen die neu aufgenommenen Bilder mit den Erfahrungen zusammen, die in verschiedenen Gehirnabschnitten gespeichert sind.

Bewegungen

Während eines Experimentes zur mentalen Vorstellung bewegter Reize wurden bei einer jungen Frau die Aktivitäten einzelner Bereiche der Großhirnrinde mithilfe der Tomographie gemessen. Die Messergebnisse der Hirnaktivität wurden in Farbwerte umgerechnet und grafisch dargestellt:
— Rote Färbung kennzeichnet Areale, die nur bei einer gesehenen Bewegung reagieren.
— Die grünen Markierungen weisen Hirnrindenareale aus, die aktiv werden, wenn die Versuchsperson gebeten wird, sich die Bewegung, die sie vorher gesehen hat, in der Erinnerung vorzustellen.
— Gelbe Areale reagieren bei beiden Messungen. Dies liegt daran, dass
  1. beim Erinnern an einen optischen Reiz andere Areale der Hirnrinde aktiviert werden als bei der bloßen Wahrnehmung.
  2. bei der Erinnerung an einen optischen Reiz auch Hirnrindenareale genutzt werden, die bei der Wahrnehmung realer Reize mit dem Auge aktiviert werden.

Nach diesen Messungen gibt es also Bereiche, in denen gespeicherte Informationen und aktuelle Wahrnehmungen der Sinne verknüpft sind. Hier werden externe Informationen mit bereits vorhandenen internen Informationen verglichen und verarbeitet.

Springbilder — Kippbilder

Kippbilder sind eindrucksvolle Beispiele, mit denen man deutlich machen kann, dass der Bewertung der aufgenommenen Information im Gehirn eine besondere Rolle zukommt. Kippbilder stellen inhaltlich zwei verschiedene Wahrnehmungsalternativen dar, die sich optisch jedoch so ähneln, dass beide Alternativen wahrgenommen werden können.

In Experimenten wurden Testpersonen zuerst Fotos einer jungen Frau gezeigt, danach das Kippbild der jungen Frau/ alten Frau (s. Abb. rechts). 94 % der Versuchspersonen sahen zuerst die junge Frau. Beim umgekehrten Versuch lagen die Werte ähnlich in Bezug auf die alte Frau.

Welches Bild wir zuerst wahrnehmen, hängt von unserer inneren Einstellung, also unseren aktuellen Gedankenwelten im Gehirn, ab. Wahrnehmungen sind demnach bei verschiedenen Personen nicht identisch, sondern werden von früheren Erfahrungen und emotionalen Stimmungen beeinflusst.

In einem weiteren Versuch, der sich auf das Kippbild Hase/ Ente bezog, ließ sich nachweisen, dass Personen,

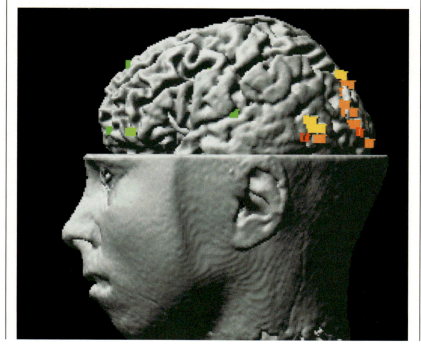

56 *Neurobiologie und Verhalten*

die „Haas" oder ähnlich hießen, zuerst einen Hasen und dann eine Ente wahrnahmen. Reize werden von uns selektiv wahrgenommen, und zwar bevorzugt, wenn sie unseren Erwartungen entsprechen. Reize, die nicht unseren Erwartungen entsprechen, werden nicht erkannt oder umgedeutet.

Entfernungen

In der Abbildung mit den roten Balken sind beide Balken gleich lang. (Messen Sie nach!) Aus den gespeicherten Erfahrungen weiß das Gehirn jedoch, dass Gegenstände bei großen Entfernungen kleiner gesehen werden, als sie in Wirklichkeit sind. Je kleiner ein Gegenstand bekannter Größe ist, umso weiter entfernt schätzen wir ihn ein. Zwei aufeinander zulaufende Linien, wie z. B. die Eisenbahnschienen der Abbildung und weiter entfernte Dinge, wie die Strommasten, werden kleiner. Deshalb wird der eingezeichnete hintere rote Balken als größer eingestuft als der vordere.

Entfernungen können wir mit den Augen nicht direkt messen, sie werden nicht über optische Messsysteme in den Augen festgelegt, sondern im Gehirn. Hier werden aus den vorhandenen Erfahrungungen Eigenschaften zur Bewertung der Entfernung hinzugezogen. Wir orientieren uns durch Größenvergleiche und perspektivische Änderungen. Linien laufen aufeinander zu und verjüngen sich, der Blauanteil und der Dunst nimmt mit zunehmender Entfernung zu (s. Abb. rechts). Sie sind für die Tiefenwirkung unseres Sehens notwendig. Je intensiver der Blauanteil und der Dunst werden, desto größer schätzen wir die Entfernung ein. So fällt es z.B. in den Bergen schwer, bei klarer Sicht, wenn der Dunstanteil fehlt, Entfernungen richtig einzuschätzen.

Die Mondtäuschung

Jedem ist schon aufgefallen, dass der Mond viel größer erscheint, wenn er am Horizont anstatt am Himmelzenit steht. Messungen ergaben, dass die Größe des Mondes immer gleich ist. Jedoch ist der Mond am Himmelzenit für den Betrachter ohne Bezugspunkte, so wird er entfernungsmäßig falsch eingeschätzt und wirkt auf uns kleiner. Ähnlich wie bei den Farbbalken in der Abbildung unten wird bei dem entfernt eingestuften Horizont der Mond entfernter eingeschätzt und dadurch größer wahrgenommen.

Neurobiologie und Verhalten **57**

Gehirn und Gedächtnis

Beim Lernen denkt man meist an Unterricht und Schule. Lernvorgänge laufen jedoch ununterbrochen in unserem Gehirn ab. Wir merken uns Wege, den Geschmack von Nahrungsmitteln oder das Gesicht von Menschen.

Reize aus der Umwelt werden in den Sinnesorganen ständig in Erregungen umgewandelt und über Neurone zum Gehirn geleitet. Die eintreffende Informationsmenge ist von der Art des Reizes abhängig: Olfaktorische Reize (Geschmack) können etwa 20 Bit pro Sekunde enthalten, visuelle hingegen ca. 10 Millionen Bit. Diese Informationsflut könnte das Gehirn auf Dauer blockieren. Die Datenfülle, die schließlich das Langzeitgedächtnis erreicht und hier gespeichert wird, verringert sich in den vorgeschalteten Gedächtnissystemen. (→ 172/173)

Sensorisches Gedächtnis

Das *sensorische Gedächtnis* speichert die aufgenommenen Informationen nur innerhalb der Sinnesorgane. Aufgenommene Reize werden in Erregungen umgewandelt und eine halbe bis mehrere Sekunden zur weiteren Verarbeitung bereitgestellt.

Arbeitsgedächtnis

Im *Arbeitsgedächtnis*, das aus zeitlicher Sicht als *Kurzzeitgedächtnis* bezeichnet wird, bleiben die Informationen ca. 10 Sekunden bis Minuten. Die Kapazität des Kurzzeitgedächtnisses bleibt jedoch nur auf wenige Informationseinheiten beschränkt. Hier können sie mit bereits gespeicherten Informationen verknüpft werden. Je nach Interessenlage und Stimmung werden die Informationen bewertet und erhalten mit bereits gespeicherten Informationen eine Bedeutung. Diese neuen Informationen werden besonders dann weitergeleitet, wenn Assoziationen dazu vorhanden sind. Werden diese Informationen im Arbeitsgedächtnis nicht mit Inhalten aus dem Langzeitgedächtnis verknüpft (assoziiert), sind sie für immer verloren. Das Arbeitsgedächtnis befindet sich in der Hirnrinde des Großhirns. Bei Übereinstimmungen mit bereits vorhandenen Informationen werden sie in der Hirnrinde abgespeichert. Hierbei ist die linke Hirnhälfte für Informationen zu neutralem Wissen zuständig, die rechte Hirnhälfte für Erlebnisse und affektbesetzte Informationen. Damit eine im Arbeitsgedächtnis abgespeicherte Informa-

tion ins Langzeitgedächtnis vordringen kann, muss sie also gefestigt werden, d. h. mit Assoziationen verknüpft oder solange wiederholt werden, bis eine kritische Schwelle zum Langzeitgedächtnis überschritten ist.

Langzeitgedächtnis

Die neue Information wird im *Langzeitgedächtnis* dauerhaft verankert. Erinnern wir uns nicht mehr an hier gespeicherte Informationen, kann dies daran liegen, dass sie von anderen Informationen überlagert werden oder der Vorgang des Abrufens gehemmt wird. Eine wichtige Rolle beim Einspeichern ins Gedächtnis spielt das *Limbische System* mit dem Mandelkern *(Amygdala)*. Dort werden die Erregungen auf biologische und soziale Bedeutsamkeit geprüft und mit bereits vorhandenen Informationen verglichen. Gleichzeitig werden sie mit Emotionen verbunden. Der Lernprozess und auch das Abrufen der gespeicherten Informationen ist an Emotionen gebunden. Personen mit einer nicht funktionierenden Amygdala können weder Emotionen erkennen (am Gesichtsausdruck Freude oder Trauer) noch Fakten richtig einordnen. Emotionen spielen eine wichtige Rolle bei der Einschätzung der aufgenommenen Reize.

Gedächtnissysteme

Das *Langzeitgedächtnis* wird ausgehend von den Erkenntnissen der Hirnforschung unterteilt in einen unbewussten Informationsspeicher mit dem *prozeduralen Gedächtnis* und Priming, sowie einen bewussten Informationsspeicher mit dem Wissensgedächtnis, *episodischen Gedächtnis* und *perzeptuellen Gedächtnis* (Abb. 59.1). Wissen wird im Gehirn nicht als Ganzes, also nicht in fest umrissenen Schubladen abgelegt. Wissen wird verstreut im Gehirn gespeichert. Bevorzugt werden individuell besonders beeindruckende Eckwerte des Wissens gespeichert und zwar je nach Qualität an verschiedenen Orten des Gehirns. Farbeindrücke an anderen Stellen als Eindrücke über Form und Materialbeschaffenheit oder als Gerüche oder Töne. Beim Erinnern setzt das Gehirn das Gelernte aus den abgelegten Eckwerten wieder neu zusammen. Alles was wir reproduzieren, wird auf der Basis unserer persönlichen Lernbiografie neu zusammengesetzt, also interpretiert. Somit sind Erinnerungen nicht identisch mit ursprünglichen Lerngegenständen.

Neurobiologie und Verhalten

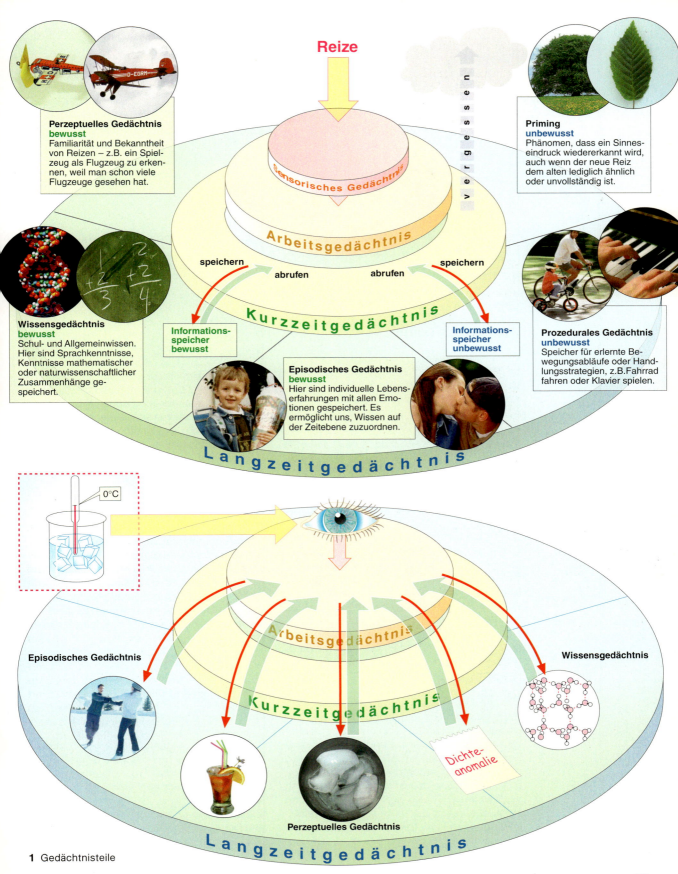

1 Gedächtnisteile

Neurobiologie und Verhalten

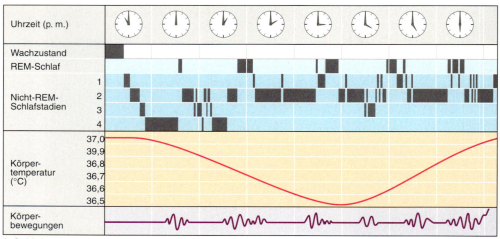

1 Schlafzyklen

Wachzustand

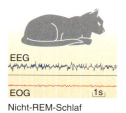
Nicht-REM-Schlaf

REM-Schlaf

EOG
Electrooculogramm;
Aufzeichnung der Augenbewegungen

Schlaf und Traum

Warm aneinander geschmiegt liegen junge Mäuse in ihrem Nest. Die erste Zeit ihres Lebens verbringen sie mit Schlafen, nur unterbrochen von wenigen Trinkpausen. Der Löwe gilt auch als ausgewachsenes Tier als Meisterschläfer: Sobald er sich sattgefressen hat, schläft er ununterbrochen zwei bis drei Tage unter freiem Himmel. Antilopen sind dagegen, wie praktisch alle großen Pflanzen fressenden Säugetiere, ausgesprochen schlafscheu. Kurze Tiefschlafphasen sind im Wechsel auf die Mitglieder der Herde verteilt.

Diese wenigen Beispiele zeigen, dass verschiedene Tiere völlig unterschiedliches Schlafverhalten haben: Schlafmenge und Schlafintensität hängen von ganz unterschiedlichen Faktoren ab, wie z. B. Alter (Hirnreifung), Körpergröße, sichere Schlafstätten und dem Feind-Beute-Status. Folgende allgemeine Regel lässt sich formulieren: ein Tier schläft um so mehr, je jünger und sicherer es ist.

Für alle Lebewesen gilt jedoch, dass während des Schlafs ein Höchstmaß an Verwundbarkeit besteht, denn die Aufnahmebereitschaft für Sinnesreize und die motorische Reaktionsfähigkeit sind zumindest während des Tiefschlafs sehr stark herabgesetzt. Solchen Nachteilen des Schlafs stehen jedoch Vorteile gegenüber, wie die Schlafforschung zeigt. Sie liefert Erkenntnisse über Ablauf, Bedingungen und Bedeutung des Schlafs. Daraus lassen sich Hypothesen zur Bedeutung des Traums ableiten.

Analyse des Schlafs

Die ersten Anhaltspunkte über die Physiologie des Schlafs erhielt man in den 50er-Jahren, als der menschliche Schlafzyklus eingehend untersucht wurde. Es zeigte sich, dass Schlaf nicht nur ein Zustand fehlender Wachheit ist. Schlaf lässt sich durch messbare Veränderungen in der elektrischen Aktivität des Gehirns erkennen und eindeutig gegen den Wachzustand abgrenzen. Im *Elektroenzephalogramm* (EEG) lassen sich während des Schlafs Spannungsschwankungen (Summenpotentiale von Neuronen) ableiten, die ein charakteristisches Muster ergeben. Darüber hinaus ist Schlaf kein einheitlicher Prozess, sondern ein zyklisches Geschehen, bei dem fünf verschiedene Stadien in typischer Weise durchlaufen werden. Abbildung 1 fasst Untersuchungsergebnisse zusammen, die dazu in einem Schlaflabor gewonnen wurden.

1. Stufe: Die Glieder werden schwer, die Muskeln entspannen sich und die Lider fallen immer öfter zu. Geräusche aus der Umwelt werden noch registriert. Die Augen rollen langsam unter den Lidern.

2. Stufe: Die Augäpfel drehen sich schräg nach oben. Das Bewusstsein schwindet in dem Maße, wie die Frequenzen der Hirnstromwellen abnehmen.

3. Stufe: Diese Phase dauert 10 bis 20 Minuten. Die Augen stehen still. Der Schläfer reagiert jedoch sehr schnell auf mögliche Reize.

60 *Neurobiologie und Verhalten*

4. Stufe: Diese Phase wird als eigentlicher Tiefschlaf empfunden. Die hier stattfindenden Stoffwechselvorgänge sind wahrscheinlich für die Erholungswirkung verantwortlich.

5. Stufe *(REM-Phase)*: Die Skelettmuskulatur ist völlig entspannt. Die Augen bewegen sich schnell und synchron hin und her *(rapid eye movement, REM)*. Das Herz schlägt schnell, Atmung und Blutdruck schwanken. Der Energieumsatz des Gehirns ist hoch. Es wird lebhaft geträumt. Das EEG-Muster zeigt unregelmäßige Frequenzen bei geringer Amplitude und ähnelt erstaunlich dem einer wachen Person. Damit unterscheidet sich die REM-Phase deutlich von den übrigen Schlafphasen. Man schließt daraus, dass das Gehirn mit höchster Aktivität arbeitet. Weckt man einen Schlafenden aus der REM-Phase, kann er von seinen Träumen berichten. Die Augenbewegungen stellen somit ein äußerlich erkennbares Zeichen dafür dar, dass das schlafende Gehirn lebhaft träumt.

Bedeutung des Schlafs

Die Ruhigstellung des Körpers während des Schlafs lässt zunächst eine allgemeine Erholung vermuten. Die erhöhte Ausschüttung von Wachstums- und Geschlechtshormonen während des Schlafs weist darauf hin, dass die Schlafphase zum inneren Auf- und Umbau genutzt wird.

Experimente mit Versuchspersonen zeigten, dass REM-Schlafentzug zu zunehmendem Unwohlsein, Ängstlichkeit und Apathie führt. Nach Beendigung des Experiments verblieben die Versuchspersonen deutlich länger als gewöhnlich in der REM-Phase. Man kann daraus schließen, dass die REM-Phase eine lebenswichtige Funktion erfüllt. Bei Tieren fand man, dass schwierige Lernaufgaben vor dem Einschlafen einen signifikanten höheren REM-Anteil auslösen. REM-Schlafentzug führt bei Mensch und Tier zu einer höheren Fehlerquote bei Lernerfolgskontrollen. Daraus lässt sich hypothetisch ein Zusammenhang zwischen REM-Schlaf und Gedächtnisleistung des Gehirns ableiten. Der Traumarbeit könnte dabei – einer Hypothese zufolge – die Sicherung und Aufarbeitung wichtiger Gedächtnisinhalte zukommen. Basis für diese Überlegungen war der experimentelle Befund, dass Säugetiere in Situationen hoher Aufmerksamkeit im *Hippocampus* ein charakteristisches Erregungsmuster aufweisen. Der Hippocampus ist ein Gehirnteil, der maßgeblich an der Speicherung von Erinnerungen beteiligt ist. Während der REM-Phase ließen sich die gleichen Erregungsmuster nachweisen wie in der Situation höchster geistiger Aktivität. Dies könnte darauf hinweisen, dass im Traum bedeutsame Erlebnisse der letzten Wachphase umstrukturiert und – abgelöst vom aktuellen Geschehen – für den Langzeitspeicher bearbeitet werden.

Aufgaben

① Erläutern Sie, ob die Volksweisheit „Der Schlaf vor Mitternacht ist der gesündeste!" einen Wahrheitsgehalt aufweist.

② Beschreiben und deuten Sie die Ergebnisse von Schlafuntersuchungen an Katzen (s. Randspalte Seite 60).

③ Informieren Sie sich über den Zustand des Komas und grenzen Sie diesen gegenüber dem Schlaf und der Ruhe ab.

④ Suchen Sie Beispiele, die teilweise oder völlig bestätigen, dass junge und sichere Tiere in erhöhtem Maße schlafen.

Zettelkasten

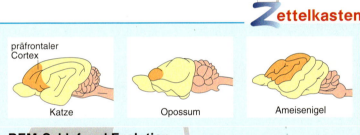

REM-Schlaf und Evolution

Vermutlich hat sich die Traumfähigkeit in der Evolution bereits vor ca. 140 Millionen Jahren entwickelt. Wie kommt man zu einer solchen Aussage?

Vergleiche der EEG-Muster bei höheren Säugern (Katze) und Beuteltieren (Opossum) zeigten, dass diese einen dem menschlichen Schlafzyklus vergleichbaren Rhythmus aufweisen. Diesen Tieren schreibt man daher eine Verarbeitung von Gedächtnisinhalten in der REM-Phase des Schlafes zu. Anders jedoch die urtümliche Gruppe der eierlegenden Säuger (Ameisenigel). Sie besitzen keinerlei REM-Aktivität. Der nächtliche Traum könnte sich demzufolge vor ca. 140 Millionen Jahren entwickelt haben, nachdem sich die Entwicklungslinien von Beutel- und Plazentatieren von denen der eierlegenden Säugetieren bereits getrennt hatten.

Untersuchungen von Gehirnen zeigten, dass der Ameisenigel und seine Verwandten einen im Verhältnis zu Säugern und Beuteltieren deutlich größeren *präfrontalen Cortex* besitzen. Dieser Teil des Großhirns ist für die aktuelle Bearbeitung von Gedächtnisinhalten verantwortlich. Dies führte zu der Hypothese, dass während der Stammesgeschichte bezüglich der Gehirnentwicklung unterschiedliche Wege beschritten wurden: Während der Ameisenigel ständig seine Erfahrungen aktuell im präfrontalen Cortex bearbeitet, entwickelte sich bei den Beutel- und Säugetieren die REM-Phase des Schlafs.

Neurobiologie und Verhalten

 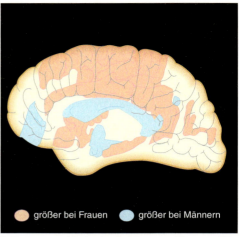

1 Spielende Affenkinder

2 Bauunterschiede der Gehirne von Mann und Frau

Gehirne von Mann und Frau

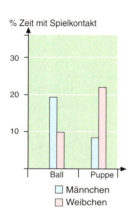

Der Aussage, dass Männer und Frauen unterschiedlich gebaute Körper besitzen, wird jeder ohne lange zu überlegen, zustimmen. Behauptet man dagegen, dass Frauen und Männer als Produkt der Evolution unterschiedlich gebaute Gehirne und genetisch bedingte Interessen und Verhaltensweisen besitzen, trifft man auch heute noch bei vielen Mitmenschen auf massiven Widerspruch. Dies liegt u. a. daran, dass das öffentliche Menschenbild weitgehend von den Sozialwissenschaftlern bestimmt war, die noch bis in die 80er-Jahre des vorigen Jahrhunderts davon ausgingen, dass die Geschlechterrollen von Männern und Frauen weitestgehend erlernt werden und dass Frauen und Männer im Prinzip gleiche intellektuelle Anlagen besäßen. Für diese Annahme gibt es aus biologischer Sicht aber keinen vernünftigen Grund und die Forschungen der letzten Jahrzehnte haben deutliche, genetisch bedingte Unterschiede in den Fähigkeiten, Interessen und im Gehirnbau nachgewiesen.

Interessen und Fähigkeiten

Kinder zeigen bereits früh geschlechtsspezifische Verhaltensunterschiede im Spielen. Einerseits bevorzugen sie schon im Alter von unter zwei Jahren gleichgeschlechtliche Spielkameraden und andererseits spielen Jungen besonders gern mit technischen Spielzeugen, während Mädchen Puppen oder ähnliches vorziehen. Lange wurde diskutiert, ob diese Unterschiede von den Erwachsenen gefördert werden und auf Lernen beruhen, oder ob sie genetisch bedingte Grundlagen haben. Die Ergebnisse aus drei verschiedenen Forschungsbereichen sprechen für die angeborenen Grundlagen:

1. Untersuchungen an Neugeborenen zeigen, dass Jungen Objekte auf einem Bildschirm länger fixieren als Gesichter, während Mädchen die Gesichter bevorzugen. Diese Unterschiede bleiben in den folgenden Monaten erhalten und verstärken sich abhängig von der Testosteronkonzentration im Blut.
2. Kulturvergleichende Studien belegten, dass die geschlechtsspezifischen Spielunterschiede bei allen Völkern vorkommen.
3. In Experimenten spielten junge Affenweibchen intensiver mit „Mädchenspielzeug" und Affenmännchen mit technischem Spielzeug (s. Randspalte).

Tests mit Erwachsenen zeigten, dass Frauen im Durchschnitt bessere sprachliche Fähigkeiten, mehr Kontaktbereitschaft und Einfühlungsvermögen sowie Mimikverständnis besitzen. Bei Männern ist dagegen im Schnitt das räumliche Vorstellungsvermögen besser entwickelt und das Interesse für technische Systeme größer. Bemerkenswert ist dabei, dass Sprachvermögen und räumliche Vorstellungskraft bei Frauen mit der hormonellen Lage des Zyklus schwanken. Außerdem können Frauen nur zwischen der Geschlechtsreife und den Wechseljahren von Männern abgegebene Sexualduftstoffe wahrnehmen, die sie abhängig von ihrer Zyklusphase als attraktiv oder abstoßend empfinden.

62 *Neurobiologie und Verhalten*

1 Vergleich von AGS-Kindern mit normal entwickelten Geschwistern

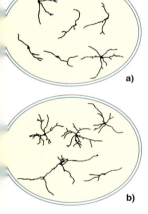

Nervenzellen in Zellkulturen gezüchtet: a) ohne und b) mit Testosteron

Unterschiedliche Gehirne

Parallel zu den lange bekannten Verhaltensunterschieden fand man inzwischen klare Unterschiede im Bau von weiblichen und männlichen Gehirnen. So entdeckte man, dass bei Frauen Teile des Stirnhirns und des Limbischen Systems im Vergleich zum Gesamtvolumen des Gehirns größer sind als bei Männern. In den Stirnlappen und der Schläfenrinde besitzen Frauen eine höhere Neuronendichte als Männer. Bei diesen sind dagegen Teile der Schläfenlappen größer, die für räumliches Verständnis zuständig sind (Abb. 62.2). Die zwei mandelförmigen Regionen der Amygdala (s. Seite 58) sind mit dem Einfühlungsvermögen *(Empathie,* s. Seite 121) verbunden, sodass Jungen und Mädchen bei der Betrachtung von ängstlichen Gesichtern unterschiedliche Reaktionsmuster zeigen. Viele Studien weisen darauf hin, dass die Verbindung beider Gehirnhälften bei Frauen stärker ausgebaut ist.

Sexualhormone und Gehirnentwicklung

Interessanterweise besitzen die Regionen mit den größten Bauunterschieden auch die höchste Rezeptordichte für Sexualhormone. Der Bereich des Hypothalamus und der Amygdala besitzen bei beiden Geschlechtern eine hohe Dichte an Östrogen- und Androgenrezeptoren. Dabei ist die Rezeptordichte für Androgene in den Bereichen besonders hoch, die das Fortpflanzungs- und Sexualverhalten steuern. Testosteronrezeptoren sind schon sehr früh in der Schwangerschaft beim Embryo nachweisbar und nehmen vorgeburtlich an Häufigkeit zu. Sexualhormone greifen in das Geschehen der Zellen des Zielgewebes ein, indem sie die Transkription steuern. Dadurch verändern sie Zellwachstum, Dendritenbildung, Synapsenbildung, Synapsenabbau und die Bildung von Rezeptoren für bestimmte Neurotransmitter (s. Randspalte).

Ohne ein Y-Chromosom bzw. den SRY-Faktor (s. Seite 72) werden keine Hoden gebildet und der Embryo entwickelt sich zu einem normalen Mädchen. Werden Hoden gebildet, führt deren Testosteronabgabe im vierten Schwangerschaftsmonat zu einer irreversiblen Vermännlichung des Gehirns. Der Hirnbau beider Geschlechter ist also schon von Geburt an verschieden. Diese Unterschiede verstärken sich noch in der Pubertät.

Besonders interessant sind in diesem Zusammenhang Menschen, bei denen die vorgeburtliche Hormonmenge verändert oder unwirksam war. So entwickeln Männer mit Androgenresistenz, bei denen Testosteron vorhanden, aber unwirksam ist, nicht nur ein vollständig weibliches Gehirn, sondern auch einen entsprechenden Körper. Jungen mit angeborenem Testosteronmangel schneiden bei Tests zum räumlichen Verständnis schlechter ab als normal entwickelte Jungen. Je niedriger beim männlichen Fetus die Testosteron-Konzentration ist, mit desto größerer Wahrscheinlichkeit wird der Erwachsene homosexuelle Neigungen entwickeln.

Mädchen mit dem so genannten *androgenitalen Syndrom (AGS)* besitzen Störungen in der Nebennierenrinde, die vorgeburtlich zu vermehrtem Ausstoß von Androgenen — Testosteron eingeschlossen — führen. Dies führt zu einer Vermännlichung des Gehirns und der Genitalien. Während die Genitalien jedoch operativ korrigiert werden können, lässt sich das Gehirn nicht verändern. AGS-Mädchen verhalten sich in ihren Vorlieben für Spielzeuge und Spielkameraden eher wie Jungen. Sie schneiden bei Tests zum räumlichen Vorstellungsvermögen besser ab als andere Mädchen (Abb. 1). Im Extremfall kann dies dazu führen, dass Frauen bzw. Männer mit einem jeweils „männlichen" bzw. „weiblichen" Gehirn das Gefühl haben, in einem falschen Körper zu stecken.

Aufgabe

① Begründen Sie, warum eine erhöhte Testosteronkonzentration im Mutterleib auf heranwachsende Jungen keinen Einfluss hat, aber sich auf Mädchen auswirkt.

Neurobiologie und Verhalten

Schmerz, Angst, Depression

Ein Mann berührt eine heiße Glühbirne. Er zieht die Hand blitzschnell zurück, während er die Hitze gerade erst als Schmerz empfindet. Die Fingerspitzen sind vielleicht gerötet oder schmerzen noch eine kurze Zeit. Eine größere Verletzung wurde aber verhindert.

Schmerz in diesem Sinne ist ein Warnsignal, das den gesunden Organismus über Reize informiert, die ihn zu schädigen drohen. Solche Reize bezeichnet man als *noxisch*. Die Aufnahme, Weiterleitung und Verarbeitung von noxischen Reizen durch das Nervensystem nennt man *Nozizeption*. Sie ist beim Menschen oft mit einer Vermeidungsreaktion und meist mit einer bewussten Schmerzempfindung verbunden.

Folgende Prozesse laufen beim reizbedingten Schmerz teilweise parallel ab: Überall in der Haut befindet sich ein dreidimensionales Netz von freien Nervenendigungen, die auf mechanische, thermische und oft auch chemische Reize reagieren. Man bezeichnet diese afferenten Neuronen, die durch Gewebe schädigende Reize aktiviert werden, als *Nozizeptoren*. Sind Hautzellen verbrannt, setzen sie verschiedene Schmerzsubstanzen frei. Einige davon sind als Transmitter bekannt oder haben Hormoncharakter (Acetylcholin, Serotonin, Histamin, Prostaglandine, u. a.). Einige dieser Substanzen setzen die Empfindlichkeit der Nozizeptoren gegenüber Reizen herab, andere wirken selbst als Schmerzstoffe. Dadurch kann die Reizschwelle überschritten werden und das Neuron wird erregt. An dieser Stelle können den Schmerz herabsetzende Medikamente, wie z. B. Acetylsalicylsäure *(Aspirin)* eingreifen: Aspirin hemmt das für die Prostaglandinsynthese notwendige Enzym und dämpft dadurch die Sensibilisierung.

Schmerzempfindung ist ein Bewusstseinsprozess. Sie findet im Gehirn statt. Dazu wird die noxische Information über afferente Nerven zum Rückenmark geleitet, wo es zum Kontakt mit verschiedenen Typen von Rückenmarksneuronen kommt. Einerseits werden hier die motorischen Neuronen erregt, die zum reflektorischen Wegziehen der Hand führen, andererseits werden die Erregungen ohne weitere Unterbrechung über die Hauptschmerzbahn *(Tractus spinothalamicus)* in der weißen Substanz des Rückenmarks zum Zwischenhirn *(Thalamus)* geleitet. Von dort können die Erregungen zum Großhirn weitergeführt werden, wo die Emp-

findung Schmerz bewusst wird. Die Gefühlskomponente des Schmerzes wird durch die Beteiligung tieferer Großhirnschichten *(Limbisches System)* erreicht. Sobald die Schmerzinformation bezüglich Reizort, Qualität und emotionaler Vorerfahrung vom Gehirn interpretiert worden ist, können geistige Prozesse die körperliche Empfindung verstärken oder herabsetzen. So wird verständlich, dass Schmerz sehr unterschiedlich empfunden wird.

Im Rückenmark treten die nozizeptiven Neuronen synaptisch mit Interneuronen in Kontakt. Hier kann durch präsynaptische Hemmung eine Weiterleitung der Erregung verhindert werden. Die Transmitter der hemmenden Synapsen sind so genannte *Endorphine* (s. Seite 66).

Angst

Den Lebewesen auf der Erde drohen unentwegt Gefahren. Tritt Angst als Alarmreaktion auf, die alle Energien auf die Überwindung der Gefahrensituation konzentriert dann ist dieses Verhalten evolutiv begünstigt. Angst ist aus dieser Sicht biologisch tief in uns verwurzelt und sinnvoll, da sie zur Lebensrettung beitragen kann. Wenn die Angst allerdings in der übersteigerten Form zur *Panik* oder *Phobie* wird, haben existenzielle Urängste die Überhand über die Kontrolle gewonnen. Angst und Panik beruhen auf einem äußerst komplizierten Wechselspiel zwischen äußeren und inneren Faktoren, zwischen Genen und Umwelt. Der genetische Anteil am Phänomen Angst lässt sich nur schwer bestimmen. Die Stoffwechsel- und neurophysiologischen Ursachen sind auch heute noch zum Teil unbekannt.

Amerikanische Forscher führten zur Klärung der komplexen Zusammenhänge folgendes Experiment mit Mäusen durch: Sie pflanzten einer Gruppe von Mäusen ein zusätzliches Gen zur Bildung des Neuropeptids CRH *(Corticotropin-Releasing-Hormon)* ein. Dieses Hormon bildet im Hypothalamus den Signalgeber für die Produktion einer Serie von weiteren Hormonen. Die genetisch veränderten Mäuse verhielten sich wesentlich ängstlicher als die Artgenossen einer Kontrollgruppe. Schaltet man die Wirkung von CRH aus, zeigen die Tiere viel weniger Angst. Den gleichen Effekt erreichten die Forscher auch mit einem Stoff, der die Bildung des Rezeptors im Gehirn verhindert, an dem CRH nor-

Neurobiologie und Verhalten

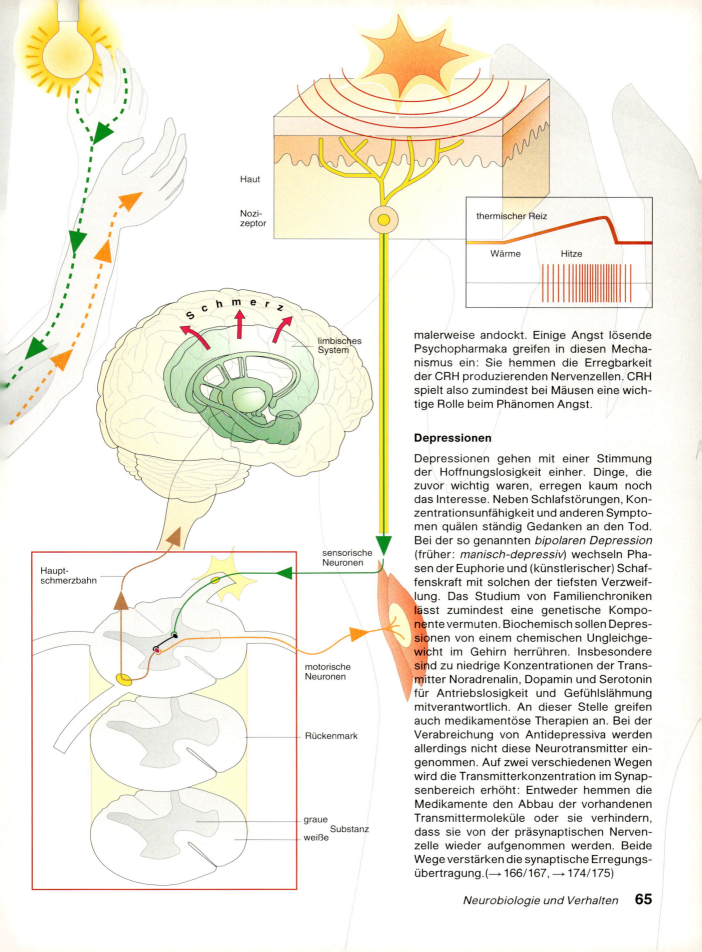

malerweise andockt. Einige Angst lösende Psychopharmaka greifen in diesen Mechanismus ein: Sie hemmen die Erregbarkeit der CRH produzierenden Nervenzellen. CRH spielt also zumindest bei Mäusen eine wichtige Rolle beim Phänomen Angst.

Depressionen

Depressionen gehen mit einer Stimmung der Hoffnungslosigkeit einher. Dinge, die zuvor wichtig waren, erregen kaum noch das Interesse. Neben Schlafstörungen, Konzentrationsunfähigkeit und anderen Symptomen quälen ständig Gedanken an den Tod. Bei der so genannten *bipolaren Depression* (früher: *manisch-depressiv*) wechseln Phasen der Euphorie und (künstlerischer) Schaffenskraft mit solchen der tiefsten Verzweiflung. Das Studium von Familienchroniken lässt zumindest eine genetische Komponente vermuten. Biochemisch sollen Depressionen von einem chemischen Ungleichgewicht im Gehirn herrühren. Insbesondere sind zu niedrige Konzentrationen der Transmitter Noradrenalin, Dopamin und Serotonin für Antriebslosigkeit und Gefühlslähmung mitverantwortlich. An dieser Stelle greifen auch medikamentöse Therapien an. Bei der Verabreichung von Antidepressiva werden allerdings nicht diese Neurotransmitter eingenommen. Auf zwei verschiedenen Wegen wird die Transmitterkonzentration im Synapsenbereich erhöht: Entweder hemmen die Medikamente den Abbau der vorhandenen Transmittermoleküle oder sie verhindern, dass sie von der präsynaptischen Nervenzelle wieder aufgenommen werden. Beide Wege verstärken die synaptische Erregungsübertragung. (→ 166/167, → 174/175)

Neurobiologie und Verhalten **65**

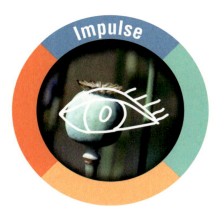

Psychoaktive Stoffe

„Himmelhoch jauchzend, zu Tode betrübt". Im Alltag liegt unsere Stimmung meist irgendwo dazwischen. Wenn wir uns nicht gerade damit beschäftigen oder jemand uns fragt, ist uns gar nicht bewusst, in welcher Stimmung wir gerade sind.

Unsere *Stimmung* ist das Ergebnis der Verarbeitung von Sinneseindrücken, der Signale des Nervensystems und von Hormonen.

Psychoaktive Stoffe im Körper

Marathon laufen, Fallschirmspringen und *Freeclimbing* haben eines gemeinsam: Es können überwältigende Glücksgefühle auftreten, obwohl die Situationen für die meisten Menschen extrem anstrengend bzw. Angst auslösend sind.

Ursache dafür sind „körpereigene Drogen", also das Bewusstsein beeinflussende Stoffe. Diese *Endorphine* bewirken auch, dass Schmerzen und Erschöpfung weniger wahrgenommen werden. Sie lösen Glücksgefühle aus. Ihre Entdeckung verdanken wir der Erforschung der Wirkung von Opiaten.

Die Entdeckung der Opiatrezeptoren

Opiatrezeptormoleküle im Rückenmark, mit radioaktiven Opiatmolekülen sichtbar gemacht

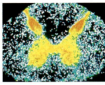

Die größte Rezeptordichte zeigt sich dort, wo die sensorischen Fasern vom Rückenmark an die graue Substanz herantreten (orange). Die sog. *Schmerzfasern* haben hier synaptische Kontakte zu Neuronen, deren Axone bis ins Gehirn reichen. Opiatrezeptormoleküle wurden hier auf Schmerzfaser-Synapsen gefunden. Die Opiate senken die Transmitterausschüttung an den synaptischen Endknöpfchen dieser Schmerzfasern. Die Schmerzschwelle wird erhöht. Die Schmerz lindernde Wirkung von *Opium*, einem Extrakt aus dem Saft des Schlafmohns, ist seit langem bekannt. Wie ein daraus hergestelltes synthetisch verändertes Produkt, das Heroin, löst es außerdem euphorische Zustände aus. Es beeinflusst die Signalübertragung an bestimmten Synapsen des Gehirns.

Erklären Sie die Zusammenhänge.

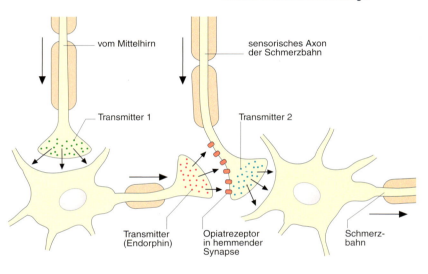

Drogen – ein Begriff mit zwei Bedeutungen

Psychopharmaka
Arzneimittel *(Pharmaka)*, die psychische Leiden lindern oder heilen können.

Alle Dinge sind Gift – nichts ist ohne Gift – allein die Dosis macht, dass ein Ding ein Gift ist.
PARACELSUS (1493 – 1541)

Nicht nur sportliche Höchstleistungen, sondern auch Tagträume oder angenehme Erinnerungen können Sichwohlfühlen und Glücksgefühle auslösen. Warum kann Sport zur Sucht werden?

Warum gibt es keine Drogen in der Drogerie? Ursprünglich bezeichnete man durch Trocknen haltbar gemachte Pflanzenteile, die als Arzneimittel Verwendung fanden, als Drogen. Sie wurden als Tee, angefeuchteter Brei zum Auftragen auf eine Wunde oder zum Einnehmen bei Krankheiten verwendet.

Heute versteht man unter Drogen meist *psychoaktive Stoffe*, die entweder legal — wenn auch manche mit Alterseinschränkungen — verkauft werden dürfen (z. B. Alkohol und Nikotin) oder verboten sind, wie z. B. Haschisch, Kokain, Heroin oder LSD. Körperliche Schäden und Abhängigkeit sind mögliche Folgen der Einnahme dieser Stoffe.

In den meisten Kulturen war die Einnahme von Drogen an religiöse Vorstellungen gebunden. Recherchieren Sie Beispiele und erklären Sie die Zusammenhänge.

Neurobiologie und Verhalten

Wohlgefühl aus zweiter Hand

Nicht umsonst führt das Original der braunen Erfrischungsgetränke Coca im Namen. Es enthielt ursprünglich Kokain als Aufputschmittel (Stimulans), heute nur noch Koffein aus dem Samen des Colabaumes. Hustensaft enthielt Kokain zur Dämpfung des Hustenreizes.

Kokain verhindert die Wiederaufnahme des Transmitters Dopamin in das synaptische Endknöpfchen. Die Dopaminkonzentration im synaptischen Spalt ist dadurch erhöht.

Veränderte Wahrnehmung, veränderte Gefühle. Wie lassen sich diese Wirkungen von Kokain erklären?

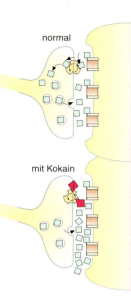
normal

mit Kokain

Gefahren der Kokain-Sucht

Kokain-Konsumenten können auf Dauer ohne die Verstärker-Droge kein normales Glücksempfinden mehr entwickeln.

Folge: schwere Depressionen, psychische Abhängigkeit

Die Beeinflussung des Verstärkersystems führt zu Überforderung des Gehirns.

Folge: Wahnvorstellungen

Mögliche Auswirkungen der Droge auf den Organismus: Herzrhythmusstörungen, Herzinfarkt, Schlaganfall, epileptische Anfälle

„Tierisch gut drauf"

Das Vorkommen von Endorphinen gibt einen Hinweis auf die biologische Bedeutung des Sichwohlfühlens. Auf einen einfachen Nenner gebracht: Lust und die Vermeidung von Frustration sind die wesentlichen Triebfedern nicht nur menschlichen Verhaltens.

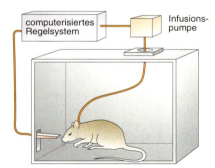

Ermöglicht man Mäusen, Ratten oder Affen den Zugang zu Kokain, so versorgen sie sich im Versuch kontinuierlich mit der Droge. Andere positiv besetzte Aktivitäten, wie Fressen, Trinken und Paarung, vernachlässigen sie.

Aus einer Befragung von Drogenabhängigen

Ich nehme Drogen ....

weil Rauschmittel die Stimmung heben können _____ 6,9 %

weil sich dabei Glücksgefühle einstellen _____ 5,5 %

weil man damit eigene Hemmungen überwindet _____ 4,9 %

Was halten Sie von diesen Motiven? Welche Risiken nimmt man in Kauf? Sind sie das Risiko wert?

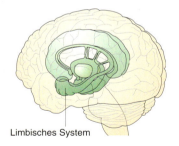
Limbisches System

Ecstasy – ein Partyspaß?

Ein 1913 als Schlankheitsmittel entwickelter, aber in Deutschland nie zugelassener Stoff mit dem Kürzel *MDMA* ist unter der Bezeichnung *Ecstasy* zur Modedroge geworden. Illegal zu Pillen gepresst — mit unterschiedlicher Dosis und verschiedensten Beimengungen — wird er vielerorts relativ billig angeboten. Neben den Rauschzuständen ist auch hier das Ignorieren von Körpersignalen, wie Erschöpfung und Durst, durch die Konsumenten zu beobachten.

Gefahren durch den Konsum? Einstiegsdroge? Langzeitschäden? Wichtige Fragen, auf die man eine Antwort suchen sollte.

Sucht

Süchtiges Verhalten gehört als Teil unseres Gefühlslebens zu unserer Persönlichkeit, z. B. als Sehnsucht, Eifersucht, Spielsucht und Habsucht. Letztlich kann jedes menschliche Interesse süchtig machen, wie Fernseh- und Arbeitssucht oder Putz- und Sammelzwang zeigen. Bei jeder Drogensucht (Abhängigkeit von psychisch wirksamen Substanzen) treten folgende Phänomene auf:

— Toleranzentwicklung
— physische Abhängigkeit
— psychische Abhängigkeit

**Was versteht man unter diesen Schlagworten?
Wie gerät man in die Sucht?
Wie kann man wieder herauskommen?
Wie sollte man sich verhalten, wenn Freunde süchtig werden oder sind?**

Angst lösende Medikamente

Manche Menschen leiden unter Angst, ohne dass ein adäquater Grund vorliegt. Eine solche Erkrankung lässt sich psychotherapeutisch oder, in schweren Fällen, medikamentös behandelt. *Barbiturate* wirken beruhigend (sedierend) und werden auch als Schlafmittel eingesetzt. Wer müde ist, hat meist weniger Angst. Manche wirken Angst lösend und in höheren Dosen einschläfernd. Allerdings besteht auch hier Suchtgefahr. Die Wirkung beruht auf der Besetzung von Rezeptoren im Limbischen System und der Großhirnrinde anstelle von Transmittern.

Krankhafte Angst ist selten. Was macht uns Angst? Was kann man tun, ohne gleich zur Tablette zu greifen?

Neurobiologie und Verhalten

5 Hormone

Die Hierarchie der Botenstoffe

Hormone
Sie sind chemische Signalstoffe, die in spezifischen Zellen (häufig Drüsen) gebildet und in geringen Stoffmengen über das Blut zu den Wirkzellen transportiert werden.

to release: freisetzen

Frisch geschlüpfte Kaulquappen haben einen Ruderschwanz und Kiemen, jedoch keine Beine und keine Lunge. Nach einigen Wochen erkennt man erste Anzeichen einer komplexen Gestaltumwandlung, der *Metamorphose* zum Frosch.

1912 verfütterte der Wissenschaftler JOHN F. GUDERNATSCH Schilddrüsengewebe an Kaulquappen, die Metamorphose lief beschleunigt ab. Operierte man dagegen den Kaulquappen ihre Schilddrüse heraus, wuchsen sie zwar zu Riesenkaulquappen heran, aber die Metamorphose blieb aus. Aufgrund dieser Experimente untersuchten Wissenschaftler das Organ genauer und isolierten eine Substanz, das *Thyroxin*, von dem bereits die Zugabe von $1/100$ mg pro Liter Wasser genügt, um die Metamorphose bei den jungen Kaulquappen auszulösen. Weitere Versuche zeigten, dass Thyroxin nicht in allen Altersstufen wirksam ist. Erst wenn die Tiere eine Größe von 40 mm überschritten haben, kann eine Metamorphose durch Thyroxin künstlich induziert werden. Diese Beobachtung deckt sich mit Messungen, dass frühestens ab diesem Entwicklungsstadium die Größe der Schilddrüse und gleichzeitig ihre Thyroxinbildung zunimmt. Aus diesen Befunden schlossen die Forscher, dass der Schilddrüse eine zweite Steuerungsebene vorgeschaltet ist.

Amerikanische Wissenschaftler machten die Entdeckung, dass Kaulquappen, denen man eine kleine Drüse auf der Unterseite des Zwischenhirns, die *Hypophyse*, entfernte, sich ebenfalls nicht verwandelten. Man konnte nachweisen, dass von der Hypophyse eine Substanz in das Blut abgegeben wird, die die Bildung des Thyroxins stimuliert. Sie wird *Thyroxin stimulierendes Hormon* (TSH) genannt. Trotz dieser Erfolge war die eigentliche Auslösung der Steuerungsprozesse ungeklärt. Erst durch weitere Experimente ließ sich zeigen, dass auch das Zwischenhirn an der Steuerung der Metamorphose beteiligt ist. Spezialisierte Nervenzellen bilden geringste Mengen eines Tripeptides und geben es ins Blut ab *(Neurosekretion)*. Es gelangt über das Hypophysen-Pfortadersystem in den Hypophysenvorderlappen und fördert dort die Freisetzung von TSH. Es wird *Thyrotropin-Releasing-Faktor* (TRF) genannt. Erst wenn der Hypothalamus eine bestimmte Größe erreicht hat, reagiert er empfindlich auf das Thyroxin, sodass dieses Hormon die Freisetzung von TRF stimuliert. In einem zunächst langsamen, später sich selbst verstärkenden Prozess kommt es am Ende der Metamorphose zu einem rapiden Anstieg der Thyroxinproduktion (Abb. 69.1).

Aus derartigen Experimenten kann man gemeinsame Prinzipien der hormonellen Regulation ableiten: Hormone werden in Zellen, Geweben oder Organen gebildet und in geringen Mengen über das Blut im Körper

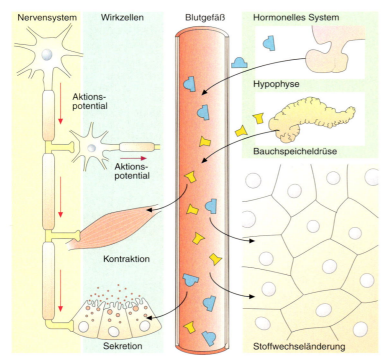

1 Neuronale und endokrine Signalübertragung

	Hypophyse	Schilddrüse	Hormonzusatz	Metamorphose
Versuch 1	vorhanden	vorhanden	keine	ja
Versuch 2	entfernt	vorhanden	keine	nein
Versuch 3	vorhanden	entfernt	keine	nein
Versuch 4	entfernt	entfernt	Thyroxin	ja
Versuch 5	entfernt	entfernt	TSH	nein
Versuch 6	entfernt	vorhanden	TSH	ja

2 Auslösung und Steuerung der Froschmetamorphose durch Hormone

Neurobiologie und Verhalten

verteilt (Abb. 2). Hormone wirken auf spezifische Zielzellen. Im Falle des TRF und TSH sind diese jeweils in einem Organ lokalisiert, die Zielzellen für das Thyroxin liegen beim Menschen im gesamten Körper verteilt. Damit besitzt der Organismus neben dem Nervensystem ein zweites Informations- und Koordinationssystem, dessen Informationsfluss zwar langsamer, dafür aber auch länger anhaltend ist. (→ 174/175)

Auch bei Menschen wird Thyroxin in der seitlich an der Luft- und Speiseröhre vor dem Schildknorpel des Kehlkopfes liegenden *Schilddrüse* gebildet. Es bewirkt eine Steigerung des Grundumsatzes, besonders in den Leber- und Muskelzellen. Thyroxin löst in den Mitochondrien dieser Zellen eine erhöhte Enzymaktivität aus, wodurch der Energieumsatz steigt. An den Nervenzellen aktiviert es die Na^+-K^+-Pumpen. Übersteigt der Thyroxinspiegel im Blut einen bestimmten Wert, kommt es zu einer Verminderung der Schilddrüsenausschüttung. Thyroxin hemmt beim Menschen im Sinne einer negativen Rückkopplung die TRF- und TSH-Bildung. Auch äußere Faktoren beeinflussen dieses Regulationssystem. So führt beispielsweise das Sinken der Umgebungstemperatur zu einer Erhöhung der Thyroxinproduktion und damit des Grundumsatzes.

Bei Überfunktion der Schilddrüse kommt es zu einer übermäßigen Beschleunigung des Stoffwechsels, wodurch die Körpertemperatur steigt. Trotz Appetitsteigerung und erhöhter Nahrungsaufnahme magern die Betroffenen ab. Die Herztätigkeit ist beschleunigt, Nervosität sowie Schlaflosigkeit treten auf. Zur Therapie wird zeitlich begrenzt Thyroxin verabreicht, um durch negative Rückkopplung die Schilddrüsenfunktion zu senken. Da zur Synthese des Thyroxins Iodsalze notwendig sind, kommt es bei Iodmangel zu einer krankhaften Unterfunktion der Schilddrüse. Grundumsatz und Körpertemperatur liegen unter den Normalwerten, starke Müdigkeit tritt auf. Die Patienten leiden trotz geringer Nahrungsaufnahme an starkem Fettansatz. (→ 170/171)

Aufgabe

① Bei Winterschläfern wie der Fledermaus fand man im Herbst eine Rückbildung der Schilddrüse. Erst gegen Ende der Winterperiode erreichte sie wieder Normalgröße. Erläutern Sie die Zusammenhänge unter Berücksichtigung der biologischen Bedeutung des Winterschlafes.

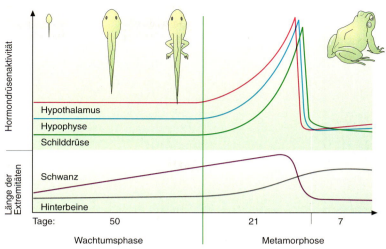

1 Hormonelle Vorgänge bei der Metamorphose des Frosches

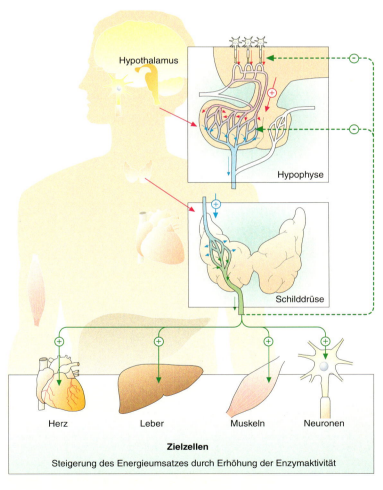

2 Regulation der Thyroxinkonzentration

Hormonwirkung

Hormone unterscheiden sich sowohl in ihrer stofflichen Natur als auch in der Art, wie sie ihre Wirkung entfalten.

Wirkungsmechanismen

Wenn sich aus Kaulquappen Frösche entwickeln, bedeutet dieses eine genetisch regulierte totale körperliche Umgestaltung *(Metamorphose)*, die durch das Hormon Thyroxin geregelt wird. In diesem Stadium enthalten die Schwanzzellen viele membranumhüllte Bläschen *(Lysosomen)*. Diese speichern proteinspaltende Enzyme *(Proteasen)*, deren Konzentration bis zu 30-mal höher ist als im restlichen Gewebe. Die Proteasen bauen Proteine des Kaulquappenschwanzes ab. Fügt man zu Zellsuspensionen verschiedener Gewebe der Kaulquappen radioaktiv markiertes Thyroxin, lässt sich die Radioaktivität kurz darauf im Zellkern der Schwanzzellen, bei den übrigen Körperzellen aber nur im Cytoplasma nachweisen. Das Thyroxin ist in den Schwanzzellen fast ausschließlich an ein spezifisches Protein gebunden. Es bildet einen Hormon-Proteinkomplex. Analysiert man die Proben einige Zeit später, so häuft sich die Radioaktivität in den Zellkernen der Schwanzzellen an.

Daraus kann man schließen, dass nur dieser Hormon-Proteinkomplex die Kernhülle passieren kann und im Zellkern spezifische Gene aktiviert. Die entsprechende m-RNA wird gebildet. An den Ribosomen im Cytoplasma werden die zugehörigen Enzyme synthetisiert, z. B. die Protein abbauenden Enzyme der Lysosomen (Abb. 1a), die Auflösung der Schwanzzellen wird eingeleitet. Dieser Wirkmechanismus ist typisch für lipidlösliche Nichtprotein-Hormone, die Biomembranen passieren können.

Für eine zweite Gruppe von Hormonen — in der Regel sind es lipidunlösliche Proteine — trifft ein anderer Wirkungsmechanismus zu. Diese Substanzen können die Zellmembran nicht passieren. Die einzelnen Hormonmoleküle bilden mit speziellen Rezeptormolekülen in der Zellmembran einen Hormon-Rezeptorkomplex. Damit ist die Wirkung des Hormonmoleküls beendet. Ein einziges Hormonmolekül, wie z. B. das Glukagonmolekül, kann innerhalb einer Zielzelle in Millisekunden eine deutliche Veränderung des Glucosestoffwechsels bewirken. Die Reaktion einer Zelle auf ein Hormon nennt man *Zellantwort* (Abb. 1b).

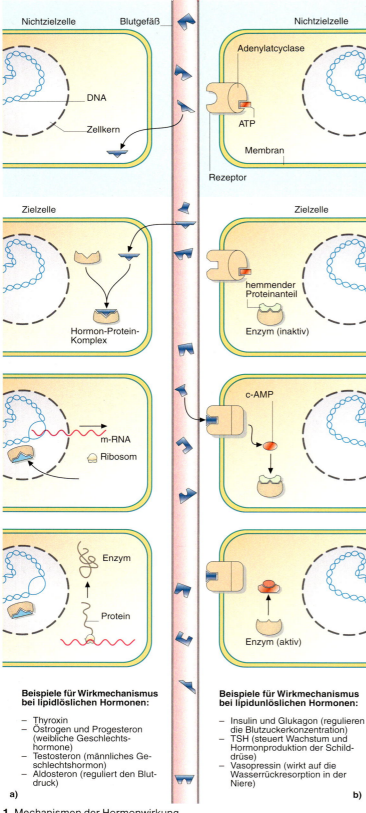

1 Mechanismen der Hormonwirkung

Neurobiologie und Verhalten

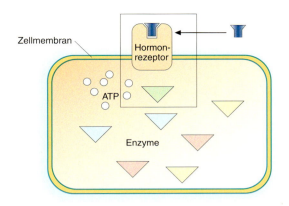

Signalverstärkung

Die extrem hohe Wirksamkeit einzelner Hormone des zweiten Typs lässt sich mit einem Verstärkungsmechanismus erklären. Durch die Veränderung des Rezeptormoleküls werden innerhalb der Zielzelle Substanzen freigesetzt, die man als *sekundäre Botenstoffe* bezeichnet. Ein Rezeptormolekül kann die Bildung einiger hundert Moleküle des sekundären Botenstoffes auslösen. Diese sind wiederum in der Lage, durch die Aktivierung von Enzymen viele Reaktionen auszulösen. Dieser Vorgang läuft nicht in einem Schritt ab, sondern in vier Teilschritten. Bei jedem Teilschritt aktiviert jedes aktivierte Enzymmolekül wiederum ca. 100 neue Enzymmoleküle. Eine solche Enzymkaskade führt zu einer 10^8fachen Verstärkung (Abb. 1). Die Interaktion eines einzigen Glukagonmoleküls mit dem Rezeptormolekül führt in der Zielzelle letztendlich zur Bildung von 100 000 000 Glucosemolekülen aus Glykogen. Diese kaskadenartigen Reaktionen bezeichnet man als *biochemische Signalverstärkung*. (→ 166/167, → 174/175)

Das Prinzip der Signalverstärkung über sekundäre Botenstoffe findet man auch bei Sinneszellen und Neuronen. In Synapsen lösen wenige Transmittermoleküle bereits ein Signal am weiterleitenden Neuron aus. Wenige Duftstoffmoleküle ermöglichen bereits die Wahrnehmung eines Geruches durch Auslösen einer Kaskade in den Riechsinneszellen (s. Seite 45).

Die Anzahl der verschiedenen Hormone in einem Organismus ist groß, im Gegensatz dazu sind nur wenige verschiedene sekundäre Botenstoffe in der Zelle beteiligt. Sekundäre Botenstoffe sind z. B. das c-AMP *(zyklisches Adenosinmonophosphat)* oder Calciumionen. Welche Reaktionen in den Zielzellen ausgelöst werden, hängt davon ab, welche spezifischen Enzyme in der jeweiligen Zielzelle aktiviert werden. So kann c-AMP in einer Muskelzelle die Umwandlung von Glykogen in Glucose auslösen, in Fettzellen den Abbau von Fetten oder in Nierenzellen die Resorption von Wasser. Hormone reagieren nicht direkt mit der Adenylatcyclase, sondern über ein vorgeschaltetes Rezeptormolekül. Man fand zwei Typen von Rezeptormolekülen in der Zellmembran. Je nach Zielzelle können die einen die Adenylatcyclase stimulieren, die anderen hemmen sie. Die Hormone können dadurch indirekt die Enzyme in der Zielzelle aktivieren oder deaktivieren. Dies führt zu unterschiedlichen Wirkungen an verschiedenen Zielzellen.

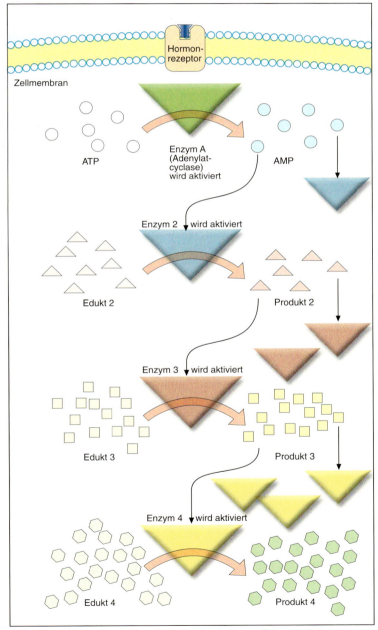

1 Hormonwirkung durch Signalverstärkung bei einer Enzymreaktion

Neurobiologie und Verhalten

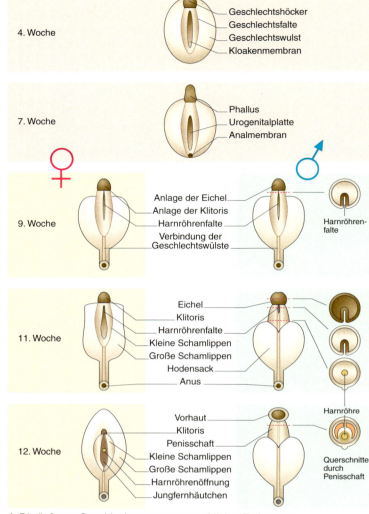

1 Die äußeren Geschlechtsorgane menschlicher Embryonen

Hormone und Entwicklung

Die Ausbildung des Geschlechts kann man beim Menschen in zwei Abschnitte einteilen. Abschnitt 1: Die Geschlechtsorgane sind in der frühen Embryonalzeit so angelegt, dass aus ihnen sowohl die männliche als auch die weibliche Form entstehen kann (Abb. 1). Aus den Urkeimdrüsen können sich Hoden oder Eierstöcke entwickeln und aus den äußeren Anlagen entweder Kitzler und Schamlippen oder Penis und Hodensack. Entscheidend für die Entwicklung zum Mann ist das SRY-Gen, das normalerweise auf dem Y-Chromosom sitzt. Fehlt es auf diesem Chromosom, entsteht eine XY-Frau. Ist es z. B. durch ein Crossingover an ein X-Chromosom gebunden, entsteht ein XX-Mann.

Normalentwicklung

Das SRY-Gen führt über eine Genkaskade zur Ausbildung von Hoden, die das Geschlechtshormon Testosteron produzieren und damit den zweiten Abschnitt der Geschlechtsausbildung markieren. In der embryonalen Phase wird dieses durch das Enzym 5-α-Reductase in Dihydrotestosteron umgebildet, das wiederum an entsprechende Rezeptoren im Gewebe andocken kann und so die Weiterentwicklung der äußeren Geschlechtsorgane zu Penis und Hoden auslöst. Das Kind wird entsprechend als Junge geboren. Fehlt das SRY-Gen, entwickelt sich automatisch immer ein Mädchen. Mit der Pubertät bewirkt Testosteron die verstärkte Herausbildung der primären und sekundären Geschlechtsmerkmale, Dihydrotestosteron ist nur pränatal wirksam.

Rezeptoren für Geschlechtshormone wurden inzwischen auch in vielen Bereichen des Gehirns nachgewiesen. Hier bewirken diese Hormone vorgeburtlich Veränderungen, die zu typisch männlichen und weiblichen Gehirnen führen (s. Seite 62).

Für die normale Ausbildung des Geschlechtes sind also eine Reihe von Genen wichtig:
— das SRY-Gen
— ein Gen, das für die 5-α-Reductase steht, die das Testosteron zu Dihydrotestosteron umbaut
— Gene für den Bau der Testosteronrezeptoren in den Zielzellen.

5-α-Reductase-Defizienz

Wie alle Gene können auch die oben genannten mutieren und dadurch die Genprodukte ihre Wirksamkeit verlieren. Eine sehr selten auftretende Mutation betrifft das Gen für die 5-α-Reductase. Da sie in 23 untereinander verwandten Familien in der Dominikanischen Republik gehäuft vorkommt, konnte sie dort besonders gut untersucht werden. Kinder mit einem Y-Chromosom und dem SRY-Gen bilden bei diesem Syndrom embryonal ganz normale Hoden aus, die Testosteron produzieren. Da die 5-α-Reductase jedoch durch eine Mutation unwirksam ist, findet der vorgeburtliche Umbau der äußeren Geschlechtsanlagen zu männlichen Genitalien nicht statt. Die Geschlechtsorgane dieser Kinder wirken bei der Geburt weitgehend weiblich. Wenn es dann in der Pubertät jedoch zu einem starken Testosteronschub kommt, führt dies zu einem Umbau der Geschlechtsorgane: Der Kitzler wächst zu einem Penis heran, die Schamlippen schlie-

Neurobiologie und Verhalten

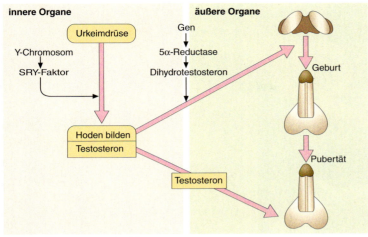

1 Normalentwicklung des Mannes

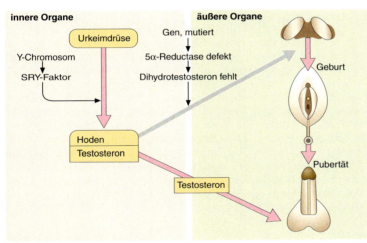

2 Geschlechtsumwandlung

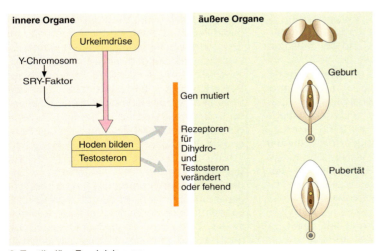

3 Testikuläre Feminisierung

ßen sich und bilden den Hodensack aus, in den bei den meisten Betroffenen die Hoden einwandern. Da bei diesen Männern aber die Harn-Samen-Röhre an der Peniswurzel mündet, sind sie nicht zeugungsfähig. Bei den Einheimischen heißen diese Kinder „machihembra" (Mann und Frau in einem).

In 19 von 33 untersuchten derartigen Fällen waren die Betroffenen eindeutig als Mädchen erzogen worden. Mit den Veränderungen der Geschlechtsorgane wechselten sie bis auf eine Ausnahme ihre Geschlechteridentität, d.h. sie erlebten sich selbst als Männer und interessierten sich für Frauen. Die Mehrheit ist inzwischen verheiratet und führt traditionelle Ehen. Dies bedeutet, diese Männer übernehmen auch die Geschlechterrolle, die von der Gesellschaft von einem Mann erwartet wird. Es zeigt sich, dass zumindest unter den toleranten Bedingungen der Dominikanischen Republik, der Einfluss der Sexualhormone (Testosteron) auf das Gehirn eine größere Auswirkung auf die männliche Geschlechtsidentität hat als die 12 Jahre Erziehung zum Mädchen.

Testikuläre Feminisierung

Zu einer anderen Entwicklungsstörung kommt es, wenn durch eine Mutation des Gens für die Testosteronrezeptoren in den Zielgeweben diese Rezeptoren fehlen oder unwirksam werden. In diesem Fall sorgt der SRY-Faktor zwar für die Ausbildung von Hoden, die auch ganz normal beginnen, Testosteron aufzubauen. Da aber die notwendigen Rezeptoren in den Zielgeweben nicht funktionieren, kann der Umbau der äußeren Geschlechtsorgane nicht stattfinden und die Entwicklung der männlichen Merkmale in der Pubertät bleibt aus. Die Betroffenen bleiben phänotypisch eine Frau. Menschen mit dieser Mutation sind äußerlich von anderen Frauen nicht zu unterscheiden. Sie besitzen aber eine blind endende Scheide und als innere Geschlechtsorgane Hoden. Diese Besonderheit der Entwicklung wird oft erst vom Arzt entdeckt, wenn bei der Patientin die Periode ausbleibt. (→ 168/169, → 170/171)

Aufgaben

① Definieren Sie die Begriffe „genetisches Geschlecht", „phänotypisches Geschlecht", „Geschlechteridentität" und „Geschlechterrolle".

② Welche Gehirnentwicklung ist bei den Mädchen mit Geschlechtsumwandlung zu erwarten (s. Seite 62/63)?

Neurobiologie und Verhalten

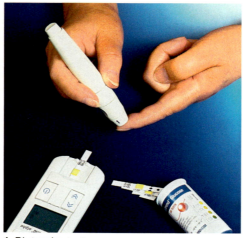
1 Blutzuckertest

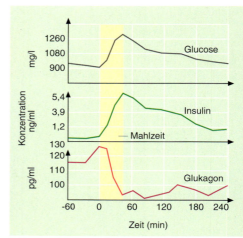
2 Konzentrationsverläufe nach einer Mahlzeit

Regulation des Blutzuckerspiegels

Blutzuckergehalt
Ein Blutzuckerwert von 90 entspricht 90 mg/dl = 900 mg/l Blut.

Überschlagsrechnung:
In rund 6 Litern Blut eines Erwachsenen sind 6 · 900 mg = 5,4 g Glucose enthalten.
180 g Glucose = 1 mol 2836 kJ
5,4 g Glucose = 85 kJ

Energiebedarf beim Radfahren: 40 kJ/min. Der Energiegehalt des Blutzuckers reicht für ca. 2 min.

Nervenzellen decken ihren Energiebedarf fast ausschließlich durch Glucose. Eine Unterversorgung kann eine Verminderung der Konzentrationsfähigkeit, in extremen Fällen einen Verlust des Bewusstseins zur Folge haben. Nervenzellen können selbst nur wenig Glucose speichern. Das Blut liefert ständig Glucose nach. Die Zuckermenge im Blut eines Erwachsenen beträgt ca. 5,4 g. Eine Überschlagsrechnung zeigt, dass diese Menge reicht, um 12 min ruhig zu sitzen oder 2 min Fahrrad zu fahren. Danach müsste erneut Nahrung aufgenommen werden.

Trotz periodischer Nahrungsaufnahme und unterschiedlichem Energiebedarf, je nach körperlicher Belastung, schwankt im Blut eines gesunden Menschen die Glucosekonzentration nur minimal. Daraus muss man folgern: Im menschlichen Körper gibt es ein Regulationssystem, das die Blutzuckerkonzentration konstant hält. Ein so genannter *Blutzuckerbelastungstest*, bei dem man einer gesunden Person 75 g in Wasser gelöste Glucose verabreicht und in bestimmten Abständen die Zuckerkonzentration im Blut misst, bestätigt dies. Der Blutzuckerspiegel steigt kurzfristig auf maximal 2 000 mg pro Liter Blut, sinkt dann innerhalb von 2 Stunden wieder und pendelt sich auf die Ursprungskonzentration ein. 75 000 mg Glucose hätten in ca. 6 Litern Blut Blutzuckerwerte von 12 500 mg pro Liter erwarten lassen.

Mit der Nahrungsaufnahme und damit parallel zum Ansteigen der Blutzuckerkonzentration wird ein Hormon in die Blutbahn freigesetzt, das ein Absinken des Zuckergehaltes bewirkt (Abb. 2). Dabei handelt es sich um *Insulin*. Da es in inselartigen Zellgruppen der Bauchspeicheldrüse, die sich deutlich vom übrigen Gewebe abheben, gebildet wird, bekam es diesen Namen. Die Zellgruppen werden nach ihrem Entdecker als *Langerhans'sche Inseln* bezeichnet. Jede Erhöhung des Glucosespiegels über den Sollwert (ca. 900 mg/l Blut) wird in speziellen Zellen der Bauchspeicheldrüse, den β-Zellen, registriert. Sie geben dann Insulin ins Blut ab.

Die Wirkungsweise des Insulins ist vielfältig. Es fördert die Glucoseaufnahme durch Zellen, insbesondere in die Muskel- und Fettzellen. In den Leber- und Muskelzellen stimuliert es die Glykogensynthese und die Energieumwandlung durch den Glucoseabbau. Gleichzeitig hemmt es den Abbau von Glykogen. Die Synthese von Fetten und Eiweißen aus Glucose wird angeregt. Insulin senkt damit den Blutzuckerspiegel auf zweierlei Weise: Einerseits bewirkt es die Speicherung *(Speicherhormon)* von Glucose, andererseits fördert es deren Verbrauch (Transport durch die Zellmembran und Steigerung des Glucosestoffwechsels).

Der Energiebedarf bei körperlichen Leistungen, selbst der Grundumsatz, wird vom Organismus überwiegend durch die beim Glucoseabbau freiwerdende Energie gedeckt. In den Zellen tritt ein Glucosemangel auf, der über das Blut sofort ausgeglichen wird. Als Folge sinkt der Glucosespiegel im Blut.

Neurobiologie und Verhalten

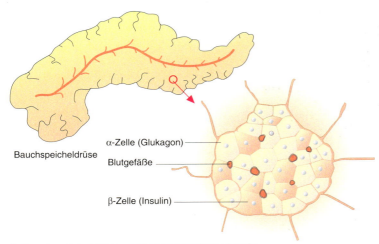

1 Bauchspeicheldrüse und Langerhans'sche Inseln

Die Insulinabgabe aus den β-Zellen wird reduziert und, da Insulin in kurzer Zeit im Körper abgebaut wird, sinkt die Insulinkonzentration. Dadurch verringert sich auch seine Hemmwirkung auf die Freisetzung eines zweiten Hormons, des *Glukagons*, das in den α-Zellen der Langerhans'schen Inseln gebildet wird (Abb. 1). Glukagon fördert in der Leber den Glykogenabbau und damit die Glucosebildung. Auch Proteine und Fette werden für die Glucosesynthese abgebaut. Diese Prozesse führen zu einem Ansteigen der Glucosekonzentration im Blut.

Häufig werden Insulin und Glukagon als Gegenspieler bezeichnet, weil sie ihre Freisetzung wechselseitig hemmen und entgegengesetzte Prozesse stimulieren. Bei genauerer Betrachtung fällt jedoch auf, dass sie sich ergänzen: Glukagon sorgt nämlich für die Freisetzung der gespeicherten Glucose aus der Leber und Insulin für die Verringerung der Glucosekonzentration im Blut.

Werden Größen in einem System so eingestellt, dass sie ungefähr auf dem gleichen Wert bleiben, spricht man von einer *Regelung* (Abb. 2). Die geregelte Größe ist die *Regelgröße*, in diesem Fall die Blutzuckerkonzentration. Die Änderung des Blutzuckergehaltes durch körperliche Tätigkeit oder Nahrungsaufnahme ist die *Störgröße*. In den β-Zellen befinden sich Messstellen, die so genannten *Fühler*, die eine exakte Messung der Glucosekonzentration im Blut ermöglichen. Die aktuelle Messgröße bezeichnet man als *Istwert*. Im Regler, hier dem Zwischenhirn sowie den α- oder β-Zellen, werden Sollwert und Istwert verglichen. Bei einer Differenz der beiden Werte wird der Blutzuckergehalt über die *Stellglieder* reguliert. Diese Stellglieder sind die Muskel- oder Leberzellen, die Glucose aufnehmen oder abgeben. Diese Abgabe oder Aufnahme wird im Regelkreisschema als *Stellgröße* bezeichnet. (→ 170/171)

In außergewöhnlichen Belastungssituationen, wie Kampf, Flucht, aber auch in Stresssituationen, greift ein drittes Hormon, das im Nebennierenmark gebildete *Adrenalin* ein. Es fördert über das sympathische Nervensystem im Gegensatz zum Glukagon den Glykogenabbau in der Leber und in den Muskeln. Es bewirkt auf diese Weise eine rasche Energiebereitstellung.

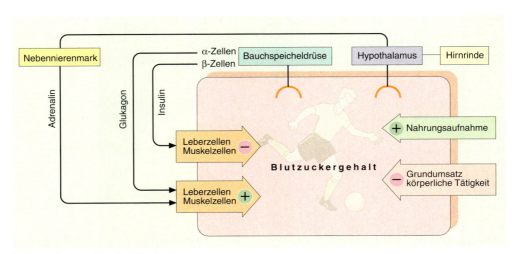

2 Vereinfachtes Regelkreisschema

Neurobiologie und Verhalten 75

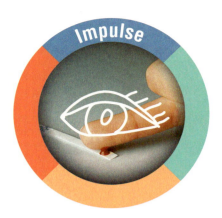

Impulse

Diabetes mellitus

Brot/Kartoffel-Gruppe 1 BE entspricht:

15 g Zwieback
30 g Brötchen
80 g Kartoffeln
100 g Erdnüsse
220 g Jogurt
100 g Apfel mit Schale
160 g Heidelbeeren
250 g Wassermelone

Erklären Sie den Begriff Broteinheit (BE) und dessen Bedeutung für Diabetiker. BE-Listen gibt es in Apotheken, beim Arzt oder im Internet. Rechnen Sie für einen Tag die aufgenommenen BE-Einheiten aus.

Der englische Arzt THOMAS WILLIS (1621 — 1675) berichtete als Erster über den honigartigen Geschmack des Urins von Diabetikern. Daher stammt auch der Name: *Diabetes* bedeutet „hindurchlaufen", *mellitus* „honigsüß". 1835 isolierte der italienische Arzt AMBROSIANI sowohl aus dem Urin als auch dem Blut von Diabetikern Zuckerkristalle. Zu jener Zeit kannte man allerdings die chemische Struktur von Glucose nicht. Zucker waren „süß schmeckende Stoffe."

Süße Proteine

Thaumatococcus spec. ist eine Pflanze im tropischen Regenwald Westafrikas. Ihre Früchte werden zum Süßen von Brot, Tee und Palmwein genutzt. Der süße Geschmack geht jedoch nicht auf Zucker, sondern auf ein Protein, das *Thaumatin*, zurück.
Es gelang nun mithilfe von Bakterien, das Gen für die Thaumatinsynthese in Kartoffeln zu übertragen, um es großtechnisch besser nutzen zu können. Man versucht dieses Gen auch in Früchte tragende Pflanzen, wie Erdbeeren, Melonen oder Äpfel, zu übertragen.

Auch die Zähne profitieren davon! Erläutern Sie die Vorteile dieses Süßstoffes im Gegensatz zu den herkömmlichen Produkten.

Im Internet findet man zu den Begriffen Thaumatin und Thaumatococcus weitere Informationen. Stellen Sie die wichtigsten Faktoren zusammen.

Pioniere in der Erforschung der Blutzuckerregulierung waren J. MERING, O. MINKOWSKI, F. GRANT BANTING und CH. BEST, die Versuche an der Bauchspeicheldrüse von Hunden durchführten. Sie wiesen nach, dass dieses Organ entscheidend an der Regulierung des Blutzuckerspiegels beteiligt ist.

Suchen Sie in der Literatur die Ergebnisse dieser Forscher. Eine Zeitleiste als Poster macht die Entwicklung deutlich.

Karlsbad galt im 19. Jahrhundert als ein bedeutendes Heilbad für Diabetiker

Der Glucosewert

Der Glucosewert im Blut muss stimmen. Daher ist es für den Diabetiker sehr wichtig, schnell und unkompliziert die Blutwerte messen zu können. Modernere Messgeräte haben einen Einsatz aus Mikrokanülen, die sich mit Blut füllen. Hierzu sind nur noch 3 µl Blut notwendig.

**Stellen Sie Fakten über die heutigen Messmethoden zusammen. Unterlagen zu diesem Thema erhalten Sie bei Ärzten, Apotheken oder im Internet.
Die kontinuierliche Glucosemessung ist das zukünftige Ziel der Diabetes-Forschung. Es soll möglich werden, normale Blutzuckerwerte durch eine Kopplung des Glucosesensors mit einer Insulinpumpe automatisch zu regulieren.
Stellen Sie die Vorteile zusammen und erklären Sie diese mithilfe des Regelkreisschemas (s. Seite 75)**

Diabetes

Sport, Nahrung, Arbeit und Insulin wirken auf die Blutzuckerkonzentration, jedoch auch Stress und andere Emotionen. Diabetiker leiden sehr häufig darunter, dass sie abhängig sind vom Insulin und ständig ihre Energiewerte berechnen müssen. Der Körper reguliert nicht mehr automatisch die Werte, sondern der Diabetiker muss sie eigenständig je nach Bedarf einstellen. Er muss lernen, zuverlässige und unzuverlässige Symptome zu unterscheiden, um rechtzeitig die richtige Insulinmenge spritzen zu können. Beachtet ein Diabetiker die Symptome nicht oder misst er ungenau, kann es zu einer Hypoglykämie oder Hyperglykämie kommen.

Erarbeiten Sie die biologischen Zusammenhänge. Ein Bericht über einen Betroffenen kann hierbei hilfreich sein.

Neurobiologie und Verhalten

Die Bewohner der Südseeinsel Nauru haben sich Jahrhunderte lang durch Fischen und einfachen Ackerbau nur mühselig ernähren können. Seit jedoch auf der Insel riesige Phosphatmengen entdeckt worden waren, brach für die Inselbewohner der Wohlstand aus. Doch der Sprung vom Sammler- und Jägerdasein in die moderne Zivilisation hatte seinen Preis. Mangelnde Bewegung und reichlich Nahrung führten zu Fettleibigkeit bei dem größten Teil der Bevölkerung. Die Zahl der Zuckerkranken schnellte nach oben. Jeder dritte Inselbewohner hat heute Diabetes.

Recherchieren Sie die Zusammenhänge zwischen Umwelt und mutierten Genen bei Diabetes Typ I und II.

Ist Diabetes erblich bedingt oder führt eine ungesunde Lebensweise zu der Krankheit?

Stellen Sie Ihre Ergebnisse als wissenschaftlichen Bericht dar.

Hypoglykämie

Der Blutzuckerspiegel

Sinkt der Blutzuckerspiegel unter 0,45 g/l *(Hypoglykämie)* führt dies zu Funktionsstörungen des Gehirns, zur Hilflosigkeit und schließlich zur Bewusstlosigkeit und Krampfanfällen. Folgeschäden entstehen häufig durch Stürze oder im Straßenverkehr. Wichtig für Diabetiker des **Typ I** ist es daher, die Unterzuckerung rechtzeitig zu erkennen.

Stellen Sie die Unterschiede zwischen der Hypoglykämie und der Hyperglykämie heraus.

Wodurch kommt es zu den Folgeerkrankungen?

Erläutern Sie die unterschiedlichen Krankheitssymptome und wie sich Diabetiker davor schützen können.

Gute Stimmung auf der Geburtstagsparty. Es wird getanzt, auch alkoholische Getränke sind genügend vorhanden. Plötzlich wird Martina bewusstlos. Die Freunde sind ratlos. Soviel hatte sie nicht getrunken. Da fällt ihnen ein, dass Martina Diabetikerin ist. Wie soll man helfen? Eine Hyperglykämie ist schwer von der Hypoglykämie zu unterscheiden.

Stellen Sie eine Liste mit Verhaltensregeln zusammen, wie man in einer solchen Situation einem Diabetiker helfen kann.

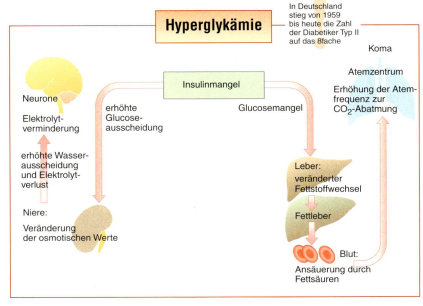

In Deutschland stieg von 1959 bis heute die Zahl der Diabetiker Typ II auf das 8fache

Neurobiologie und Verhalten **77**

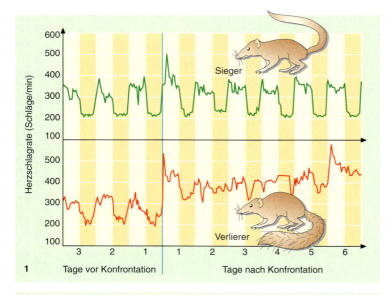

1 Tage vor Konfrontation — Tage nach Konfrontation

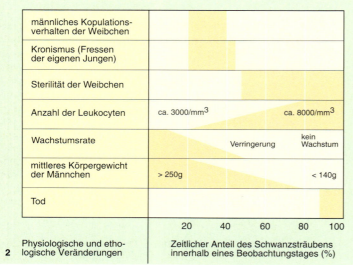

2 Physiologische und ethologische Veränderungen — Zeitlicher Anteil des Schwanzsträubens innerhalb eines Beobachtungstages (%)

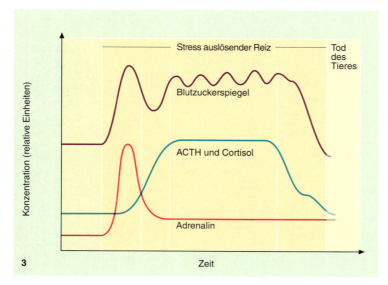

3

Stress

Tupajas (Spitzhörnchen) sind kleine, tagaktive Säugetiere der südostasiatischen Regenwälder. Dort leben sie einzeln oder paarweise in Revieren, die sie gegen Eindringlinge heftig verteidigen. Das Sekret einer Drüse *(Sternaldrüse)* dient bei geschlechtsreifen Männchen zur Reviermarkierung, bei Weibchen zum Beduften der Jungen.

Normalerweise sind die Schwanzhaare der Tupajas glatt angelegt. Begegnen sich jedoch zwei geschlechtsreife Männchen, werden die Haare fast senkrecht abgespreizt, es kommt zum Kampf. Trennt man die Tiere nach einem Kampf durch eine Holzwand voneinander, erholt sich der Verlierer ebenso schnell wie der Sieger. DIETRICH VON HOLST trennte zwei Kämpfer nur durch einen Maschendraht. Über implantierte Minisender zeichnete er die Herzfrequenzen der beiden Tiere auf. Parallel bestimmte er den prozentualen Zeitanteil, in dem die Schwanzhaare gesträubt waren. Beim Sieger sanken kurz nach dem Kampf beide Messgrößen auf ihre Normalwerte. Beim unterlegenen Tier führte der Anblick und vermutlich der Geruch des siegreichen Rivalen zu einer konstant erhöhten Herzfrequenz und zu fast ständig abgespreizten Haaren. Die Dauer der abgespreizten Haare ist ein sichtbares Maß für die innere Erregung des Tieres (Abb. 1).

Spitzhörnchen reagieren nicht nur auf fremde Männchen im gleichen Käfig mit Schwanzsträuben, sondern auch auf eine erhöhte Populationsdichte *(sozialer Stress)*, auf plötzlich einsetzende Geräusche oder den Anblick eines fremden Individuums, also immer dann, wenn etwas Unbekanntes, Bedrohliches auf das Tier zukommt. Man sagt, es befindet sich in einer *Stresssituation*. DIETRICH VON HOLST beobachtete, dass derartige Situationen über einen längeren Zeitraum zu physiologischen, körperlichen und ethologischen Veränderungen führen (Abb. 2). Gelingt es nicht, den Stress auslösenden Faktoren auszuweichen, sind Gewichtsabnahme und Tod die Folge.

Injiziert man den Tupajas Adrenalin, sträuben sich die Schwanzhaare. Durch diese und ähnliche Versuche konnten die physiologischen Vorgänge im Tier geklärt werden. Optische, akustische sowie Geruchs- und Geschmacksreize werden aufgenommen und im Großhirn verarbeitet (Abb. 79.1). Von der Großhirnrinde gelangen nervöse Impulse zum *Hypothalamus*. Dieser erregt den sym-

78 Neurobiologie und Verhalten

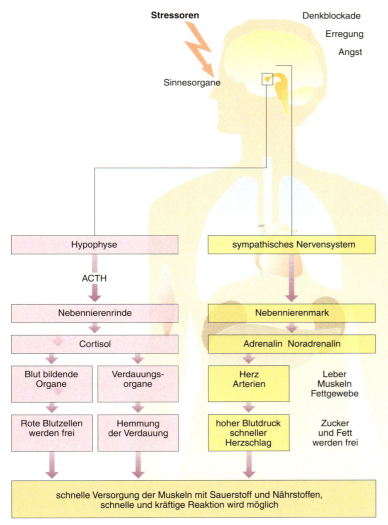

1 Zusammenarbeit von Nerven- und Hormonsystem bei Eustress

Auf schädliche Einflüsse, wie Hitze, Kälte, Hunger, Durst, Infektionen, Verletzungen oder psychische Belastungen kann sich der Körper einstellen und wird in den Stresszustand versetzt. Dies ist die ursprüngliche Bedeutung von *Stress*, d. h. Stress ist Anpassung und damit eine lebenserhaltende Reaktion des Organismus auf die äußeren Belastungsfaktoren, die *Stressoren*.

Stressoren wirken über den Hypothalamus, der vermehrt Releasingfaktoren ausschüttet. Sie stimulieren die Hypophyse zur vermehrten Abgabe von ACTH *(adrenocorticotropes Hormon)*, das seinerseits auf die Nebennierenrinde einwirkt. An Tieren im Stresszustand wurde festgestellt, dass die Nebennierenrinde vergrößert ist und vermehrt Hormone abgibt, darunter *Glukokortikoide* wie das Cortisol. Diese erhöhen die Widerstandskraft des Körpers, indem sie u. a. die Proteinbiosynthese hemmen und den Proteinabbau in Muskeln, Knochen und lymphatischen Geweben fördern. Dadurch gelangen vermehrt freie Aminosäuren ins Blut, die in der Leber zur Neubildung von Glucose eingesetzt werden, was zum Ansteigen des Blutzuckerspiegels führt. Durch die Hemmung der Proteinbiosynthese in den lymphatischen Organen wirken Glukokortikoide entzündungshemmend, da durch eine verringerte Antikörperproduktion die Abwehrreaktionen bei Infektionen verlangsamt sind. Alle diese Veränderungen, die sich erst nach längerer Zeit einstellen, bezeichnet man als *allgemeines Anpassungssyndrom (AAS)*.

Gelegentlicher Stress mit Erholungsphasen kann die Widerstandskraft des Körpers steigern und wird als *Eustress* bezeichnet (Abb. 1). Fehlen Erholungsphasen, wird der sich einstellende Dauerstress, auch *Distress* genannt, zur Gefahr für den Organismus. Auch ständig erhöhter Adrenalinspiegel bei häufig auftretendem Fight-or-Flight-Syndrom bewirkt eine erhöhte ACTH-Ausschüttung und damit Stress. Deshalb bezeichnet man heute bereits einmalige Aufregung als Stress. Diese Dauerbelastung des Gesamtorganismus führt über Jahre hinweg zu Herz- und Kreislauferkrankungen. Der Herzinfarkt ist heute eine der häufigsten Todesursachen.

Glukokortikoide
Hormone aus der Gruppe der lipidlöslichen Nichtproteine, z. B. Cortisol

pathischen Teil des vegetativen Nervensystems. Im *Sympathicus* laufen daraufhin Impulse zum Herzen, zu den Blutgefäßen und zum Nebennierenmark. Die Herzschlagfrequenz steigt, der Blutdruck erhöht sich. Im Nebennierenmark wird verstärkt das Hormon *Adrenalin* freigesetzt. Zu seinen vielfältigen Wirkungen gehört die Verengung der Blutgefäße, außer in der Skelettmuskulatur. Dies wirkt blutdrucksteigernd. Die Mobilisierung von Zucker durch Glykogenabbau in Leber und Muskeln erhöht den Blutzuckerspiegel. Die biologische Bedeutung dieser Reaktionen besteht in der schnellen Aktivierung von Energiereserven bei Angriff oder Flucht, sodass Höchstleistungen möglich sind. Diese Anpassungen des Körpers bezeichnet man als *Fight-or-Flight-Syndrom*.

Aufgabe

① Nennen Sie Unterschiede und Gemeinsamkeiten von Fight-or-Flight-Syndrom und Stress.

Neurobiologie und Verhalten

1 Weintrauben mit/ohne Gibberilinbehandlung

2 Pflanzen ohne und mit Gibberilinzugabe

Hormone bei Pflanzen — Phytohormone

Agar
gelatineähnlicher Stoff, der ohne Kochvorgang entsteht

Pflanzen regulieren ihre Entwicklung, wie Keimung, Wachstum, Blütenbildung oder Laubfall, in Abhängigkeit von Außenfaktoren, wie Licht oder Temperatur. Chemische Substanzen verbreiten die Wirkung der Außenfaktoren innerhalb der gesamten Pflanze. Diese Substanzen sind pflanzliche Hormone *(Phytohormone)*. Im Gegensatz zu Hormonen bei Tieren und Menschen werden sie nicht in speziellen Organen gebildet, sondern in den Zellen verschiedener Gewebe. Ihre Wirkung ist ebenfalls nicht streng spezifisch, ein Phytohormon kann in verschiedene Prozesse eingreifen und sie dabei hemmen oder fördern (Abb. 3). Die kaskadenartige Wirkung innerhalb der Zelle, die bereits durch geringe Konzentrationen an Hormonen ausgelöst wird, ist jedoch identisch mit der bei Tieren und Menschen. Die Phytohormone wirken auf die Genregulation in den jeweiligen Pflanzenzellen ein und fördern oder hemmen die Bildung der entsprechenden Enzyme (s. Seite 70/71).

Phytohormone steuern das Wachstum

Erste Überlegungen zu einer Steuerung des Wachstums durch Phytohormone gehen bereits auf CHARLES DARWIN zurück. In seinem Werk „The Power of Movement of Plants" von 1881 untersuchte er an Haferkeimlingen den Vorgang des *Fototropismus*. Hierbei versuchte er zwei Frage zu klären:
a) Welcher Teil der Pflanze reagiert auf das Licht und
b) durch welchen Faktor richten die Pflanzen ihr Wachstum immer zum Licht aus?

Durch seine Experimente, bei denen er die Spitze der Keimlinge entfernte oder verschiedene Abschnitte des Keimlings lichtundurchlässig abdeckte, kam er zum Schluss, dass chemische Substanzen in der Keimlingsspitze gebildet werden, die dann zum restlichen Gewebe geleitet werden (Abb. 81.1a).

1913 bearbeitete PETER BOYSEN-JENSEN diese Fragestellung weiter. Er entfernte die Spitze der Haferkeimlinge und beobachtete, dass das restliche Gewebe nicht mehr auf Licht reagierte. Infolge dieser Beobachtung legte er ein Stück Agar auf die Schnittfläche, was zu keiner Veränderung führte. Nachdem er eine Keimlingsspitze auf den Agarblock gelegt hatte, reagierte einige Zeit später der Haferkeimling wieder auf das Licht (Abb 81.1b).

Hormon	Wirkung
Abscisinsäure	hemmt die Samenkeimung, schließt die Stomata, fördert die Alterung der Blätter
Auxin	fördert das Streckungswachstum und die Zellteilung, hemmt den Blüten- und Blattfall
Cytokinin	fördert das Austreiben von Seitenknospen und die Blattentfaltung, öffnet die Stomata, hemmt die Blattalterung
Ethylen	fördert die Fruchtreife und die Blattalterung, hemmt das Streckungswachstum
Gibberilin	fördert die Zellteilung im Spross, fördert die Blattentfaltung und Knollenbildung (Kartoffel), fördert die Samenkeimung

3 Phytohormone und ihre Wirkung

Neurobiologie und Verhalten

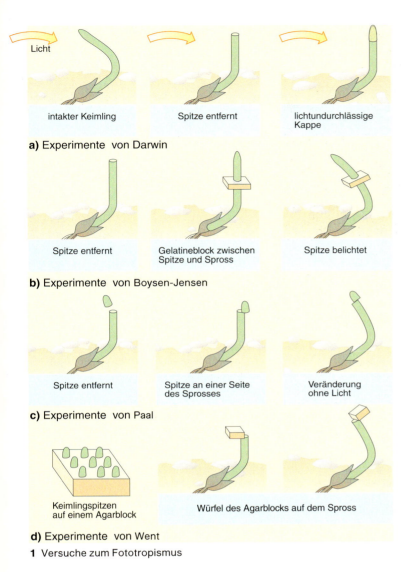

1 Versuche zum Fototropismus

sen werden. Hierzu entfernte WENT die Spitzen der Haferkeimlinge und setzte sie auf Agarblöcke. Er vermutete, dass die chemischen Substanzen oder die Substanz in die Agarblöcke diffundieren. Wurden diese Agarblöcke ohne die Spitzen nun seitlich versetzt auf die Keimlinge gepfropft, so zeigte sich deutlich eine Krümmung (Abb. 1d). Er nannte die vermutete Substanz *Auxin*, das griechische Wort für „wachsen". 1933 wurde die Substanz isoliert und die chemische Struktur des Auxins untersucht und als *Indol-3-Essigsäure (IES)* identifiziert (Abb. 2). Die chemisch hergestellte Substanz hat die gleiche Wirkung wie Auxin und wird für Pflanzenzüchtungen eingesetzt. Neue Untersuchungen zeigen, dass die IES sehr schnell in die Genregulation eingreift und z. B. die Synthese von zusätzlichem Zellwandmaterial auslöst.

Phytohormone steuern die Fruchtreife

Phytohormone werden nicht nur gelöst in der Gewebeflüssigkeit sondern auch gasförmig transportiert. Das gasförmige Phytohormon ist das *Ethylen* (Ethen). Ethylen fördert neben anderen Wirkungen (Abb. 80.3) die Reifung von Früchten.

Früchte, die wegen ihres langen Transportweges unreif geerntet werden, wie z. B. Bananen, werden nach dem Schifftransport in den Lagerhäusern in Deutschland mit Ethylen begast, um dadurch den Reifungsprozess zu beschleunigen. Bei der Lagerung von Obst hat es jedoch auch den Nachteil, dass reifes Obst zu einem weiteren Reifungsprozess und dadurch zum schnelleren Verderben geführt wird. Bei gentechnisch veränderten Tomaten, die nicht so schnell matschig werden, wurde die Ethylensynthese durch Genveränderung reduziert. Ethylen spielt jedoch nicht nur bei der Fruchtreifung eine Rolle, sondern auch bei Keimung und Wachstumsvorgängen. Hier unterbindet es das Streckungswachstum.

2 Strukturformel von Indol-3-Essigsäure (IES)

Weitere Experimente folgten 1918 von ARPAD PAAL. Er entfernte die Spitze der Keimlinge und setzte sie seitlich versetzt wieder auf. Das Wachstum erfolgte nur auf der Gewebeseite, auf der die Spitze des Keimlings befestigt war. Dies führte zu einer Krümmung in die Richtung, in der keine chemischen Substanzen an das Gewebe abgegeben wurden. PAAL folgerte daraus, dass die Krümmung beim Fototropismus durch unterschiedliche Mengen an den chemischen Substanzen ausgelöst wird, die je nach Konzentration zu einem stärkeren bzw. schwächeren Wachstum führen (Abb .1c).

Durch weitere Experimente von FRITS WENT 1926 konnte der stoffliche Charakter der Informationsweitergabe eindeutig nachgewie-

Aufgaben

① Fassen Sie anhand der Abbildungen 1 und 2 und des Textes zusammen, welche wissenschaftlichen Erkenntnisse aus den jeweiligen Versuchen gezogen werden konnten und geben Sie an, welche Fragen zum Fototropismus und der Bedeutung der Phytohormone offen blieben.

② Informieren Sie sich, welche Bedeutung das Ethylen im Blumenhandel hat und verfassen Sie darüber ein Kurzreferat.

Neurobiologie und Verhalten

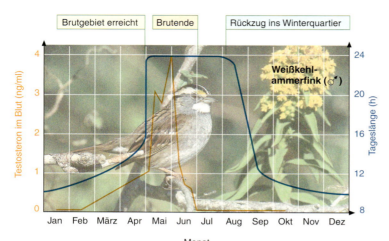

1 Brutverhalten und Hormone beim Weißkehlammerfink

Hormone und Verhalten

Beim Weißkehlammerfink, der in Alaska brütet und in Kalifornien überwintert, wurde nachgewiesen, dass Wandertrieb und Brutpflegeverhalten durch Hormone beeinflusst werden (Abb. 1). Im Gegensatz zur kurzfristigen, lokalen Wirkungsweise des Nervensystems werden Hormone im gesamten Organismus verteilt, d. h. sie wirken systemisch und deshalb auch länger anhaltend. Dabei gilt grundsätzlich: Ein veränderter Hormonspiegel hat lediglich Auswirkungen auf die Handlungsbereitschaft. Nicht die Form oder der Ablauf einer Verhaltensweise wird durch Hormone gesteuert, sondern nur die Häufigkeit und Intensität ihres Auftretens in einer bestimmten Reizsituation.

Dass die Häufigkeit, mit der ein Verhalten auftritt, tatsächlich von einem bestimmten Hormon abhängt, lässt sich z. B. durch Messung des Hormonspiegels im Blut experimentell untersuchen. Eine Hormondrüse kann auch operativ entfernt werden, um die Auswirkungen auf das Verhalten zu erforschen (Abb. 2). Durch anschließende Hormongabe lässt sich nachweisen, dass das Verhalten unter Hormoneinfluss noch ausgeführt werden kann.

Hormone haben häufig eine Reihe unterschiedlicher Wirkungen. Das bei allen Säugetieren vorkommende Hormon *Oxytocin* wird bei Schafen während der Geburt ausgeschüttet. Neben einer Wehen auslösenden Wirkung fördert es die Bindung des Mutterschafes an das Neugeborene. Trennt man das Lamm sofort von der Mutter, wird es bei späterem Kontakt von ihr in der Regel abgelehnt. Nach künstlicher Verabreichung von Oxytocin setzt die Fürsorge wieder ein. Bei Präriemaus-Weibchen fördert es die Paarbindung und senkt die Häufigkeit von aggressiven Verhaltensweisen.

In unterschiedlichen Regionen der Säugetiergehirne wurden Rezeptoren gefunden, die bei Auftreten von Oxytocin bei manchen Neuronen zu einer Erhöhung der Erregbarkeit führen, während sie sie bei anderen vermindern. In den Gehirnen von Tieren derselben Art treten die Oxytocinrezeptoren in unterschiedlicher Dichte auf. In Experimenten zeigen sie eine entsprechend unterschiedliche Empfindlichkeit auf das Hormon. Hormone haben großen Einfluss auf das Verhalten. Sie wirken aber nicht unabhängig von anderen Faktoren. So tritt die Wirkung des Oxytocins auf das Brutpflegeverhalten nur in der Paarungszeit auf (→ 170/171).

Aufgabe

1. Während der Balz trägt das Zebrafinkenmännchen ständig einen kurzen Balzgesang vor. Dessen Häufigkeit ist ein gutes Maß für die Handlungsbereitschaft zur Balz. Einer Gruppe von Tieren werden die Hoden entfernt. Bei einer Kontrollgruppe führt man nur eine Scheinoperation durch. Anschließend vergleicht man die Balzaktivität beider Gruppen.
   a) Beschreiben und deuten Sie den in Abbildung 2a dargestellten Befund.
   b) Die kastrierten Tiere erhalten viermal in kurzer Folge Testosteron. Wie ist das Ergebnis (Abbildung 2b) zu interpretieren?

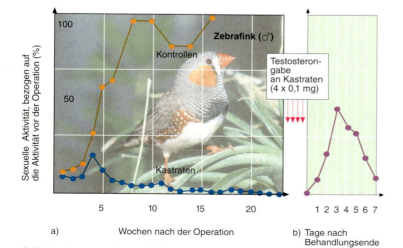

2 Kastrationsexperiment bei Zebrafinken

Neurobiologie und Verhalten

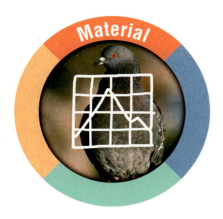

Brutverhalten bei Lachtauben

Der amerikanische Verhaltensforscher DANIEL S. LEHRMANN untersuchte das Brutverhalten von Lachtauben, auch unter dem Einfluss von Hormonen.

Versuchsreihe 1

1. LEHRMANN setzte einzeln gehaltene Lachtaubenmännchen bzw. -weibchen in einen Käfig und bot ihnen 7 Tage später Nistmaterial und ein fertiges Nest mit zwei Eiern an. Keines der Tiere betrieb Nestbau oder brütete.
2. Jeweils ein Männchen und ein Weibchen, die vorher einzeln gehalten wurden, wurden mit einem fertigen Nest mit zwei Eiern in einen Käfig gesetzt (Abb. 1a).
3. Um herauszufinden, ob die Tiere sich erst an den Käfig gewöhnen müssen, setzte er die Tiere 7 Tage vorher paarweise in den Käfig und trennte sie durch eine Milchglasscheibe, die er am 7. Tag entfernte (Abb. 1b).
4. In einem weiteren Versuch setzte LEHRMANN Taubenpaare in einen leeren Käfig und gab ihnen 7 Tage später ein Nest mit zwei Eiern (Abb. 1c).

Aufgabe

① Schließen Sie aus den Versuchsergebnissen, welche Reize bei den Lachtauben Nestbau bzw. Brüten auslösen können und begründen Sie Ihre Aussagen.

Versuchsreihe 2

Der zeitliche Abstand zwischen dem Bieten der Reize und dem Auftreten der Handlungen führte zu der Hypothese,

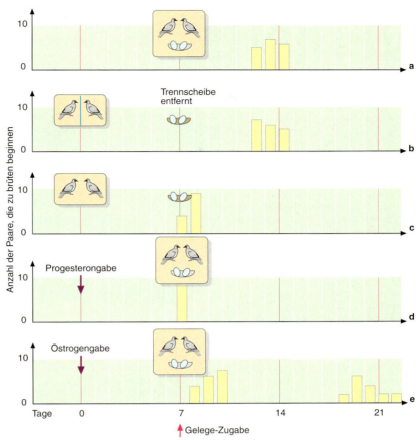

1 Brutverhalten bei Lachtauben

dass die Reize nicht direkt die Handlungen auslösen, sondern Hormondrüsen anregen.

Zur Überprüfung der Hypothese verabreichte LEHRMANN den Taubenweibchen das Hormon Progesteron oder Östrogen. Die Versuchsbedingungen und Ergebnisse sind in Abbildung 1d und e wiedergegeben.

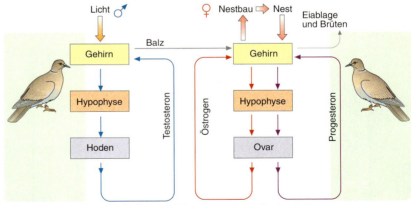

2 Zusammenwirken von Reizen und Hormonen beim Brutverhalten

Aufgaben

② Interpretieren Sie die Versuchsergebnisse (Abb. 1d und e).
③ Nehmen Sie Stellung zu der von LEHRMANN aufgestellten Hypothese zur Hormonwirkung auf das Verhalten.
④ Erklären Sie alle Versuchsergebnisse mithilfe von Abbildung 2.

Neurobiologie und Verhalten

Verhalten

Gegenstand der Verhaltensbiologie sind Verhaltensweisen von Tieren und Menschen, die mit den Methoden der Biologie naturwissenschaftlich erforscht werden können. Dabei bezeichnet man als „Verhalten" alle beobachtbaren Bewegungsabläufe, Körperstellungen und Lautäußerungen eines Lebewesens einschließlich der Ruhezustände. Dabei kann zwischen Reaktionen auf Reize und spontanen Aktionen unterschieden werden und nicht selten stellt sich die Frage, ob und inwieweit das Verhalten durch Erfahrung verändert wird.

Die Frage, warum sich ein Organismus in einer spezifischen Situation nach einem bestimmten Muster verhält, lässt sich verschiedenen Bereichen zuordnen. In den Anfängen der Verhaltensforschung unterschied man zwischen angeboren oder erlernt. Man trennte strikt zwischen tierischem und menschlichem Verhalten und betrachtete alles unter dem Prinzip der Arterhaltung.

Heute kann man die Fragestellungen zwei großen Komplexen zuordnen: Einerseits gibt es die Suche nach den unmittelbaren Zusammenhängen *(proximate Ursachen)*. Physiologische Mechanismen, die von inneren Bedingungen und auslösenden Reizen abhängig sind, werden ebenso wie entwicklungsbedingte Abläufe untersucht. Eine mögliche Fragestellung wäre: Wie können bestimmte Nervenschaltungen oder Hormonwirkungen ein Verhalten begründen?

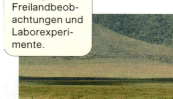

Auskunft darüber geben Freilandbeobachtungen und Laborexperimente.

Zuerst stellt sich die Frage: Welches Verhalten gibt es?

84

Andererseits gibt es die Suche nach den grundlegenden Zusammenhängen *(ultimate Ursachen)*. Hier stehen stammesgeschichtliche Entwicklungen und ökologische oder innerartliche Anpassungsvorgänge im Vordergrund, meist unter dem Aspekt einer Kosten-Nutzen-Betrachtung. Warum haben sich besondere Nervenverschaltungen und Hormonwirkungen in der Evolution durchgesetzt? Welchen Vorteil bieten sie dem Individuum?

> Wie funktioniert Verhalten zu einem bestimmten Zeitpunkt und was löst es aus?

Derartige Phänomene untersucht die *Soziobiologie*. Durch diesen Zweig der Verhaltensforschung wurde u. a. deutlich, dass das Sozialverhalten weitgehend von den ökologischen Rahmenbedingungen abhängt, unter denen es in der Evolution entstand. Neue Fragestellungen zur reproduktiven Fitness eines Individuums oder zur Bedeutung des Altruismus (scheinbar selbstloses Handeln) lassen auch das Verhalten des Menschen in neuem Licht erscheinen.

> Warum gibt es das Verhalten „so und nicht anders" und wozu dient es?

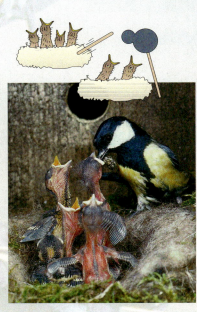

85

1 Fragestellungen in der Verhaltensforschung

Kausale und funktionale Fragen

Das Verhalten der Tiere wird im Einzelfall aus verschiedenartigen Beweggründen untersucht, etwa weil eine vom Aussterben bedrohte Art gerettet werden soll oder um eine optimale Haltung für ein Nutztier zu finden. Im Allgemeinen sind Verhaltensforscher aber daran interessiert, Grundprinzipien zu finden, die auf die Verhaltensweisen vieler Tiere und auch der Menschen zutreffen. Solche Forschungen gehen von verschiedenartigen Ansatzpunkten aus.

Monarchfalter

Raupe

Das Beispiel Monarchfalter

Die fast 10 cm großen Schmetterlinge haben sich in enger Beziehung zu giftigen Pflanzen *(Schwalbenwurzgewächse)* entwickelt, die es von den Tropen bis hinauf nach Kanada gibt. Nach der Paarung legen die Weibchen mehrere hundert Eier auf den Futterpflanzen ab. Die auffallend gefärbten Raupen häuten sich innerhalb von 14 Tagen fünfmal. Giftstoffe, die in den Blättern der Schwalbenwurzgewächse enthalten sind, schaden den Raupen nicht, sondern werden über einen komplizierten Stoffwechselweg in den Körperzellen gespeichert. Die Tiere erwerben auf diese Art eine Giftigkeit, die auch die adulten Schmetterlinge vor Fressfeinden schützt. Frisch geschlüpfte Falter sind sofort wieder fortpflanzungsfähig, sodass innerhalb eines Monats eine zweite und dritte Sommergeneration entstehen kann. Die letzte Generation schlüpft unter dem Einfluss kürzer werdender Tage und kühlerer Nächte. Sie wird nicht sofort geschlechtsreif, besitzt kräftige Flugmuskeln und beginnt schon bald ihre Wanderung zu den Winterquartieren.

Dabei unterscheiden sich in Nordamerika drei größere Populationen (Abb. 87.1): Die *Westküstenschmetterlinge* aus den Bergen von Kalifornien, Oregon und Washington ziehen an die kühle und feuchte Küste Kaliforniens. Sie überwintern in einem starreähnlichen Zustand in den wenigen Eukalyptus- und Nadelwäldern. Im Frühling erwachen die Tiere, zeigen ein genetisch fixiertes Hochzeitsritual und verteilen sich dann nordostwärts in Richtung der Berge.

Die zweite *Population aus dem Inneren von Nordamerika* wandert im Spätsommer in Schwärmen von mehreren Billionen Tieren nach Zentralmexiko. In der Sierra Madre werden die bis zu 3000 m hoch gelegenen Täler mit hoher Luftfeuchtigkeit und geringen Temperaturen aufgesucht. Dort überwintern die Tiere an etwa dreißig Stellen von wenigen Hektar Größe an mexikanischen Tannen. Die Bäume sind dann im mittleren Bereich fast vollständig von übereinander hängenden Tieren bedeckt. Sie verbringen bis zu fünf Monate in diesen „Schlafgesellschaften". Mitte März kommen die dann fortpflanzungsfähigen Falter in langsam fliegenden riesigen Strömen in die Täler, saugen Nektar an Frühlingsblumen und nehmen das dringend benötigte Wasser auf, bevor sie zurück in die zentralen Teile Nordamerikas fliegen. Paarungen finden im Überwinterungsquartier und auf dem Rückflug statt. Die Eiablage kann schon unterwegs erfolgen, sodass die nordwärts gerichtete Wanderung auch von den schlüpfenden Nachkommen aufgenommen wird.

Von der *Ostküstenpopulation* wandert ein großer Prozentsatz von Neu-England und den nordatlantischen Staaten in das südliche Georgia und nach Florida. Im Gegensatz zu den beiden anderen Populationen verharren diese Schmetterlinge in einem Zustand potenzieller Fortpflanzungsfähigkeit und bilden keine Schlafgesellschaften. Sie und ihre Nachkommen vermehren sich während der ganzen Zeit in den Gebieten. Im Frühling wandern einige nordwärts entlang der Küste. Sie sind die ersten Tiere, die den nord-

1 Monarchfalter

Neurobiologie und Verhalten

östlichen Bereich bevölkern. Später stoßen dann zu ihnen auch verdriftete Exemplare aus dem Mittelwesten. Die drei Monarch-Populationen können sich untereinander fruchtbar fortpflanzen, gehören also nach der genetischen Artdefinition zu einer gemeinsamen Spezies.

Proximate und ultimate Begründungen

Das Verhalten der Schmetterlinge kann aus der Sicht verschiedener biologischer Disziplinen erforscht werden. Ein Ausgangspunkt für verhaltensbiologische Forschungen kann z. B. die Tatsache sein, dass die Schmetterlinge lange Wanderungen durchführen und über eine Distanz von mehr als 5000 km zielgenau die Überwinterungsplätze in Mexiko finden.

Neurophysiologen und Verhaltensforscher untersuchen, wie die Tiere diese Leistung vollbringen können und welche Reize oder genetische Faktoren dieses Verhalten auslösen bzw. beeinflussen. Entsprechend ihrer inneren Uhr folgen die Falter offenbar ähnlich den Bienen einem Sonnenkompass. Diese Erkenntnisse der *kausalen Zusammenhänge*, die in einem Tier zur Auslösung und Kontrolle eines bestimmten Verhaltens führen, fasst man als *proximate Ursachen* zusammen. Damit befasst sich die *Ethologie*.

Andere Verhaltensforscher und Ökologen fragen danach, welche Vorteile ein Wanderverhalten gegenüber dem Verbleiben an einem Ort hat. Viele nicht wandernde Schmetterlingsarten überwintern als Larve oder Puppe an geschützten Orten und überstehen so ungünstige klimatische Bedingungen und Ernährungssituationen, ohne die Gefahren und den Energieaufwand eines langen Zuges. Welche Angepasstheit sich hinter dem Wanderverhalten verbirgt, versucht die *Verhaltensökologie* zu klären (s. Seite 89).

Das Paarungsverhalten und die soziale Organisation der Sommergeneration unterscheiden sich von dem der wandernden Schmetterlinge. Im Sommer sind die einzeln lebenden Tiere gleich nach dem Verlassen der Puppenhülle paarungsbereit. Weibliche Tiere bekommen von den Männchen sofort nach dem Schlüpfen ein großes Spermapaket *(Spermatophore)*, das sowohl Spermien als auch Nährstoffe für das Weibchen enthält. Dieser Paarungsvorgang dauert fast sechs Stunden und ist sehr komplex. Ein Weibchen, das sich drei- oder viermal paart, erhält so einen erheblichen Prozentsatz der Nährstoffe, die für die Eiablage und das Überleben notwendig sind. Unabhängig vom auslösenden Mechanismus für dieses Verhalten, kann man danach fragen, welchen Vorteil es gegenüber anderen Verhaltensalternativen hat. Wenn man unterstellt, dass im Verlauf der Evolution immer diejenigen Lebewesen mehr Nachkommen hatten, deren Verhalten besser angepasst war, fragt man sich: Welche Funktion hat das Verhalten und welchen Vorteil bringt es für den Fortpflanzungserfolg der jeweiligen Tiere? Diese *ultimaten Ursachen* des Verhaltens untersucht die *Soziobiologie*.

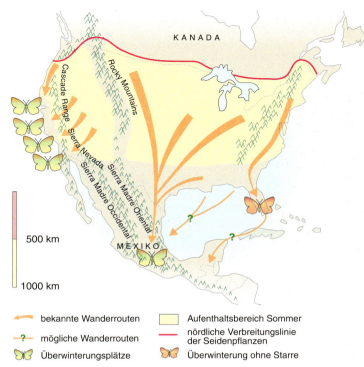

1 Wanderwege der Monarchfalter

Aufgaben

① Erläutern Sie allgemein die Begriffe proximate und ultimate Ursachen von Verhaltensweisen.

② Analysieren Sie das Beispiel des Monarchfalters und listen Sie mögliche proximate und ultimate Ursachen einzelner Verhaltensweisen auf.

③ Verschiedene einheimische Tierarten wie Igel oder Eichhörnchen zeigen ebenfalls jahreszeitabhängige Änderungen ihres Verhaltens. Formulieren Sie für Untersuchungen dazu vergleichbare proximate und ultimate Fragestellungen.

Neurobiologie und Verhalten

Zur Geschichte der Verhaltensforschung

Drei große Epochen kennzeichnen die Geschichte der Verhaltensforschung: Die *frühen Vorfahren* der heutigen Menschen beobachteten das Verhalten der Tiere, orientierten ihre Jagdmethoden an überlieferten Kenntnissen und zähmten Tiere als Gefährten oder Helfer. In der folgenden *vorwissenschaftlichen Phase* mischten sich oft reine Beobachtungen und religionsbezogene Interpretationen. Auch in Fabeln taucht tierisches Verhalten auf. Naturbeobachter, die präzise das Verhalten einzelner Tiere beschrieben, hinterfragten aber erst im 18. und 19. Jahrhundert das beobachtete Verhalten. Daraus entwickelte sich die Epoche der *wissenschaftlichen Verhaltensanalysen* mit mehreren Hauptrichtungen.

Klassische Ethologie

Im europäischen Raum entstand aus der Tierpsychologie die *klassische Ethologie*, die im Wesentlichen durch Oskar Heinroth und Konrad Lorenz begründet wurde. Letztlich basierend auf dem Evolutionskonzept von Charles Darwin entwickelte sich daraus die *Theorie des Instinktverhaltens*. Ihre Anhänger vertraten die Ansicht, dass zahlreiche Verhaltensweisen angeboren sind und bei allen Vertretern einer Art formkonstant ablaufen. Diese *Erbkoordinationen* galten als Teil der Instinkthandlungen, die eine vergleichende Verhaltensforschung erlaubten. Tiere mit von der Norm abweichendem Verhalten wurden von Lorenz als nicht relevant betrachtet (*Typusdenken*). Das Instinktverhalten wird nach diesem Denkansatz von handlungsbereiten Tieren ausgeführt und von bestimmten *Schlüsselreizen* ausgelöst. Voraussetzung zum Ausfiltern dieser Erregungsmuster soll ein *angeborener auslösender Mechanismus (AAM)* sein. Beispiele sind das Beutefangverhalten der Erdkröte oder die Eirollbewegung der Graugans.

Appetenz

Verlassen des Verstecks, Wartestellung

Taxis

orientiertes Sich-Zuwenden oder Anschleichen

Endhandlung

beidäugiges Fixieren und Zuschnappen

weitere Reaktionen

Schlucken, Maulwischen

Beutefangverhalten der Erdkröte

1951 verfasste Nikolaas Tinbergen das Lehrbuch *„Instinktlehre"*. Unter anderem wurde am Fortpflanzungsverhalten des Dreistacheligen Stichlings eine Hierarchie angeborener Auslösemechanismen und motorischer Zentren gefordert, die Verhaltensbeobachtungen und die Ergebnisse neurophysiologischer Untersuchungen zusammenbringen sollten. Einen anderen Ansatz wählte der österreichische Zoologe Karl von Frisch. Mithilfe von Dressurversuchen konnte er den Farbensinn der Bienen und ihre Fähigkeit, ultraviolettes Licht zu sehen, nachweisen. Außerdem zeigte die Entschlüsselung der Bienensprache, wie komplex ein erblich bedingtes soziales Kommunikationssystem sein kann. 1973 erhielten Konrad Lorenz zusammen mit Karl von Frisch und Nikolaas Tinbergen den Nobelpreis.

Behaviorismus

1912 begründeten die amerikanischen Biologen J. B. Watson und E. L. Thorndike eine Verhaltensforschung, die alle subjektiven Begriffe vermied und keine Aussagen über die inneren Bedingungen der Tiere machte. Dieser sog. *Behaviorismus* lieferte wesentliche Beiträge zur Lerntheorie (s. Seite 106).

1 Konrad Lorenz und seine Gänse

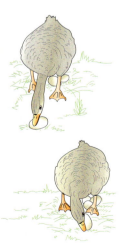

2 Graugans

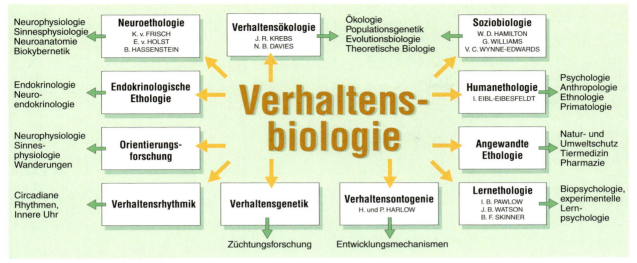

1 Teildisziplinen der Verhaltensbiologie

Vergleichende Psychologie

Während des Aufschwungs der klassischen Ethologie in Europa entwickelte sich in Nordamerika aus dem Behaviorismus heraus eine vergleichende Psychologie, die im Wesentlichen proximate Fragen an wenigen Arten untersuchte. Vertreter dieser Forschungsrichtung widmeten sich z. B. der Verhaltensforschung an Primaten, Freilandstudien an Ameisen oder dem Sozialverhalten verschiedener Wirbeltiere. Eine gemeinsame synthetische Theorie fehlte aber.

Bereits in der ersten Phase der Annäherung zwischen den europäischen Ethologen und den amerikanischen Psychologen wurden zentrale Punkte der Instinkttheorie kritisiert. In den 70er-Jahren des vorigen Jahrhunderts kristallisierten sich dann die zwei Forschungsrichtungen heraus, die die moderne Verhaltensbiologie charakterisieren: die *Verhaltensökologie* und die *Soziobiologie* (s. Seite 87).

Verhaltensökologie

Schwerpunkt dieser Teildisziplin ist der Überlebenswert des Verhaltens unter Berücksichtigung der ökologischen Rahmenbedingungen. JOHN KREBS und NICHOLAS DAVIES beschreiben vielfältig, wie das Verhalten zum Überleben und zum Fortpflanzungserfolg der Tiere beiträgt und wie stark dieses Verhalten von der physikalischen Umwelt, den Konkurrenten, der Nahrung, den Räubern und anderen ökologischen Faktoren abhängt. Hierbei werden nicht nur ökologische Aspekte berücksichtigt, sondern auch evolutionsbiologische. Um evolutionäre Grundprinzipien zu identifizieren, wird konsequent das Verhalten verschiedener Arten verglichen, Kosten und Nutzen einer Verhaltensweise analysiert und bestimmte Verhaltensstrategien untersucht.

Soziobiologie

Die evolutionsbiologischen Funktionen des Sozialverhaltens untersucht diese zweite moderne Teildisziplin der Verhaltensbiologie. Themen sind z. B., welche Vor- und Nachteile Verhaltensunterschiede für die individuelle Fitness haben und wie sie sich auf die gesamte Population auswirken oder welchen Beitrag die Gene zur Entwicklung und Ausprägung einer Verhaltensweise liefern. Die wichtigsten Faktoren, die zum Gesamtfortpflanzungserfolg *(Fitness)* beitragen, sind:
— Ressourcennutzung (Nahrung, Habitat, Orientierung)
— Räubervermeidung (wie z. B. Mimikry und Effekte von Parasiten)
— Fortpflanzung (Partnersuche und Partnerwahl, Konflikte im Umfeld)
— Jungenaufzucht (u. a. Brutpflege).

Mit welchen Themen sich weitere Teildisziplinen der Verhaltensbiologie beschäftigen, zeigt die Abbildung 1.

Aufgabe

① Welche Teildisziplinen untersuchen eher proximate und welche eher ultimate Ursachen von Verhalten?

Neurobiologie und Verhalten

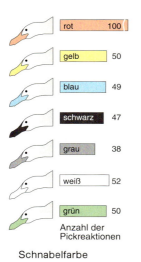
Schnabelfarbe

1 Silbermöwe fütternd

2 Attrappenversuch

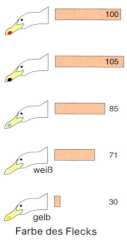
Farbe des Flecks

Entscheidungen naiver und erfahrener Tiere

Konzepte der klassischen Ethologie

Silbermöwen brüten in Kolonien. Dort kann man folgende Teile des Brutpflegeverhaltens beobachten: Die Altvögel landen in der Nähe des Nestes und stoßen einen langgezogenen Ruf aus. Antworten die frisch geschlüpften Küken, nähern sich die Altvögel dem Nest und würgen halbverdaute Nahrung auf den Boden. Einige kleinere Brocken werden zwischen den Schnabelspitzen den Jungen präsentiert. Der Altvogel steht dabei mit nach unten geneigtem Kopf. Am gelben Schnabel besitzt die Silbermöwe einen roten Fleck. Das Küken pickt nach der Schnabelspitze, wobei die Bewegungen in den ersten Tagen noch schlecht ausgerichtet sind. Es kann Nahrung vom Boden aufnehmen. Das Betteln der Küken, d.h. das Picken gegen die Schnabelspitze, kann auch vor dem Hervorwürgen der Nahrung erfolgen.

Aus diesen Beobachtungen im Freiland ergaben sich für Nikolaas Tinbergen und seine Mitarbeiter zahlreiche Versuchsserien, die klären sollten, ob der rote Fleck auf dem gelben Schnabel ein *Schlüsselreiz* für die *Instinkthandlung* des Futterbettelns ist (s. Seite 91). Den zumeist frisch geschlüpften Küken bot man unterschiedliche Pappscheiben als Kopfattrappen, die Pickreaktionen wurden registriert und die Mittelwerte für jede *Attrappe* gebildet (s. Randspalte).

Die Experimente von Tinbergen wurden von anderen Forschern wiederholt. Dabei zeigten sich weniger eindeutige Ergebnisse. Insbesondere durch die Versuche von Ursula Eypasch 1983 und die Veröffentlichungen von Hanna-Maria Zippelius 1993 ergaben sich Zweifel, ob hier tatsächlich ein Schlüsselreiz einen *angeborenen Auslösemechanismus (AAM)* anspricht und eine *Erbkoordination* auslöst (s. Seite 91). Vielmehr scheinen die Küken sehr schnell durch die Futtergabe bestimmte Reizkonstellationen zu lernen. (→ 176/177)

Nicht nur durch diese Versuche geriet das *Schlüsselreizkonzept* und das *Instinktkonzept* ins Wanken. Neurophysiologische Untersuchungen an Stabheuschrecken legten ebenso wie die immer besseren Beobachtungsmöglichkeiten der Gehirnreaktionen von Wirbeltieren die Vermutung nahe, dass die Organismen keineswegs automatenhaft auf ihre Umwelt reagieren. Das Verhalten der Tiere ist viel flexibler und stärker von äußeren Umständen oder inneren Faktoren abhängig als es die klassische Ethologie nahe legte.

Der rote Bauch des Stichlings (s. Seite 102) oder der rote Fleck auf der Schnabelspitze der Möwe kann durchaus eine Reaktion auslösen, muss aber nicht der Schlüsselreiz für die Instinkthandlung sein. Ebenso können *endogene Faktoren* wie Erfahrungen, Ernährungs- und Entwicklungszustand, genetische Grundlagen oder die hormonelle Situation und darüber hinaus *exogene Faktoren*, wie eine besondere Aufmerksamkeit erzeugende Reizkonstellation, auslösende Reize für ein bestimmtes Verhalten sein. Dieses Verhalten kann sich auch ändern. Somit erhalten die ursprünglichen Konzepte zunehmend eine andere Bedeutung.

Neurobiologie und Verhalten

Lexikon

Instinktlehre – in die Kritik geraten

KONRAD LORENZ und die Instinktlehre regen seit mehr als 50 Jahren die Verhaltensbiologen zu ausgedehntem Widerspruch und einer Fülle von Untersuchungen an.

Der Instinktbegriff

Der Begriff „Instinkt" ist emotional besetzt und wird in vielfältiger und unpräziser Weise benutzt. Das „instinktiv richtige Reagieren" des Autofahrers in einer Gefahrensituation entbehrt ebenso jeder Grundlage wie die Behauptung, dass Tiere aufgrund ihrer Instinkte „automatisch richtig" reagieren. Schon früh wurde daher auch in der Ethologie nicht von dem *Instinkt*, sondern von dem *Instinktverhalten* gesprochen. Es beschrieb einen genetisch bedingten Verhaltensablauf, der aus einer Orientierungs- und einer Bewegungskomponente besteht. Die Orientierungskomponente *(Taxis)* ist im Beutefangverhalten das gezielte Annähern an die Beute und die Bewegungskomponente *(Erbkoordination, Endhandlung)* das Fixieren und Zuschnappen. Dem kann ein ungerichtetes Suchen *(Appetenzverhalten)* vorangestellt sein. Bei der Nahrungssuche wird damit die Wahrscheinlichkeit größer, auf Beute zu treffen.

Da nur wenige Verhaltensmuster diesem starren Schema folgen, wurde zunächst noch eine *Instinkt-Dressur-Verschränkung* z. B. für die obligaten Lernvorgänge angenommen (Beispiel: Eichhörnchen, das zunächst wahllos nagt und dann mit verfeinerter Technik schneller an das Nussinnere gelangt). Heute verzichtet man weitgehend auf den Begriff „Instinkt", da angeboren und erlernt nicht notwendigerweise einen Widerspruch darstellen.

Die Handlungsbereitschaft

Der von LORENZ für die Motivation eingeführte Begriff der *aktionsspezifischen Energie* forderte insbesondere im Zusammenhang mit dem psychohydraulischen Modell die Kritiker heraus. Eine Erregung sollte durch innere oder äußere Faktoren solange anwachsen, bis schließlich die Schwelle des zugehörigen angeborenen Auslösemechanismus überschritten wird oder ein Schlüsselreiz einwirkt, der die Endhandlung auslöst. Die Qualität des auslösenden Reizes und die inneren Zustände sollten die Handlungsintensität bestimmen *(Gesetz der doppelten Quantifizierung)*.

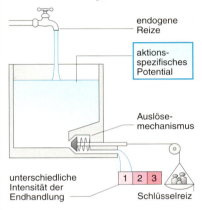

Zahlreiche verhaltensbiologische und neurophysiologische Versuche konnten ein entsprechendes Instinktzentrum im Gehirn jedoch nicht nachweisen. Die Wahrscheinlichkeit, dass ein bestimmtes Verhalten ausgeführt wird, ist u. a. von der Tages- oder Jahreszeit, der endogenen Rhythmik, der Hormonsituation, dem Versorgungs- und Gesundheitszustand, dem Alter des Tieres, ökologischen Bedingungen und vor allem von den bereits gemachten Erfahrungen abhängig.

Der Schlüsselreiz

Der Begriff leitet sich von dem Konzept ab, dass ein *angeborener auslösender Mechanismus (AAM)* die eingehenden Reize filtert und das Muster, das die genaue Passform hat, erkennt. Soziale *Schlüsselreize*, die einer unmissverständlichen Kommunikation dienen, wurden als Auslöser bezeichnet und bevorzugt mit *Attrappenversuchen* analysiert. Mit zunehmend genaueren Untersuchungsmethoden konnte einerseits gezeigt werden, dass nicht ein einzelner Reiz, sondern komplexe Reizmuster und Reizkonstellationen Handlungen auslösen. Andererseits sind die neuronalen Mechanismen der Informationsverarbeitung zwar noch nicht vollständig aufgeklärt, sicherlich aber flexibler als eine einfache Schlüssel-Schloss-Beziehung.

Die Leerlaufhandlung

Führt ein Tier eine Handlung lange nicht aus, soll durch Anstauen von Handlungsbereitschaft ein zunehmend schwächerer Reiz zu ihrer Auslösung notwendig werden, bis schließlich auch ohne Einwirken eines Reizes die sog. *Leerlaufhandlung* auftritt. An einem Star, den LORENZ im Haus aufzog, beobachtete er, dass „der Vogel gespannt nach der weißen Decke des Zimmers blickte, als ob dort Insekten flögen, dann abflog, in der Luft zuschnappte, auf seine Warte zurückkehrte, die Bewegung des Totschüttelns von Beute vollführte, schluckte und danach in Ruhe verfiel". Die Übertragung dieser Vorstellung auf andere Verhaltensweisen, insbesondere auf die *Triebtheorie der Aggression*, hielt jedoch wissenschaftlichen Nachprüfungen nicht stand. Man kennt haltungsbedingte Bewegungsstereotypien z. B. bei Zootieren, die Bewegungen unter gleichbleibenden Bedingungen immer wieder ausführen, sodass sich ein starres und für den Beobachter sinnloses Bewegungsmuster einschleift.

Die Übersprungbewegung

In manchen Konfliktsituationen treten Verhaltensweisen auf, die einem Beobachter unpassend oder deplatziert erscheinen: Hähne aller Haushuhnrassen unterbrechen gelegentlich ihren Kampf und zeigen Pickbewegungen, obwohl keine Nahrung vorhanden ist. Austernfischer stecken beim Anblick ihres Spiegelbildes ihren Schnabel ins Gefieder und beginnen zu „schlafen". Derartige scheinbar unsinnige Handlungen wurden als *Übersprungbewegungen* interpretiert, d. h. durch die gegenseitige Hemmung gleichstarker Antriebe für zwei Verhaltensweisen sollte eine dritte möglich werden. Neuere Modelle gehen davon aus, dass das gezeigte Verhalten für das Tier durchaus eine Bedeutung haben kann, wenn damit etwa sein Kampf- oder Reproduktionserfolg erhöht wird.

Neurobiologie und Verhalten 91

Methoden in der Verhaltensforschung

Annäherung

Flossenschlagen

Zittern

Säubern

Ablaichen

Verhaltensweisen eines Buntbarschs

Buntbarsche sind beliebte Aquarienfische und eignen sich zur Beobachtung zahlreicher Verhaltensweisen. Untersuchungen an einzelnen Individuen und die objektive Erfassung der wiedererkennbaren und typisierbaren Verhaltenseinheiten können den Ausgangspunkt methodischer Arbeit bilden. Werden alle beobachteten Verhaltensweisen in ihrer Reihenfolge und Häufigkeit protokolliert, erhält man Aussagen über bestimmte Teilbereiche wie z. B. zur Balz, Brutpflege, Ernährung oder zum Revierverhalten.

Derartige *Verhaltensbeschreibungen* müssen stets sachlich sein, sich einer genauen *Fachsprache* bedienen und Beobachtung von Deutung trennen. Sie dürfen keine Vermenschlichungen oder Wertungen enthalten. So wird man heute den Fuchs wohl kaum noch als „Schlaukopf" oder „Strauchdieb" bezeichnen wie es ALFRED BREHM in seinem „Thierleben" 1864 tat.

Molekularbiologische Methoden wie die des genetischen Fingerabdrucks helfen, Verwandtschaftsbeziehungen in Sozialverbänden aufzudecken und damit Verhaltensweisen zu deuten. *Technische Hilfsmittel*, wie tragbare Kleinsender, Film oder Tonaufzeichnungen, erleichtern die Beobachtungen, erfordern aber meist einen großen apparativen und zeitlichen Aufwand. Gezielte Versuche im Labor oder unter den besonderen Bedingungen im Zoo können erste Aussagen liefern und das Untersuchungsfeld einschränken. Umgekehrt werden aber auch manche *Laborexperimente* erst im Zusammenhang mit *Freilandbeobachtungen* verständlich. Beispielsweise trat beim Versuch, Bartmeisen in Gefangenschaft zu züchten, die zunächst unverständliche Verhaltensweise auf, dass die Vögel ihre Jungen nach dem erfolgreichen Brutgeschäft regelmäßig aus dem Nest warfen. Da es stets reichlich Nahrung gab, lagen die Jungen satt und regungslos im Nest und zeigten nicht mehr das übliche Sperrverhalten. Genau dies ist im Freiland ein Zeichen dafür, dass Junge krank oder tot sind. Erst als man den Altvögeln weniger Futter anbot, gelang die Jungenaufzucht problemlos.

Mit *Attrappenversuchen* sollte ermittelt werden, welche Einzelreize für die Auslösung eines Verhaltens von Bedeutung sind. Die künstlichen Reizmuster wurden vorwiegend zur Untersuchung genetisch bedingter Verhaltensweisen eingesetzt. Problematisch ist, dass man in diesen Experimenten Lernvorgänge nicht ausschließen kann und die unnatürlichen Bedingungen irreführende Ergebnisse liefern können. In so genannten *Kaspar-Hauser-Experimenten* wurden solche Tiere beobachtet, die das untersuchte Verhalten nicht von ihren Artgenossen lernen konnten, weil sie isoliert gehalten wurden. Unter solchen Bedingungen traten bei den Tieren häufig Verhaltensstörungen auf. Da Tiere nicht immer gleich reagieren, sind heute in allen Experimenten *statistische Verfahren* selbstverständlich, ehe ein Zusammenhang zwischen einem Reiz und einer Reaktion als gesichert gelten kann.

Neuere Untersuchungen bedienen sich meist gleichzeitig verschiedener Methoden, die – abhängig von einer kausalen oder funktionalen Fragestellung – stärker an physiologischen, ökologischen oder evolutionsbiologischen Mechanismen orientiert sind. Ein besonderes Problem stellt dabei das menschliche Verhalten dar. Humanethologen, die nach genetisch bedingten Verhaltensmustern suchen, müssen beispielsweise alle kulturellen und gesellschaftlichen Einflüsse ausschließen können. Soziobiologen oder Verhaltensökologen benötigen zur Untersuchung von Fitnesskonsequenzen menschlichen Verhaltens riesige Datenmengen. Ähnliches gilt für die Evolutionspsychologie, die versucht, heute zu beobachtende Verhaltensweisen mit Anpassungsprozessen aus der Vergangenheit zu erklären.

ettelkasten

Wahlversuche

In der Versuchsanordnung kann überprüft werden, nach welchen Kriterien Buntbarsche den Fortpflanzungspartner auswählen. Die Weibchen laichten in 16 von 20 Versuchen in Nest B ab. Die Weibchen beobachteten die Balzdarstellungen beider Männchen und laichten.

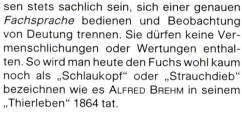

Aufgabe

① Analysieren Sie den Versuchsaufbau und erläutern Sie das Ergebnis unter Berücksichtigung kausaler und funktionaler Gesichtspunkte.

Neurobiologie und Verhalten

Wandkontakt bei Mäusen

Beobachtet man Mäuse in der Natur, so scheinen sie die Durchquerung freier Flächen zu vermeiden. Diese Hypothese lässt sich experimentell überprüfen.

Versuch 1

Material: Kunststofffolie, langes Lineal, Folienstift, Pappe, 1 Stoppuhr, pro Gruppe eine Labormaus, Protokollbogen mit 8 · 8 Kästchen

Vorbereitung:
Auf die Folie wird ein Gitternetz aus 8 · 8 Quadraten mit der Kantenlänge 10 cm gezeichnet. Die Folie kommt mit der Zeichnung nach unten auf den Tisch, damit die Tiere nicht vom Geruch des Stiftes abgelenkt werden. Entlang der äußeren Linien werden 20 cm hohe und mit Folie bezogene Streifen aus fester Pappe aufgestellt und außen mit Klebeband verbunden.

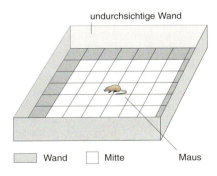

Durchführung:
Die Maus wird eingesetzt. Nach drei Minuten Eingewöhnungszeit gibt ein Gruppenmitglied alle drei Sekunden ein Zeichen. Der Protokollant notiert in diesen Zeitintervallen 5 Minuten lang in dem Protokollbogen jeweils den Aufenthaltsort der Maus. Für die Zuordnung ist stets die Nasenspitze des Tieres entscheidend. Um Duftmarken zu entfernen, sollte nach jeder Versuchsdurchführung die Folie abgewischt werden.

Aufgaben

① Ermitteln Sie die Anzahl der Fälle, in denen sich die Maus in Quadraten mit bzw. ohne Wandkontakt aufhält (Messwert f_M).

② Der Erwartungswert f_E (siehe statistische Auswertung) ergibt sich aus der Anzahl der Rasterquadrate für die beiden Bereiche (zu beachten: 5 · 20 Messwerte).

③ Werten Sie die Versuche mit dem χ^2-Test aus (siehe Kasten).

Versuch 2

Möglicherweise wird ein relativ häufiger Aufenthalt der Mäuse im Wandbereich festgestellt. Dies kann unterschiedliche Gründe haben, die durch Variation der Versuchsbedingungen weiter untersucht werden.

— Dazu wird die Folie auf eine Platte (80 · 80 cm) gelegt, die so aufgestellt wird, dass sich die Ränder mindestens 70 cm über dem Boden befinden. Eine äußere Begrenzung wird nicht angebracht. Eine weitere Veränderung der Versuchsanordnung kann ein Kasten sein, der vier mittlere Felder bedeckt. Die Auswertung der beiden Versuchsvariationen erfolgt wie in Versuch 1.

— Eine weitere Variante des Versuchsaufbaus liefert folgende Ergebnisse:

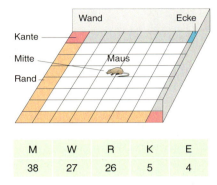

M	W	R	K	E
38	27	26	5	4

Aufgaben

④ Überprüfen Sie mit dem χ^2-Test, ob die Abweichung von der Erwartung in diesem Versuch signifikant ist.

⑤ Welche biologische Bedeutung hat das Verhalten der Mäuse in beiden Versuchsanordnungen? Beschreiben Sie jeweils proximate und ultimate Ursachen.

Statistische Auswertung

Der χ^2-Test ist ein statistisches Verfahren, mit dem sich feststellen lässt, ob eine Hypothese mit einer bestimmten Wahrscheinlichkeit zutrifft bzw. falsch ist. Zur Ermittlung der Wahrscheinlichkeit (P) legt man zunächst eine Tabelle entsprechend dem nebenstehenden Muster an und berechnet aus dem Erwartungswert f_E und dem Messwert f_M den χ^2-Wert. Die Zahl der Freiheitsgrade (F) ergibt sich aus der Anzahl der Variablen minus 1.

	f_E	f_M	$\frac{(f_M - f_E)^2}{f_E}$
Wand			
Mitte			
χ^2-Wert			$\Sigma =$

Beispiel: In Versuch 1 ist der Freiheitsgrad F = 1, da die Variablen Wand oder Mitte vorhanden sind.

Freiheits-grade (F)	P							
	0,5	0,3	0,1	0,05	0,025	0,01	0,005	0,001
1	0,455	1,07	2,71	3,84	5,02	6,64	7,88	10,8
2	1,39	2,41	4,61	5,99	7,38	9,21	10,6	13,8
3	2,37	3,67	6,25	7,82	9,35	11,3	12,8	16,3
4	3,36	4,88	7,78	9,49	11,1	13,3	14,9	18,5
5	4,35	6,06	9,24	11,1	12,8	15,1	16,8	20,5

In der entsprechenden Zeile für F sucht man den Wert auf, der dem errechneten entspricht oder ihn gerade unterschreitet. Oben in der Spalte findet man die Wahrscheinlichkeit dafür, dass die Abweichung von der Erwartung nur zufällig ist. Für P ≤ 0,05 gilt die Abweichung als signifikant.

Neurobiologie und Verhalten

1 Paviane beim sozialen Lausen

Beobachtungsmethoden

Beobachten und Protokollieren

In der Verhaltensforschung steht das Experiment neben der Beobachtung des Verhaltens unbeeinflusster Tiere. Beides ist in der Natur, aber auch in Aquarien, Terrarien und besonders gut im Zoo durchführbar, da hier die Tiere an die Anwesenheit des Menschen gewöhnt sind und weder flüchten noch ihr unmittelbares Verhalten durch die Beobachter verändern.

Jedes Tier zeigt von seiner Geburt bis zum Tod eine ununterbrochene Kette unterschiedlicher Verhaltensweisen (auch wenn es schläft). Das Verhalten besteht also aus wiedererkennbaren gleichen Einheiten, den *Verhaltenselementen*. Beginnt man die Erforschung des Verhaltens einer neuen, unbekannten Tierart, so besteht die erste Aufgabe darin, möglichst alle Verhaltenselemente zu beschreiben und in einem Katalog zusammenzufassen. Dies ist das so genannte *Ethogramm*. Die erste Frage muss daher heißen: Wie verhält sich ein Tier?

Darüber hinaus stellen sich eine Fülle von weiteren Fragen, von denen im Folgenden einige beispielhaft genannt sind:
— Wie oft zeigt ein Tier ein bestimmtes Verhalten?
— Wie viel Zeit verbrauchen bestimmte Verhaltensweisen?
— Wie verhalten sich Tiere zueinander?
— Gibt es eine Rangordnung?
— Wie bekommt man eine Rangordnung heraus? usw.

2 Guanakos

Planung einer Beobachtungsphase

Vor der Beobachtung von Verhalten muss festgelegt werden: Was soll beobachtet werden? Eine bestimmte Tierart oder ein bestimmtes Verhalten? Geht es um ein Verhalten, muss man eine geeignete Tierart aussuchen. Ist eine bestimmte Tierart gewünscht, dann muss man zunächst ein Ethogramm erstellen. Anfänger sollten mit Verhaltensweisen beginnen, die leicht erkennbar sind und die nicht zu häufig, aber auch nicht zu selten auftreten.

Verhaltenshäufigkeiten

Will man die Häufigkeit von Verhaltensweisen messen, dann betrachtet man das einzeln auftretende Verhaltenselement als Ereignis und vernachlässigt, dass es eine bestimmte Dauer hat. Gemessen wird dann mit einer Strichliste, wie häufig derartige Ereignisse auftreten. Stellt man derartige Listen für verschiedene Altersklassen und Geschlechter z. B. für Paviane auf, so kann man feststellen, wie häufig erwachsene oder junge Weibchen die Nähe älterer Männchen aufsuchen oder wie häufig Jungtiere von ihren Müttern geputzt werden.

Individualverhalten

Hat man sich für eine bestimmte Tierart und eine Verhaltensweise entschieden, sollte man klären, ob man das gewünschte Verhalten an allen Tieren einer Gruppe gleichzeitig beobachten kann. Dies geht nur, wenn das

Neurobiologie und Verhalten

Verhalten nicht zu häufig auftritt. Ansonsten kann man nicht alle Ereignisse protokollieren, weil man es bei Einzeltieren übersieht. In diesem Fall muss man das Verhalten eines Einzeltieres *(Focustier)* beobachten und protokollieren und nach einer vorher festgelegten Zeit auf ein anderes Tier der Gruppe wechseln. Mit Protokollen zum Individualverhalten kann z. B. geklärt werden, ob sich Jungtiere anders verhalten als Erwachsene.

Sozialverhalten

Neben dem Individualverhalten bietet es sich bei in Gruppen lebenden Tieren an, das Sozialverhalten zu untersuchen. Je nach Verwandtschaftsgrad werden einzelne Individuen die Nähe eines anderen suchen oder meiden. Jede Gruppe aus Tieren, die sich gegenseitig kennen, enthält derartige Sozialstrukturen, die sich durch geeignete Protokollmethoden herausfinden lassen. Voraussetzung ist, dass man die Tiere individuell oder zumindest nach Alters- und Geschlechtsklassen unterscheiden kann.

Die Soziomatrix

Grundlage der Erfassung der sozialen Beziehungen in einer Tiergruppe ist die so genannte *Soziomatrix*, in der alle Verhaltensweisen jedes Tieres notiert werden. Dabei ist es sinnvoll, aussagekräftige, häufige Verhaltensweisen zu erfassen. Will man den Rang zwischen zwei Tieren herausfinden, achtet man darauf, wer wem bei Annäherung des anderen ausweicht — ein unauffälliges, aber häufiges Verhalten. Natürlich lassen sich auch Freundschaften gut erfassen, z. B. indem man notiert, wer wie häufig Kontakt mit einem anderen aufnimmt. Wer an diesem Kontakt besonders interessiert ist, lässt sich leicht beantworten, indem man über einen gewissen Zeitraum erfasst, wer wie oft den Kontakt aufbaut und wer ihn wie häufig unterbricht (Abb. 1).

Sozialabstand

Bei der Erfassung des Sozialabstandes schätzt man pro Minute einmal den Abstand zwischen zwei Individuen. Aus der Summe der Messwerte lässt sich dann der mittlere *Sozialabstand* berechnen. Ist dieser groß, dann gehen sich die Individuen aus dem Weg, ist er klein, suchen sie die gegenseitige Nähe. Führt man die Untersuchung für alle Zweierbeziehungen der Gruppe durch, lassen sich am Ende alle Ergebnisse in die Soziomatrix eintragen.

Nächste-Nachbar-Methode

Diese Methode beruht darauf, dass Tiere bestimmte Individuen in ihrer Nähe dulden und andere eher meiden. Man trägt in eine Soziomatrix in bestimmten Zeitabständen — z. B. pro Minute — einmal für jedes Tier ein, wer sein nächster Nachbar ist.

Aufgaben

1. Beschreiben Sie anhand der Abbildungen in der Mittelspalte Seite 94 verschiedene Verhaltensweisen von Guanakos.
2. Beschreiben Sie auf der Grundlage der Soziomatrix die sozialen Beziehungen in einer Gorillagruppe.

1 Soziomatrix

Neurobiologie und Verhalten **95**

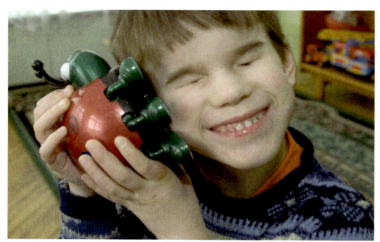

1 Lächeln eines Taubblinden als angeborene Verhaltensweise

Humanethologie

Als *Humanethologie* bezeichnet man die Forschungsrichtung, die das Verhalten des Menschen untersucht und dabei von biologischen Fragestellungen und Modellen ausgeht. Verhaltensforschung beim Menschen durchzuführen hat Vor- und Nachteile. Einerseits verbieten sich aus ethischen Gründen einige Methoden und Versuche, wie z. B. die *Kaspar-Hauser-Versuche*, andererseits kann man Menschen über ihre Motivationen und Gefühle befragen.

Um Hinweise auf genetisch bedingte Verhaltensweisen (s. Seite 98) zu finden, verwendet man folgende Methoden:

a) **Mensch-Tier-Vergleiche** zwischen Menschenaffen und Menschen zeigen Übereinstimmungen im Begrüßungs-, Aggressions- und Versöhnungsverhalten, die auf gemeinsame Abstammung zurückzuführen sein dürften.
b) **Neugeborenenbeobachtungen** belegen komplizierte Verhaltenskoordinationen, die perfekt beherrscht werden wie z. B. das Saugen an der Mutterbrust, Greifen usw. Lernvorgänge im Mutterleib können aber nicht ganz ausgeschlossen werden.
c) **Beobachtungen von taubblind geborenen Kindern**, die z. B. Mimik nie sehen konnten, sie aber dennoch beherrschen (Abb. 1).
d) **Attrappenversuche mit Säuglingen**, denen man verschiedene grafische Muster zur Betrachtung anbietet und dann feststellt, wie lange sie bestimmte Muster fixieren.

e) Der **Kulturenvergleich** geht davon aus, dass Menschen verschiedener Kulturen das Bestreben haben, sich von ihren Nachbarn abzugrenzen und deshalb eigene Stammesdialekte, Trachten und Sitten entwickeln. Verhaltensweisen, die bei allen Menschen weltweit übereinstimmen, konnten demnach nicht verändert werden, da sie vermutlich genetische Grundlagen besitzen.

Die allen Menschen gemeinsamen Verhaltensweisen und Verhaltenstendenzen nennt man menschliche *Universalismen*. Zu ihnen gehören u. a. große Bereiche der Mimik und des Mimikverstehens (s. Mittelspalte).

Attrappenversuche deckten z. B. auf, dass das Erkennen von Gesichtern und Mimiken auf ganz einfache Grundstrukturen zurückzuführen ist. Diese finden sich bei Masken wieder, die die Menschen schon seit Jahrtausenden benutzen oder zeigen sich bei Dingen, die als Augen gedeutet werden obwohl sie gar keine sind (z. B. Autoscheinwerfer).

Weitere Auslöser im menschlichen Sozialverhalten sind das *Mann-* und das *Frau-Schema*. Beim Mann betrifft dies breite Schultern, schmale Hüften, einen muskulösen Körper sowie kantigere Körperformen und Gesichtszüge. Frauen werden attraktiv gefunden, wenn sie schmale Schultern, eine schmale Taille, breite Hüften, eine ausgeprägte Brustform und insgesamt rundere sowie jugendliche Merkmale besitzen. Dazu kommt, dass in den meisten Kulturen weltweit Männer an ihrer Partnerin körperliche Attraktivität wichtiger finden als gute Verdienstmöglichkeiten. Frauen stufen dagegen die Verdienstmöglichkeiten höher ein.

Junge Frauen besitzen nach der Pubertät aufgrund unterschiedlicher Wachstumsgeschwindigkeiten der Körperteile im Verhältnis zum Oberkörper die längsten Beine. Dies wird von Männern als attraktiv empfunden, da es Jugendlichkeit und damit Gebärfähigkeit signalisiert.

Anwendung angeborener Auslöser im Alltag

Für alle tagaktiven Primaten, die in Gruppen mit einer Rangordnung leben, ist der gegenseitige Blickkontakt besonders bedeutsam. Ein frontales Anstarren gilt bei fast allen höheren Affen als Drohung, die ernst zu nehmen ist.

Neurobiologie und Verhalten

1 Orang-Utan

Ist dies gelungen, besteht das nächste Problem darin, die Werbefläche so zu strukturieren, dass der Blick des Betrachters zum Produkt weitergeleitet wird und nicht am Auslöser hängen bleibt. Über eine Assoziation soll der Betrachter dann das Produkt und seine Eigenschaften mit den positiven Emotionen beim Anschauen der ursprünglichen Auslöser verbinden (s. Abb. Mittelspalte). (→ 174/175)

Aufgaben

① Beobachten Sie z. B. auf Bahnhöfen oder Flughäfen, wie Menschen verschiedener Kulturen sich begrüßen oder verabschieden. Beschreiben Sie das Verhalten.

② Beobachten und beschreiben Sie Mimik und Gestik von telefonierenden Menschen.

③ Tragen Sie Beispiele für die Verwendung des Kindchenschemas in Comics und Spielzeugen zusammen.

④ Erläutern Sie, warum in Werbefotos die weiße Augenhaut der Models per Computer aufgehellt und die Beine verlängert werden.

⑤ Besorgen Sie sich eine Barbie-Puppe und analysieren Sie deren Merkmale unter den hier genannten Gesichtspunkten.

⑥ Fassen Sie die typischen Kindchenmerkmale nach den Abbildungen unten zusammen.

⑦ Untersuchen Sie die Zeigerstellung von Uhren in der Uhrenwerbung und deuten Sie das Ergebnis im Sinne der menschlichen Mimik.

Dementsprechend werden auch alle Menschen sofort aufmerksam, wenn sie den Blick auf sich gerichtet sehen. Ist das Anschauen wirklich als Drohung gemeint, werden die Augenbrauen heruntergezogen und die Mundwinkel gesenkt. Der freundliche Blick zeigt dagegen genau das Gegenteil: hochgezogene Augenbrauen, geöffnete Augen und ein Lächeln. Zusätzlich kann dem Anblick eines anderen Menschen das Bedrohliche genommen werden, indem man aus den Augenwinkeln schaut und den Kopf schräg hält, sodass die Augen ihre horizontale Stellung verlieren oder indem man die Augen auf ritualisierte Weise mehrfach nacheinander schließt und damit das Drohende des Anschauens minimiert. Die freundliche Weise des Anschauens kann auch dadurch verstärkt werden, indem das Gesicht teilweise hinter der Hand versteckt wird — ein Zeichen von Verlegenheit — oder indem über die Schulter geblickt wird. Die Blickrichtung wird beim Menschen durch den weißen Augapfel besonders gut erkennbar. Diese kommt auch bei einzelnen Schimpansen vor.

Bei vielen Affenarten sind die Augenlider anders gefärbt als das restliche Gesicht, sodass das Augenschließen besser erkennbar wird (Abb. 1). Beim Menschen wird der Augenschluss auch im Flirtverhalten eingesetzt und von Frauen oft durch Kosmetik verstärkt.

Die Tatsache, dass Menschen automatisch ihren Blick auf Augenpaare oder Sexualauslöser ausrichten, macht sich die Werbeindustrie zunutze, um die Aufmerksamkeit der Menschen auf Werbeannoncen zu ziehen.

Zettelkasten

 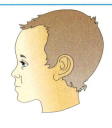

Kindchenschema

Auf KONRAD LORENZ geht der Begriff *Kindchenschema* zurück. Er stellte eine Reihe von kindlichen Merkmalen zusammen, die Menschen niedlich finden und bei ihnen den Brutpflegetrieb ansprechen. Diese Erkenntnisse werden auch in Comics und bei der Produktion von Spielzeug verwendet. Anders als das Tier kann der Mensch sein Verhalten bewusst betrachten und unterdrücken. Er muss dem durch das Kindchenschema entstandenen Drang zum Streicheln (oder zum Kaufen) nicht unbedingt nachgeben. Durch negative Erfahrungen kann er auch eine ablehnende Einstellung bekommen haben.

Neurobiologie und Verhalten

2 Verhaltensweisen und ihre Ursachen

Genetisch bedingte Verhaltenselemente

Dass bestimmte Verhaltenselemente genetisch bedingt sind, ist immer dann zu vermuten, wenn alle Individuen einer Art bzw. Unterart vergleichbares Verhalten zeigen, aber auch, wenn die Verhaltenselemente schon von Geburt an fehlerfrei ablaufen und stereotyp sind, also in immer gleicher Weise bei allen Individuen einer Art wiederkehren.

Mendelnde Merkmale

Der Fadenwurm *(Rhabditis inermis)* ist ein Fäulnis- und Kotbewohner. Er ist nicht in der Lage, selbst einen neuen Dunghaufen aufzusuchen, sondern wird durch Käfer verbreitet. Seine Larven heften sich unter den Flügeldecken von Käfern fest und lassen sich so transportieren. Diese Wurmart tritt in zwei Unterarten auf, die sich im Verhalten ihrer Larven unterscheiden. Die einen warten mehr oder weniger still auf den zufälligen Kontakt mit einem Käfer, die anderen führen auf der Oberfläche des Dunghaufens pendelnde Bewegungen mit dem Vorderkörper aus und erhöhen so die Wahrscheinlichkeit des Zusammentreffens mit einem Insekt. Kreuzt man diese „winkenden" Fadenwürmer mit den „nicht winkenden", erhält man in der F_1-Generation ausschließlich winkende Nachkommen. Kreuzt man diese Nachkommen untereinander, so treten in der F_2-Generation „winkende" und „nicht winkende" Würmer im Verhältnis 3 : 1 auf.

Eiablage-Gene

Bei dem Seehasen *(Aplysia)*, einer zwittrigen, gehäuselosen Meeresschnecke, ist ein noch weitergehender Nachweis genetischer Grundlagen von Verhalten gelungen. Ihr Fortpflanzungsverhalten besteht aus einer festen Abfolge stereotyper Verhaltensmuster, von denen das Eiablageverhalten besonders gut untersucht ist. Nach der Befruchtung legt Aplysia ihre Eier in langen Laichschnüren ab, die bis zu einer Million Eier enthalten können. Sobald sich die Muskeln des Genitaltraktes zusammenziehen und die Laichschnur an der Geschlechtsöffnung austritt, hört das Tier auf zu kriechen und zu fressen. Herzschlag und Atemfrequenz erhöhen sich. Die Schnecke erfasst den Anfang der Laichschnur mit dem Mund, zieht mit charakteristischen schwenkenden Bewegungen daran und unterstützt so das Ausstoßen der Eier. (Die Geschlechtsöffnung liegt im vorderen rechten Körperbereich.) Dabei wird der Laich aufgeknäult und mit einem klebrigen Sekret überzogen, das aus einer kleinen Schleimdrüse des Mundes stammt. Schließlich heftet das Tier die verklebte Laichmasse mit einer kräftigen Kopfbewegung an eine feste Unterlage.

Das Nervensystem von Aplysia ist relativ einfach aufgebaut. Bei der Suche nach den Steuermechanismen für das beschriebene Verhalten fand man zwei traubig angeordnete Neuronengruppen *(Beutelzellen)* oberhalb des Eingeweideganglions. Ein Extrakt aus diesen Zellen löst nach Injektion in eine lebende Schnecke das gesamte Eiablageverhalten aus, und zwar selbst dann, wenn keine Begattung vorausgegangen ist. Aus dem Extrakt ließ sich ein Peptid *(Eiablagehormon, ELH)* isolieren. Über das Blut wirkt es wie ein Hormon und aktiviert Atmung, Herzschlag und die Muskulatur zum Austreiben der Laichschnur. Als Neurotransmitter erregt es ein bestimmtes Neuron des Eingeweideganglions, das an der Verhaltenssteuerung beteiligt ist. Die stoffliche Grundlage des Verhaltens konnte somit bis zur DNA-Sequenz zurückverfolgt werden. Gentechnische Untersuchungen haben inzwischen Gene zu weiteren Peptiden identifiziert, die Verhaltenselemente aus dem Paarungsverhalten von Aplysia stimulieren.

Winkende Fadenwürmer

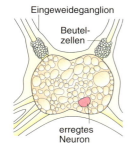

Eingeweideganglion
Beutelzellen
erregtes Neuron

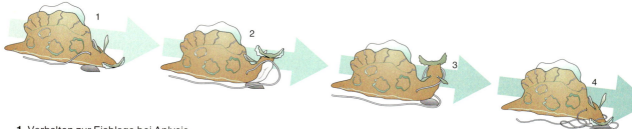

1 Verhalten zur Eiablage bei Aplysia

98 *Neurobiologie und Verhalten*

Gene und Umwelt

Genetisch bedingtes Verhalten der Tiere kann nur im Verlauf sehr vieler Generationen optimiert und an die Umwelt angepasst werden. Damit wird aber lediglich die Reaktionsnorm festgelegt. In diesem Spektrum der Möglichkeiten muss jedes Individuum so flexibel auf aktuelle Probleme reagieren können, dass sein Fortpflanzungserfolg auch die Weitergabe der Gene garantiert, d. h. meistens wird das genetisch bedingte Verhalten durch Erfahrung modifiziert und an die Umwelt angepasst.

Ein Beispiel dafür sind einige Arten afrikanischer Kleinpapageien, die als die *Unzertrennlichen* bekannt sind. Zu ihnen gehören die *Rosenköpfchen*, die ihr Nistmaterial in die Bruthöhle eintragen, indem sie die Halme oder abgeschnittene Pflanzenteile zwischen das Rückengefieder stecken. Die kurzen Teile werden dort von den Häkchen der Federn festgehalten. Eine nahe verwandte Art *(Erdbeerköpfchen)* benutzt längere Halme und trägt sie im Schnabel zur Bruthöhle. Die beiden Arten können experimentell gekreuzt werden und die Nachkommen zeigen ein intermediäres Nestbauverhalten. Die Weibchen schneiden Stücke mittlerer Länge und transportieren das Material recht unterschiedlich: Manche stecken es in das Gefieder, lassen die Stücke aber nicht los; andere stecken sie nicht richtig fest oder lassen sie einfach fallen. Schließlich lernen die Vögel, die Halme im Schnabel zu tragen, machen vorher aber stets noch einen angedeuteten Einsteckversuch (Abb. 1).

Auch besondere Faktoren aus der Umwelt können das Verhalten über mehrere Generationen hinweg verändern. Mäuse verwenden Nestbaumaterial in unterschiedlichen Mengen (Abb. 2). In Laborexperimenten wurden über zahlreiche Generationen hinweg stets nur solche Tiere verpaart, die viel (Reihe 1) bzw. wenig (Reihe 3) Material benutzten. Zur Kontrolle untersuchte man zufällige Paarungen der Ausgangspopulation (Reihe 2).

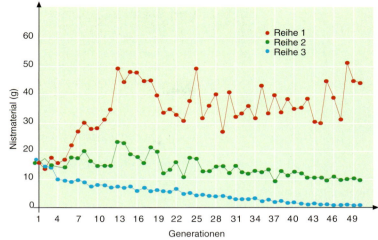

2 Nestbauverhalten von Mäusen

Bereits nach 15 Generationen stellte sich ein messbarer Unterschied zwischen den Versuchsgruppen und der Kontrollreihe ein. Während in diesen Versuchen der Mensch als Auslesefaktor wirkt, sind in freier Natur ökologische oder physiologische Faktoren ausschlaggebend für den Fortpflanzungserfolg der untersuchten Tierart und damit für die Weitergabe des Verhaltens an die nächste Generation. (→ 176/177)

Aufgaben

1. Welche Schlussfolgerungen ergeben sich aus den Kreuzungsversuchen mit Fadenwürmern?
2. Wodurch unterscheiden sich die Ergebnisse der Kreuzungen bei den Fadenwürmern, in den Mäuseversuchen und bei den Unzertrennlichen?
3. Fassen Sie die hier vorgestellten Methoden zusammen, mit denen genetisch bedingte Verhaltenselemente nachgewiesen werden können.
4. Früher wurden überwiegend genetisch bedingte Verhaltensweisen als angeboren bezeichnet. Vergleichen Sie die Bedeutung der beiden Begriffe.

Rosenköpfchen mit Nistmaterial

1 Verhalten des Rosenköpfchens

Neurobiologie und Verhalten **99**

Innere und äußere Impulsgeber

V-förmige Flugformation von Kranichen während des Vogelzugs

Chronobiologie
Sie erforscht Ursache und Funktion der zeitlichen Organisation von Lebewesen.

circadianer Rhythmus
= Tagesrhythmus

Ein hungriges Tier geht auf Nahrungssuche, ein fortpflanzungsbereites Tier balzt oder wählt sich einen Geschlechtspartner. Im Ernährungs-, Fortpflanzungs- und Brutpflegeverhalten sind eindeutige Zusammenhänge zwischen inneren Bedingungen und äußerlich sichtbarem Verhalten bekannt und können beispielsweise über den Glucosespiegel im Blut oder durch die Bestimmung von Hormonkonzentrationen analysiert werden.

Welche Auslöser gibt es aber für den Gesang der Amseln früh um fünf Uhr, für den Zug der Kraniche in einem eng begrenzten Zeitraum des Jahres oder für die großen Wanderungen der Huftierherden? Untersuchungen zu diesen Fragen aus der *Chronobiologie* betreffen auch den Menschen. Ein Höhlenforscher, der sich für drei Monate ohne Uhr oder andere Zeitgeber von der Außenwelt isolierte, war nicht in der Lage, das richtige Datum oder die Tageszeit zu nennen, als er wieder zur Erdoberfläche zurückkehrte. Fliegt der Mensch über mehrere Zeitzonen hinweg, stellen sich Tagesmüdigkeit und schlaflose Nächte, Appetitlosigkeit oder Verdauungsprobleme ein *(Jetlag)*. In beiden Fällen dauert es mehrere Tage, bis sich der „innere Zeitmesser" wieder den neuen örtlichen Verhältnissen angepasst hat.

Der Mensch besitzt wie alle höheren Lebewesen eine biologische Uhr, die dafür sorgt, dass zahlreiche physiologische Vorgänge in einem Rhythmus von ungefähr 24 Stunden ablaufen *(circadianer Rhythmus)*.

Die stoffliche Grundlage sind Wechselwirkungen zwischen bestimmten Genen (z. B. *clock, period, frequency, timeless*), ihrer m-RNA und einigen Proteinen. Durch Rückkopplungsschleifen werden geregelte Mengen so genannter *Zeitgeberproteine* für bestimmte Stoffwechselvorgänge gebildet. Der Aktivitätsrhythmus des Organismus wird dann durch *Lichteinfluss* und andere Umweltkontakte an den natürlichen Tag-Nacht-Zyklus angekoppelt. Er kann durch spezifische Neurone des Serotonin-Systems moduliert werden. Die neuronalen Zentren, die für die Kontrolle der endogenen Tagesrhythmik verantwortlich sind, liegen beim Menschen in einem bestimmten Bereich zwischen Hypothalamus und Hypophyse (s. Seite 53), der mit dem Sehsystem einerseits und dem Stammhirn andererseits verbunden ist. Die erzeugten zyklischen Zustandsänderungen der Körper- und Gehirnfunktionen steuern bei Tier und Mensch nicht nur Schlaf und Aktivität an einem Tag, sondern auch das Verhalten im Verlauf des Jahres. Auf diese Weise wird der Gesang der Amseln, der Zug der Kraniche oder die Wanderung der Huftiere dann ausgelöst, wenn bestimmte innere Bedingungen und die entsprechenden äußeren Zeitgeber zusammentreffen.

Die durch den Tagesrhythmus ermöglichte Zeitmessung *(Chronometrie)* ist die Grundlage für solche Orientierungsmechanismen, die Magnetfeld, Sonne, Mond oder Sterne benutzen. Für ein bestimmtes Verhalten sind dann nicht nur die inneren Bedingungen und die Wahrnehmung des aktuellen Sonnenstandes notwendig. Die Tiere müssen auch die sich ständig verändernde Sonnenposition mittels einer inneren Uhr berücksichtigen und zusätzlich deren Abhängigkeit von der geographischen Breite und der Jahreszeit kennen. Damit wird dann auch der jährliche Zug der Kraniche verständlich.

Aufgaben

1. Leben Menschen für mehrere Wochen in einem gegen die Außenwelt abgeschirmten Raum, ergibt sich die in Abbildung 1 dargestellte Tagesperiodik. Erläutern Sie die Darstellung.
2. Viele Personen klagen nach einem Transatlantikflug über Schlafstörungen und fühlen sich tagelang matt *(Jetlag)*. Erklären Sie.
3. Wodurch unterscheiden sich im Jahresrhythmus gleich lange Tage?

1 Tagesperiodik des Menschen

Bewegungssteuernde Außenreize

Biologische Langzeituhren steuern beispielsweise bei Vögeln das periodische Auftreten der Zugaktivität und den Zyklus des Körpergewichts einschließlich dem rechtzeitigen Anlegen eines Fettvorrats. Sie sind ebenso wie die Grundlagen des Orientierungsverhaltens durch genetische Faktoren festgelegt. Diese inneren Bedingungen wirken mit verschiedenen Außenreizen so zusammen, dass derart erstaunliche Leistungen wie das Wanderungsverhalten des Monarchfalters oder die mehrere tausend Kilometer langen Flugrouten der Zugvögel möglich werden. (→ 170/171)

Orientierungsbewegungen

Die ungerichteten Bewegungen eines Tieres werden durch Umweltfaktoren wie Licht, Wärme oder Feuchtigkeit verändert *(Kinese)*. In anderen Fällen *(Taxis)* können diese Faktoren auch richtende Funktion haben. Beides erfolgt mehr oder weniger automatisch. Wandernde Tiere orientieren sich im einfachsten Fall an vertrauten Landmarken (z. B. Meeresküsten, Gebirge, Flussläufe), um ein Ziel über größere Entfernung hinweg anzusteuern *(Pilotieren)*.

Aufgaben

1. Stellen Sie in einer kurzen Übersicht die wesentlichen Unterschiede der drei genannten Orientierungsbewegungen zusammen.
2. Ordnen Sie die folgenden Verhaltensweisen zu und erklären Sie ihre biologische Bedeutung:
   — Die Aktivität von Asseln nimmt in trockener Umgebung zu, in feuchter ab.
   — Verändert man im Experiment die Anordnung von Kübelpflanzen in der Nähe eines Bienenstocks, wird das Heimfindevermögen der Sammlerinnen beeinträchtigt.
   — Fliegenlarven bewegen sich nach dem Fressen vom Licht weg.

Orientierung und Navigation

Sind Tiere soweit von ihrem Zielort entfernt, dass sie ihn nicht direkt wahrnehmen können, müssen sie zunächst den eigenen Standort bestimmen und dann die festgelegte Fortbewegung in Zielrichtung ständig überprüfen *(Kompassorientierung und Navigation)*. Dafür kann z. B. das Magnetfeld benutzt werden, dessen Feldlinien an jedem Punkt der Erde eine definierte Richtung und Stärke haben. Zusätzlich können weitere genetisch bedingte oder erlernte Bezugssysteme (Sonne, Mond, Sterne) verwendet werden. Der Kompass kann dann für unterschiedliche Zwecke eingesetzt werden:

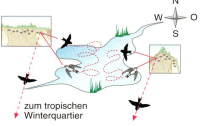

Suchen die Uferschwalben der beiden Kolonien z. B. nach Nahrung, werden gelernte Navigationsvorgänge zum Tragen kommen. Ziehen sie im Herbst in ihre Winterquartiere, benutzen sie eine genetisch bedingte Richtungsinformation, die den Kurs zum Ziel definiert.

Zur Klärung der Orientierungsmechanismen wurden 11 000 Stare untersucht, die sich auf dem Zug aus den Brut- zu den Überwinterungsgebieten befanden (s. Abb.). Die Vögel wurden von den Niederlanden in die Schweiz transportiert und dort freigelassen.

Aufgaben

3. Interpretieren Sie die beiden Abbildungen (s. Mittelspalte).
4. Definieren Sie die Begriffe „Kompassorientierung" und „Navigation". Ermitteln Sie, welche Tiere navigieren.

Kompass im Auge

Rotkehlchen orientieren sich bei Ortsveränderungen nur mithilfe des rechten Auges am Magnetfeld der Erde. Dessen Richtung wird über Fotopigmente wahrgenommen, die durch Lichtabsorption in einen angeregten Zustand gelangen, von dem aus sie in einen weiteren angeregten Zustand übergehen können. Dieser Übergang hängt von der Ausrichtung der Moleküle relativ zur Richtung des Magnetfeldes ab und kann daher zur Orientierung benutzt werden. Zu diesen Untersuchungen wurde die folgende Versuchsanordnung von Wolfgang Wiltschko eingesetzt. Der Aluminiumtrichter ist mit beschichtetem Papier ausgelegt, auf dem der Vogel Kratzer hinterlässt. Damit wird die bevorzugte Aktivitätsrichtung errechnet. Derartige Orientierungskäfige können mit Licht unterschiedlicher spektraler Zusammensetzung ausgeleuchtet oder in einem Freilandaufbau in ein Spulensystem gestellt werden, mit dessen Hilfe das Magnetfeld verändert wird.

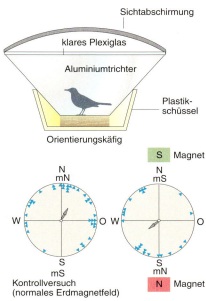

mN/mS = magnetischer Nordpol bzw. Südpol

Aufgabe

5. Erläutern Sie den Versuchsablauf und die Versuchsergebnisse.

Neurobiologie und Verhalten

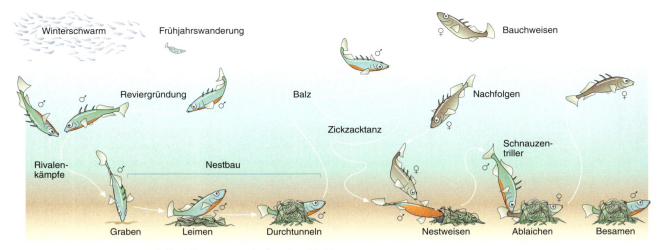

1 Fortpflanzungsverhalten des Stichlings

Verhaltensabfolgen

Das Beutefangverhalten der Erdkröte (s. Seite 88) ist das klassische Beispiel für ein *genetisch bedingtes Verhalten*, das aus einem Appetenzverhalten, der Taxis und der Endhandlung besteht. Die meisten Verhaltensweisen sind jedoch aus mehreren Einheiten aufgebaut, die scheinbar wie die Glieder einer Kette ineinander greifen.

Der *Rückenschwimmer*, eine Wasserwanze, lokalisiert seine Beute, indem er Wellen auf der Wasseroberfläche wahrnimmt. Er kann dabei tote und lebende Objekte durch die Meldungen, die von vibrationsempfindlichen Rezeptoren kommen, unterscheiden.

Zappelt ein Insekt auf der Wasserfläche, so schwimmt ihm der Rückenschwimmer quer zu den Wellen entgegen. Sobald er die Beute sieht, ergreift er sie und hält sie fest. Eine Metallfliege z. B. würde er sofort wieder loslassen. Der Anstich der Beute und das Aussaugen erfolgt nach einer Prüfung durch die chemischen Sinnesorgane. Die Handlungsfolge wird also durch die Merkmale des Beuteobjekts bestimmt, Taxis und Endhandlung bedingen sich gegenseitig.

Das Fortpflanzungsverhalten des *Stichlings* (Abb. 1) ist das klassische Beispiel für eine *Handlungsfolge*, in der sich zwei Individuen einer Art wechselweise Signale senden. Ausgelöst wird dieses Verhalten durch äußere Faktoren wie ansteigende Temperaturen und zunehmende Tageslänge. Auch innere Ursachen wie ansteigender Testosterongehalt im Blut spielen in diesem Zusammenhang eine Rolle. An die Reviergründung mit Rivalenkämpfen schließen sich Nestbau, Balz und Brutpflege an.

Entgegen früherer Hypothesen zeigte sich in Freilandbeobachtungen, dass es sich insgesamt nicht um eine starre Kette von Verhaltenselementen handelt, die beim Ausbleiben eines Signals abbricht. Wo immer die Verhaltensabfolge von auslösenden Reizen bestimmt wird, können Glieder der Kette übersprungen oder wiederholt werden (Abb. 2). Die meisten Reaktionen werden durch mehrere Aktionen des Partners ausgelöst. Die einzelnen Handlungen sind stets den Reaktionen des Partners angepasst. (→ 174/175)

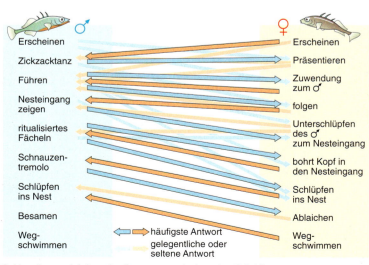

2 Handlungsabfolgen im Paarungsverhalten des Stichlings

Neurobiologie und Verhalten

Das Verhalten der Sandwespe

Brutpflegeverhalten

Die zu den Grabwespen gehörende *Dreiphasen-Sandwespe* überwintert als Dauerlarve in einem Kokon. Mitte Mai schlüpfen die Tiere. Die Weibchen zeigen nach der Begattung ein interessantes Brutpflegeverhalten. Dabei lassen sich drei Phasen deutlich unterscheiden:

1. Phase: Die Sandwespe gräbt ein Erdnest, das sie nach Fertigstellung mit Sandklümpchen und Holzstückchen vorläufig verschließt. Danach geht sie auf die Jagd nach einer Raupe. Diese wird durch einen Stich betäubt und ins Nest transportiert. Dort legt die Sandwespe ein Ei auf die Raupe, verlässt das Nest und verschließt es wieder. Die gelähmte Raupe dient der geschlüpften Larve als Nahrung.

2. Phase: In der Folgezeit besucht die Sandwespe das Nest mehrfach. Das geschieht entweder ohne Raupe („Inspektionsbesuch"), oder sie versorgt die geschlüpfte Larve mit ein bis drei weiteren Raupen („Proviantierbesuch"). Zwischendurch wird das Nest immer wieder verschlossen.

3. Phase: In diesem letzten Abschnitt wird die Larve kurz vor ihrer Verpuppung noch einmal mit bis zu zehn Raupen verproviantiert („Vielraupentag"). Danach wird das Nest endgültig verschlossen. Ein Sandwespenweibchen kann mehrere Nester im gleichen Zeitraum betreuen.

Das Verhalten von Grabwespen wurde vor allem von GERARAD P. BAERENDS 1940 eingehend untersucht. Die untere Abbildung zeigt ein Protokoll der Beobachtungen zur Brutpflege einer Sandwespe an fünf Nestern.

Aufgaben

1. Beschreiben Sie für jedes Nest, welche Phasen erkennbar sind.
2. In welchem Zustand waren die Nester am Abend des 9. August?
3. Nennen Sie Gründe für die Annahme, dass das Brutpflegeverhalten genetisch festgelegt ist.

Die Raupe als Reiz

„Wenn eine Sandwespe jagt, wird eine Raupe gefangen und gestochen. Liegt die Raupe in der Nähe des Nesteingangs, unmittelbar nachdem die Wespe das Nest geöffnet hat, wird sie hineingezogen. Ist die Wespe dagegen dabei, das Nest zu verschließen, so kann es passieren, dass sie die Raupe als Füllmaterial verwendet. Wenn man schließlich die Raupe während des Nestbaus in den Eingang legt, behandelt sie die Raupe wie jedes andere Hindernis, z. B. wie ein Wurzelstück, und schafft sie beiseite." (zitiert nach BAERENDS).

Aufgabe

4. Erklären Sie die Unterschiede im Verhalten der Sandwespe beim Umgang mit der Raupe.

Einbringen der Raupe ins Nest

Das Eintragen einer Raupe geschieht stets in der gleichen Weise. Zunächst wird die Beute kurz vor dem Nest abgelegt. Dann öffnet das Tier den Nesteingang. Ist das Graben beendet, schlüpft die Sandwespe in den Stollen und dreht sich um, ohne den Eingang mit dem Hinterleib vollkommen zu verlassen. Anschließend ergreift sie die Raupe und zieht sie rückwärts ins Nest. Während des „Umdrehens" wird die Raupe durch den Versuchsleiter so weit vom Nesteingang entfernt, dass die Sandwespe wieder ganz heraus muss, um die Beute zu ergreifen. Auch in diesem Fall legt sie die Raupe wieder kurz vor dem Nest ab und zieht sie rückwärts hinein. BAERENDS hat die Raupe bis zu 20-mal während des Umdrehens wegziehen können, bevor die Sandwespe wegflog.

Aufgabe

5. Vergleichen Sie das geschilderte Verhalten der Sandwespe mit der Handlungsabfolge des Stichlings.

Störversuche

Ersetzt man in einem Nest eine junge Larve vor dem Inspektionsbesuch durch eine alte Larve, die sich gerade verpuppt, so verschließt die Sandwespe das Nest endgültig. Ersetzt man sie nach dem Inspizieren, so wird die Puppe entsprechend dem Entwicklungsgrad der weggenommenen Larve versorgt. Es werden also weitere Raupen eingetragen.

Aufgabe

6. Erläutern Sie anhand der Störversuche die Bedeutung des Inspektionsbesuches.

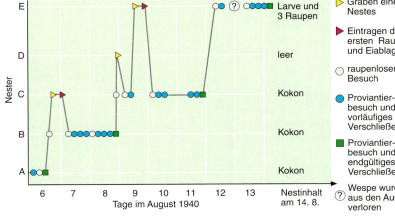

Neurobiologie und Verhalten **103**

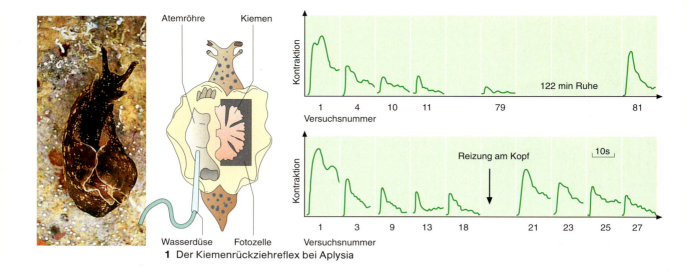

1 Der Kiemenrückziehreflex bei Aplysia

Reflexe sind beeinflussbar

Habituation
Unbedingte Reflexe werden durch reizspezifische Gewöhnung schwächer.

Dishabituation
vollständige Auslösung einer vorher durch Habituation verminderten Verhaltensreaktion

Reflexe stellen eine direkte Verknüpfung von Reiz und Reaktion dar, sind genetisch bedingt und laufen meistens in gleicher Weise ab. Dies wird durch den *Reflexbogen* gewährleistet, der im einfachsten Fall aus zwei Nervenzellen besteht (s. Seite 30). Sie vermitteln zwischen der Reizaufnahme und der Reaktion eines Muskels oder einer Drüse.

An dem einfachen Nervensystem der Meeresschnecke *Aplysia* kann die Steuerung von Reflexen auf zellulärer Ebene gut untersucht werden. Streicht man der Schnecke über den Rücken, so reagiert sie darauf, indem sie ihre Kiemen schnell zurückzieht. An diesem Rückziehreflex sind Sinneszellen und sensorische sowie motorische Neurone beteiligt (Abb. 2).

Mit einer Lichtquelle und einer Fotozelle, die beim Zurückziehen der Kiemen intensiver belichtet wird, kann die Stärke der Kontraktion gemessen werden (Abb. 1). Die Messergebnisse zeigen, dass die Reaktionsstärke bei wiederholter Reizung am Rücken immer schwächer wird. Diese Erscheinung wird als *Habituation* bezeichnet. Berührt man die Schnecke nach Eintreten einer solchen Gewöhnung an anderer Stelle, reagiert das Tier sofort in alter Stärke *(Dishabituation)*. Eine Ermüdung der zugrunde liegenden Organe ist daher als Ursache für die Habituation ausgeschlossen.

Mit extrem feinen Elektroden gelang es, die Erregungen der beteiligten Neurone abzuleiten. Dabei zeigte sich, dass bei gleich bleibender Reizstärke die motorischen Neurone nach mehrfach wiederholter Reizung (Gewöhnungsphase) weniger erregbar werden, obwohl die von den Sinneszellen weitergeleitete Erregung nicht abnimmt (Abb. 2). Neurophysiologische Untersuchungen belegen, dass die Veränderung der Reaktionsstärke bei diesem Reflex durch zusätzliche Nervenzellen *(Interneurone)* ermöglicht wird. Sie sind parallel zum Reflexbogen geschaltet und haben eine hemmende oder fördernde Wirkung auf das Reflexzentrum. Bei der Habituation des Kiemenrückziehreflexes kommt es zur Verringerung der Erregung zwischen *Sensorneuron* und *Motoneuron* sowie Interneuron und Motoneuron.

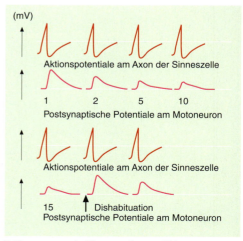

2 Erregungen in Sinneszellen und Motoneuronen

104 *Neurobiologie und Verhalten*

Stabheuschrecke

Eine genaue Muskelkoordination ist auch bei anderen genetisch bedingten Verhaltensweisen notwendig, die komplexer als die Reflexe sind und deren Auftreten und Intensität zusätzlich von inneren Bedingungen des Tieres beeinflusst wird. *Stabheuschrecken* reagieren auf leichtes Anpusten mit langsamen, schwankenden Bewegungen wie ein Zweig im Wind. Stärkere Reize wie kräftiges Schütteln führen zur so genannten *Katalepsie*, einer Form der Starre. In dieser starren Haltung können sie bis zu 15 Minuten verharren. Hebt man in dieser Zeit eines ihrer Beine vorsichtig an, so wird es wie in Zeitlupe in einer extrem langsamen Bewegung in die Ausgangslage zurückgeführt.

Beide Verhaltensweisen erfüllen die Funktion, die Tarnung des Tieres nicht zu durchbrechen. Stabheuschrecken sind durch die zweigähnliche Körperform, ihre Haltung und Färbung so gut an die Umgebung angepasst, dass schnelle Bewegungen ihren Feinden die Anwesenheit verrieten.

Das Tier reagiert nur dann mit dem langsamen Rückstellreflex, wenn die Außenreize in der übergeordneten Schaltstelle des Nervensystems eine entsprechende Gefahr signalisiert haben. Durch die Verschaltung über spezifische Interneurone werden die fördernden oder hemmenden Signale vom Insektengehirn auf die Motoneurone der Beinmuskulatur übertragen (Abb. 1). Die schnelle Reaktion des Beugers wird gehemmt. Anhauchen oder sanftes Berühren kann in jeder Phase die Bereitschaft zum Ausführen der Katalepsie herabsetzen. Das Tier bewegt sich dann sofort wieder normal. (→ 170/171)

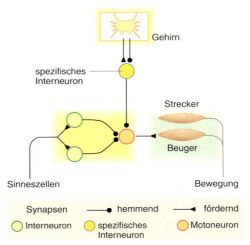

1 Neuronale Verschaltung in der Heuschrecke

Aufgaben

① Erläutern Sie die Messergebnisse der wiederholten Reizung von Aplysia (Abbildung 104.1).

② Vergleichen Sie Abbildung 1 mit der Reflexbogendarstellung (Abbildung 31.1).

③ Bewegt man den Kopf, nimmt man die Umwelt dennoch als feststehend wahr. Verschiebt man den Augapfel durch leichten Druck mit dem Finger, scheint sich die Umwelt zu bewegen. Vergleichen Sie die beiden Vorgänge und erläutern Sie die Unterschiede.

④ Geht man mit einem Einkaufskorb im Arm über den Markt, wird jede Gewichtsveränderung „automatisch" ausgeglichen. Erklären Sie.

Laufen mit sechs Beinen

Stabheuschrecken besitzen insgesamt nur ein paar tausend Nervenzellen. Trotzdem gelingt ihnen die Koordination der 6 Beine und 18 Gelenke sowohl aufrecht laufend wie auch in jeder Körperhaltung an Zweigen hängend.

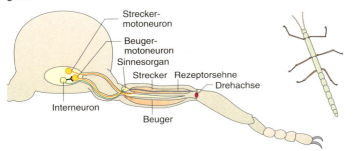

Im einfachsten Fall laufen sie wie alle Insekten: Drei Beine befinden sich in der Luft und schwingen nach vorn, während die drei anderen fest auf dem Untergrund stehen, den Körper tragen und nach vorne stemmen. Jeder Schrittzyklus erfordert die Kontrolle mehrerer antagonistischer Muskeln, die über Strecker- und Beuger-Neurone angesteuert werden.

Beim stehenden Tier bleibt die Körperhaltung auch beim Antippen am Bein durch den Widerstandsreflex unverändert: In den Beingliedern gelegene Sinneszellen werden durch Dehnung erregt. Daraufhin feuern die Motoneurone des Streckers und wirken einer Beugung entgegen.

Neurobiologie und Verhalten

bedingter Reflex
Er wird durch einen Reiz ausgelöst, der erst durch Erfahrung mit der Reflexhandlung verknüpft wurde.

bedingte Appetenz
Ein bedingter Reiz wird mit einer bestehenden Handlung verknüpft.

bedingte Aversion
Durch schlechte Erfahrung (Bestrafung) wird ein neutraler oder vorher positiv wirkender Reiz mit Abwehr und Flucht verbunden.

bedingte Aktion
durch Lernen gebildete Assoziation zwischen einem Verhaltenselement und einem aktivierten Antrieb

bedingte Hemmung
durch negative Erfahrung bei der Ausführung eines Verhaltens entstandene Hemmung eben dieses Verhaltens

Konditionierung — das Tier als Automat?

Klassische Konditionierung

Das Absondern von Speichel beim Anblick von Futter (der *unbedingte Reflex*) ist beim Hund eine genetisch festgelegte Reaktion. Nach einem definierten Reiz erfolgt sie in immer gleicher Weise. Tritt ein zuvor neutraler Reiz (Glockenton) hinreichend oft zusammen mit dem Futter auf, wird der Ton zum bedingten Reiz, der schließlich allein den Speichelfluss auslöst. Dieser *bedingte Reflex* kann wieder gelöscht werden, wenn man dem Hund mehrfach hintereinander den Glockenton bietet, ohne Futter zu zeigen. Man spricht von *Extinktion* (Auslöschung) im Unterschied zum passiven Vergessen.

Ausgehend von diesen Versuchen des russischen Physiologen IWAN PETROWITSCH PAWLOW (1849 – 1936) entwickelte sich um 1900 das Konzept der *klassischen Konditionierung*, wonach alle Verhaltensweisen das Ergebnis bedingter Reflexe sein sollten.

In den Versuchen wurde die Speichelsekretion eines festgegurteten Hundes gemessen. Ein frei beweglicher Hund würde zur Glocke laufen, das angebotene Futter fressen und dabei Ton, Belohnung und seine Handlung assoziieren. Ähnlich lernen andere Tierarten bei der Futtersuche Blütenmerkmale und Düfte. Heute bezeichnet man daher den Lernprozess als *bedingte Appetenz*, da sich die Verhaltensänderung infolge positiver Erfahrung während einer ablaufenden Handlung entwickelt. Folgt auf eine zuvor neutrale Situation eine schlechte Erfahrung (z. B. Bestrafung), wird diese Situation anschließend gemieden.

Operante Konditionierung

Im Gegensatz zu den europäischen Verhaltensforschern betrachteten die amerikanischen Behavioristen das Tier als Black-Box. Sie behaupteten, man könne nur Reize und Reaktionen messen und Verhalten baue sich fast ausschließlich auf erlernten Reaktionen auf. Zu den Behavioristen gehören EDWARD L. THORNDIKE (1874 – 1949) und BURRHUS F. SKINNER (1904 – 1990). Beide untersuchten Lernverhalten mit standardisierten Versuchsanordnungen, in denen Tiere beim Ausführen „richtiger" Handlungen Belohnungen in Form von Futter erhielten: In THORNDIKES *Problem-Box* musste eine Katze ein Hebelsystem bedienen, damit sich die Tür des Käfigs öffnete und das Tier eine außerhalb liegende Belohnung erreichen konnte. In der *Skinner-Box* lernten Ratten und Tauben, einen Hebel zu bedienen bzw. gegen eine Scheibe zu picken, um Futter zu erhalten.

Heute bezeichnet man dieses Verhalten als *bedingte Aktion*. Das hungrige Tier zeigt ein Erkundungsverhalten, betätigt zufällig den Futterspender und erfährt somit eine positive Rückmeldung. Es führt die Handlung immer wieder und immer besser aus, falls es hungrig ist. Wird auf vergleichbare Weise durch Bestrafung das Unterlassen einer Handlung gelernt, spricht man von *bedingter Hemmung*. (→ 170/171)

Aufgabe

① Erläutern Sie die Unterschiede zwischen bedingtem Reflex und operanter Konditionierung.

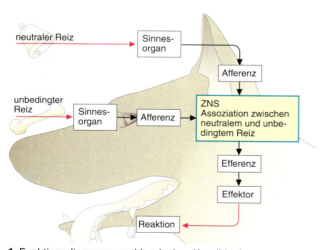

1 Funktionsdiagramm zur klassischen Konditionierung

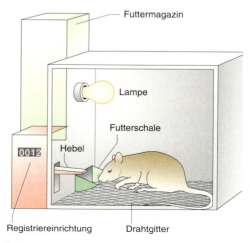

2 Ratte in Skinnerbox

106 *Neurobiologie und Verhalten*

Mehr als Konditionierung

Bienen besuchen häufig an mehreren Tagen hintereinander die Blüten von Pflanzen einer bestimmten Art. Durch diese Blütenstetigkeit wird aus der Sicht der Biene eine ertragreiche Nektarquelle gut ausgenutzt. Für die Pflanzen bedeutet es, dass sie auf diese Weise ihre Fortpflanzung sichern, da der Pollen zur Bestäubung von einer zur anderen Pflanze transportiert wird. In vielen ausgeklügelten Untersuchungen zeigte sich, dass die Pflanzen ihre lernfähigen Blütenbesucher regelrecht „dressieren".

Duftreize

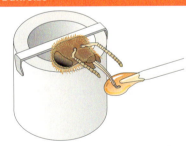

In einer ersten Versuchsreihe wird die Biene in ein Röhrchen eingeklemmt, sie kann aber Antennen und Rüssel bewegen. Wird die Antenne der Biene mit einem Tropfen Zuckerlösung berührt, streckt das Tier den Rüssel heraus und versucht, die Zuckerlösung zu trinken. Wird zwei Sekunden vor der Zuckerlösung ein Duftreiz verabreicht, so ist nach wenigen Wiederholungen dieses Versuchsteils der Duftreiz alleine in der Lage, das Herausstrecken des Rüssels auszulösen.

Aufgabe

① Um welche Art der Konditionierung handelt es sich? Begründen Sie Ihre Entscheidung.

Wahlversuche

Wird eine Bienengruppe wie im vorangegangenen Experiment auf Nelkenduft konditioniert (Gruppe A) und eine zweite auf Rosenduft (Gruppe B), kann man in einem weiteren Versuch das Verhalten der Bienen mit einem Y-Rohr wie folgt untersuchen:
— An den beiden Schenkeln des Rohrs werden die Düfte wechselweise geboten und die Wahl der eingesetzten Tiere wird jeweils registriert.
— In einer weiteren Versuchsreihe wird jedes einzelne Tier einer Gruppe mehrfach hintereinander mit den beiden Düften getestet, es erhält aber kein Zuckerwasser.
— In beiden Versuchsanordnungen verändert man die Auswahl der bedufteten Schenkelseite nach dem Zufallsprinzip.

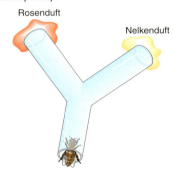

Aufgaben

② Welche Ergebnisse erwarten Sie in Gruppe A bzw. in Gruppe B?
③ Handelt es sich bei diesem Verhalten um eine Konditionierung? Begründen Sie Ihre Entscheidung.
④ Warum wird der Nelkenduft nicht in allen Versuchen z. B. auf der linken Seite eingesetzt?

Verhalten im Bienenstock

Im Bienenstock werden ankommende Sammlerinnen schnell von Bienen umlagert, die im Stock zurückgeblieben sind. Mit dem so genannten *Rund*- oder *Schwänzeltanz* informieren die Sammlerinnen die Stockbienen über Entfer-

nung und Ergiebigkeit der besuchten Nektarquelle (→ 174/175). Dabei halten die Nachfolgerinnen engen Kontakt zur Sammlerin. Stockbienen werden erst nach bestimmten Entwicklungsphasen zu Sammlerinnen.

Argentinische Forscher untersuchten mit zwei verschiedenen Bienenstöcken, ob es auch eine „Nektarduftbörse" gibt. Dabei testeten sie die Bienen des ersten Stockes mit einem Nektar, den diese zwar nicht selbst gesammelt, den ihre Sammlerinnen aber angeliefert hatten. Die Bienen des zweiten Stockes waren nie mit dem Nektar in Berührung gekommen. Bei allen Bienen wurde das Herausstrecken des Rüssels (Abb. 1) re-

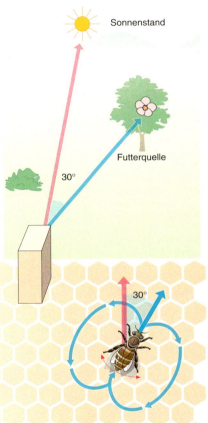

gistriert. Die Bienen des ersten Stockes zeigten dabei wesentlich stärkere Reaktionen auf die spezifische Nektarsorte, auch wenn sie selbst noch nicht an der Futterquelle gewesen waren.

Aufgaben

⑤ Stellen Sie die Versuche und ihre Ergebnisse in einer tabellarischen Übersicht zusammen.
⑥ Wie würden Sie die Form des Lernens bei den Stockbienen bezeichnen? Begründen Sie.

Neurobiologie und Verhalten

	Assoziatives Lernen (nur ein Reiz vorhanden)		Unterscheidungslernen (zwei oder mehr Reize vorhanden)	
	Reaktionshäufigkeit		Reaktionshäufigkeit	
	erhöht sich	nimmt ab	erhöht sich	nimmt ab
Reizkonsequenz angenehm	positive Verstärkung, Belohnungstraining	Bestrafung durch Unterbrechung	unterscheidendes, operantes Training	unterscheidendes Unterlassungstraining
Reizkonsequenz unangenehm	negative Verstärkung, Fluchttrainng	Bestrafungstraining	aktives Vermeidungstraining	unterscheidendes Bestrafungstraining

1 Zusammenhang zwischen Reiz und Reaktion

Konditionierung im menschlichen Verhalten

Trifft ein plötzlicher Luftstoß oder grelles Licht unser Auge, schließen wir in weniger als 0,04 Sekunden die Augenlider. Dieser *Lidschlussreflex* schützt das Auge vor eindringenden Fremdkörpern oder einer plötzlichen Blendung. (→ 170/171) Der Ton einer Trillerpfeife kann die Reaktion normalerweise nicht auslösen. Ertönt jedoch im Experiment kurz vor dem Luftstoß die Pfeife, so löst dieser Ton nach mehrmaliger Wiederholung der Reizkombination ebenfalls den Lidschlag aus. Der ideale zeitliche Abstand zwischen dem unbedingten Reiz (Luftstoß) und dem vorher neutralen, später bedingten Reiz (Ton) beträgt für die Lidschlussreaktion 0,5 Sekunden. Derartige Intervalle sind länger, wenn emotionale Reaktionen (z. B. Angst) konditioniert werden. Ein Kind entwickelt beispielsweise Angst vor einem an sich neutralen Tier (Maus oder Spinne), wenn innerhalb von 10 Sekunden vor oder nach dessen Anblick laute Schreie oder andere Angst auslösende Reize auftreten.

Wird ein Kind mit Süßigkeiten belohnt, wenn es den Tisch abdeckt oder den Abfall hinaus trägt, liegt eine andere Reiz-Reaktions-Kombination vor: Das Kind muss zuerst die Handlung ausführen und erhält dann eine Belohnung. Die Verstärkung erhöht die Wahrscheinlichkeit, dass die betreffende Verhaltensweise in Zukunft häufiger auftreten wird. Ähnliches gilt für die umgekehrte Situation, d. h. auf eine unerwünschte Reaktion erfolgt ein unangenehmer Reiz *(Bestrafungstraining)*. Eine weitere Möglichkeit, entsprechend der operanten Konditionierung zu lernen, besteht im *Unterlassungstraining* — man belohnt sich mit einem Stück Kuchen dafür, dass man nicht raucht — oder im *Fluchttraining*. Mit dieser Art des Lernens lässt sich im Prinzip jede Verhaltensweise erwerben, vorausgesetzt es gibt genügend Lerndurchgänge. Große Teile des menschlichen Verhaltens werden aber nicht nur über instrumentelle oder klassische *Konditionierung* erworben.

Häufig reicht es schon, ein bestimmtes Verhalten bei einem anderen Menschen zu beobachten und es dann nachzuahmen. Das Lernen am Modell ist eine von ALBERT BANDURA (*1925) eingeführte Bezeichnung für *kognitive Lernprozesse*, die beim Menschen eine besondere Rolle spielen (s. Seite 119). Als Folge der Beobachtung oder Wahrnehmung und daraus folgender Konsequenzen kann der Mensch sich neue Verhaltensweisen aneignen oder bestehende Verhaltensmuster ändern. Beginnt man z. B. einen Tauchlehrgang und soll mit den Sauerstoffflaschen auf dem Rücken vom Boot ins Wasser gelangen, wird man wohl kaum sämtliche Sprungvarianten ausprobieren bis man die günstigste gefunden hat.

Aufgaben

① Finden Sie Beispiele für menschliche Verhaltensweisen, in denen eine Konditionierung nach einem der Muster von Abb. 1 stattfindet.

② Wie könnte man eine Spinnenphobie therapieren?

Kognition
das Erkennen, Wahrnehmen

108 Neurobiologie und Verhalten

Modelle und Modellkritik

Modelle sind dem wissenschaftlichen Verständnis dienende, meist vereinfachende Darstellungen von Strukturen, Prozessen oder Mechanismen, die sie veranschaulichen und vergleichbar machen. Solche Verständnishilfen entwickeln sich meist aus Analogien, d. h. man zieht Schlüsse aus einander entsprechenden Fällen.

Funktionsschaltbilder

BERNHARD HASSENSTEIN wandte in den 70er-Jahren die Symbole der Regeltechnik auf Beispiele aus der Verhaltensbiologie an. Für das Instinktverhalten und verschiedene Lernformen entwickelte er so genannte *Funktionsschaltbilder,* welche die vermutlich beteiligten Instanzen in Beziehung setzen und die Situation während des Lernens darstellen sollten.

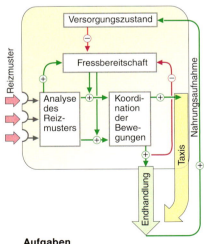

Aufgaben

① Beschreiben Sie das Modell zur Nahrungsaufnahme und wenden Sie es auf das Beutefangverhalten der Erdkröte an (s. Seite 88).

② Begründen Sie, warum das Modell das Beutefangverhalten nur unvollständig beschreiben kann.

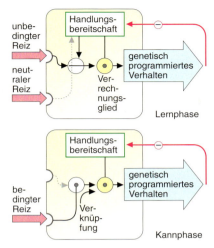

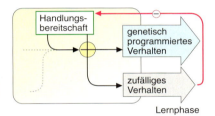

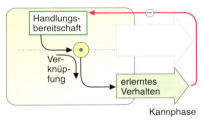

Aufgaben

③ Erläutern Sie die Funktionsschaltbilder zum Lernen.
④ Wie unterscheiden sich die beiden Lernvorgänge, auf die sich die Funktionsschaltbilder beziehen?
⑤ Finden Sie Beispiele, in denen sich diese einfachen Lernvorgänge einzeln oder kombiniert wieder finden.
⑥ Beurteilen Sie die Übertragbarkeit der vorliegenden Modelle auf beobachtbares Verhalten.
⑦ Kraken *(Octopus)* können darauf dressiert werden, aus ihrer Höhle heraus eine weiße Scheibe anzuschwimmen oder sie zu meiden. Ersteres tritt dann auf, wenn die Tiere in der Lernphase danach gefüttert wurden, letzteres wenn sie danach eine leichte Strafe erhielten. Analysieren Sie dies mithilfe der Modelle.

Elektronisches Reflexmodell

Im Organismus sind Reflexe elementare motorische Aktionseinheiten und bestehen im einfachsten Fall aus einer direkten Verbindung zwischen einem präsynaptischen sensorischen Neuron und einem postsynaptischen motorischen Neuron. Insbesondere bei den Wirbeltieren ist diese Verknüpfung in komplexe Verschaltungen von Nervenzellen eingefügt, deren Zusammenarbeit bei Lernvorgängen auch mit elektrophysiologischen Methoden im Organismus schwer zu durchschauen ist. Ein frühes Modell zur vereinfachten Darstellung des bedingten Reflexes kann mit den Bauelementen eines Elektronik-Baukastens aufgebaut werden:

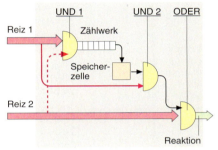

Erläuterungen zu den Bauelementen:
— *Zählwerk:* Wird durch jeden ankommenden Impuls weiter aufgefüllt und schließt nach einer bestimmten Anzahl den Kontakt.
— *Speicherzelle:* Wenn sie aktiviert ist, gibt sie einen Dauerimpuls ab.
— *Und-Schaltung:* Schaltet nur dann weiter, wenn beide Eingänge besetzt sind.
— *Oder-Schaltung:* Schaltet dann weiter, wenn der eine oder der andere Eingang (oder beide) besetzt ist.

Aufgaben

⑧ Welche Wege werden in dem Modell vor dem Lernen, in der Lernphase und danach beschritten?
⑨ Wozu kann ein solches Modell dienen und welche natürlichen Zusammenhänge verdeutlicht es nicht?
⑩ Kritiker der klassischen Konditionierung gehen davon aus, dass die Tiere in solchen Versuchssituationen nicht automatenhaft reagieren, sondern etwas über die Beziehungen von Ereignissen lernen und angemessen darauf reagieren.
Wird dieser Ansatz im Modell berücksichtigt? Begründen Sie Ihre Meinung auch unter Bezug auf die Pawlow-Versuche.

Neurobiologie und Verhalten

Blaumeise

Lernen
Lernen ist das Speichern der aus der Umwelt individuell erworbenen Informationen in abrufbarer Form im Gedächtnis.

Lernen macht flexibel

Viele genetisch bedingte Verhaltenselemente werden im Verlauf der Individualentwicklung vielfältig verändert und ergänzt. Dieses Zusammenwirken von genetischem und erfahrungsbedingtem Verhalten bezeichnete KONRAD LORENZ als *Instinkt-Dressur-Verschränkung*. Der Begriff wird wegen seiner Unschärfe heute kaum mehr verwendet.

Lernen

Vogelkundler in England beobachteten 1921 erstmals Blaumeisen, wie sie die Verschlüsse von Milchflaschen aufpickten und von der Rahmschicht nippten. Offensichtlich hatte eine Meise zufällig einen Verschluss geöffnet — auf eine Weise wie Blaumeisen auch bei der Beutesuche Rinde anheben. Da sie Nahrung fand, wiederholte sie das Aufpicken an den glänzenden Folien. Durch das Lernen wird eine sinnvolle Anpassung des individuellen Verhaltens an die speziellen Umweltgegebenheiten ermöglicht (s. Seite 117).

Lernvorgänge verlaufen in zwei Phasen: Ein Lebewesen nimmt in einer Reizsituation Informationen auf und speichert sie im Gedächtnis *(Lernphase)*. In ähnlichen Situationen wird die gespeicherte Information abgerufen und bewirkt — bedingt durch die Erfahrung — ein geändertes Verhalten *(Kannphase)*. Die Rahmschicht aus einer Milchflasche zu holen, ist für die einzelne Meise vorteilhaft, jedoch nicht lebensnotwendig. Es handelt sich um *fakultatives Lernen*.

Jedes Eichhörnchen muss die geeignete Sprengtechnik für Nüsse notwendigerweise erlernen (s. Kasten). Nur so können sie im Winter von dem zuvor versteckten Futter leben. In diesem Fall ist Lernen lebensnotwendig. Man nennt es *obligatorisches Lernen*.

Nicht alle Tiere einer Art lernen gleich gut. Bei Honigbienen konnte man feststellen, dass die Arbeiterinnen der Krainer Rasse optische Markierungen an Futterplätzen leichter lernen als die Bienen der italienischen Rasse. Hier liegen unterschiedliche *Lerndispositionen*, d.h. genetisch determinierte Lernfähigkeiten, zugrunde. Die Bienen der Krainer Rasse leben in einem Gebiet mit unbeständiger Witterung und benötigen daher häufig Geländemerkmale als zusätzliche Orientierungshilfe neben der Orientierung mithilfe des Sonnenkompasses. Die Bienen der italienischen Rasse fliegen nur unter günstigen Witterungsbedingungen aus, sodass die Orientierung nach dem Sonnenstand ausreicht. Im Unterschied zur individuellen Anpassung des Verhaltens durch Lernen ist die unterschiedliche Lerndisposition der Arten über viele Generationen in der Evolution entstanden. (→ 176/177)

Abwandlung genetisch bedingter Reaktionen durch Lernen

Gibt man einem zwei Monate alten unerfahrenen Eichhörnchen *(Kaspar-Hauser-Tier)* zum ersten Mal eine Haselnuss, so benagt es diese sofort nach allen Richtungen. Erst später versucht es, die Nuss mit den Nagezähnen aufzuhebeln. Nussgroße Ton- und Holzkügelchen werden ebenfalls von allen Seiten benagt. Die Abbildung zeigt eine so benagte Nuss von der Basis (a) bzw. von der Spitze (b) her gesehen.

Für das Aufbrechen der ersten Nüsse benötigt ein Eichhörnchen viel Zeit. Die Nagespuren, die zu Beginn wahllos über die gesamte Nuss verteilt sind, werden erst allmählich, etwa nach der 12. Nuss (c), parallel zur Faserung der Nuss ausgerichtet, wodurch sich auch die Zeit bis zur Nahrungsaufnahme verkürzt. Erfahrene Eichhörnchen nagen sofort ein bis zwei Längsfurchen oder ein Loch an der Spitze oder der Basis der Nuss auf, ehe sie die Nuss mit ihren Nagezähnen aufhebeln oder aufbrechen. Je nach der Art der angewendeten Bewegungen lassen sich bei erfahrenen Eichhörnchen drei Techniken unterscheiden: Die Spreng-, die Lochnage- und die Lochsprengtechnik (d, e, f).

Jedes Eichhörnchen verfügt also über die genetisch bedingte Fähigkeit, nussgroße Gegenstände zu benagen und erlernt ergänzend seine eigene Öffnungstechnik.

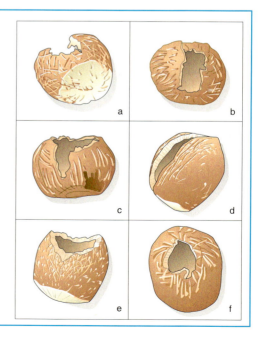

110 Neurobiologie und Verhalten

Vogelscheuche

Reifung
Entstehen einer Verhaltensweise auf genetischer Grundlage ohne die Notwendigkeit individueller Erfahrungen (Entwicklungsprozess)

Gewöhnung
im Gegensatz zur Habituation (s. Seite 104) nicht nur auf unbedingte Reflexe bezogene, einfachste Form des Lernens

Sensitivierung
einfache Form des Lernens, bei der nach intensiver Reizung die Antwort auf nachfolgende, auch unterschwellige Reize verstärkt wird

Reifung

Die Vervollkommnung von Verhaltensweisen ist nicht immer nur auf Lernen zurückzuführen. Ein Beispiel liefert das Flugvermögen junger Tauben: Frisch geschlüpfte Tiere wurden in zwei Gruppen unterteilt. In der Versuchsgruppe waren die Flügel am Körper fixiert und konnten nicht bewegt werden, in der Kontrollgruppe entwickelten sich die Tauben normal. Waren die Kontrolltiere flügge, überprüfte man auch das Flugvermögen der Versuchstiere. Sie konnten ebenfalls fliegen. Eine solche Entwicklung von Verhaltensweisen bezeichnet man als *Reifung*. Ein Verhalten wird dabei als Resultat von Entwicklungsprozessen im Zentralnervensystem und im Bewegungsapparat zur vollen Funktionstüchtigkeit ausgebildet.

Gewöhnung

Bei Vögeln lässt sich beobachten, dass eine neu aufgestellte Vogelscheuche zunächst Fluchtverhalten auslöst. Bald jedoch nimmt die Reaktion auf den immer gleich bleibenden Reiz ab und bleibt schließlich völlig aus. Ein anderer Reiz, z.B. ein lauter Knall, vermag dann aber wieder das Fluchtverhalten mit der ursprünglichen Intensität auszulösen. Die beobachtete Abnahme der Reaktionsintensität lässt sich also nicht mit einer Ermüdung der zur Reaktion benötigten Muskeln erklären. Auch eine zu geringe Handlungsbereitschaft für Fluchtverhalten ist ausgeschlossen. Da die Vogelscheuche keine positiven oder negativen Folgen hat, lernt das Tier, sein Antwortverhalten im Verlauf häufiger Begegnungen anzupassen.

Eine derartige Abnahme der Reaktionsintensität auf einen immer wiederkehrenden Reiz hin nennt man *Gewöhnung*. Sie ist reizspezifisch. Durch Versuche lässt sich eine Adaptation der Sinnesorgane ausschließen. Durch die Gewöhnung, die einige Zeit nach der letzten Einwirkung eines Reizes wieder verschwindet, werden unnötige Reaktionen auf dauernd vorhandene Reize verhindert.

Sensitivierung

Als *Sensitivierung* bezeichnet man eine allgemeine Erhöhung der Reaktionsbereitschaft. Werden z.B. die Zuckerrezeptoren an den Beinen einer Fliege mit hochkonzentrierter Zuckerlösung als chemischem Signal gereizt, so erhöht sich für einige Minuten die Bereitschaft, den Rüssel auszustrecken. Als auslösende Reize reichen dann verdünnte Zucker- oder Salzlösungen. Generell erhöhen starke Reize, wie mechanische Stöße, Vibrationen, Lichtblitze oder chemische Signale die Bereitschaft, auch auf eine Vielzahl anderer Reize verstärkt und länger andauernd zu reagieren.

Spielverhalten

In Anlehnung an das Verhalten von Kindern wird als Spielen bei Tieren ein Verhalten bezeichnet, das keinen erkennbaren äußeren Zweck hat, aber viele Bewegungen beinhaltet, die zielgerichtet erscheinen. Junge Katzen schleichen sich in typischer Körperhaltung an Artgenossen an und packen sie mit Bewegungen, die dem Fangen und Töten der Beute ähneln. Sie fügen ihren Artgenossen dabei zwar keine schmerzhaften Verletzungen zu, das Spiel ist aber trotzdem mit Risiken und Kosten (erhöhtem Energieaufwand) verbunden. Zwei Erklärungshypothesen orientieren sich an ultimaten Begründungen: Entsprechend der Übungshypothese ist Spielen eine besondere Art von Lernen. Das junge Tier kann so Verhaltensweisen „für später" einüben und perfektionieren. Nach der Trainingshypothese spielen Tiere, wenn sie geschützt und versorgt sind, um Muskulatur und Herz-Kreislauf-System in Form zu halten.

Erkunden

Beim Erkunden werden an verschiedenen Objekten oder in unbekannten Lebensräumen Verhaltensmuster durchprobiert. Dabei lernen die Tiere ihre Umwelt kennen, ohne belohnt oder bestraft zu werden. Motivation und Belohnung liegen in der Durchführung des Verhaltens selbst. Dieses Neugierverhalten scheint nur dann aufzutreten, wenn die sozialen Beziehungen intakt und elementare Bedürfnisse erfüllt sind (Abb. 1).

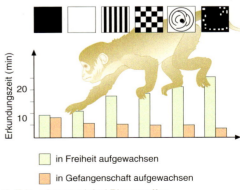

1 Erkundungszeit bei Rhesusaffen

Neurobiologie und Verhalten **111**

Prägung

Prägungskarussell

Isoliert aufgezogene Gänseküken, die nur Kontakt zu Menschen haben, verhalten sich sehr auffällig, wenn sie mit Gänsen zusammengebracht werden. Obwohl die Alttiere auf sie zugehen, laufen die Küken vor ihnen weg und zeigen durch Pfeiflaute an, dass sie sich verlassen fühlen. Die Küken folgen aber jedem Menschen, der sich in ihrer Nähe aufhält. Hühner, Enten und einige weitere Vögel sowie wenige Fisch- und Säugetierarten verhalten sich ähnlich.

Diese *Nachfolgereaktion* wurde bereits 1875 von Douglas Spalding als Prägung bezeichnet und später von Oskar Heinroth, Eckhard H. Hess und insbesondere Konrad Lorenz näher untersucht. Im Brutschrank aufgezogene Tiere kamen in eine Laufbahn, in der eine mit einem Lautsprecher bestückte Attrappe im Kreis bewegt wurde. Diese glich einer Gans oder Ente, konnte aber auch ein Fußball sein. Bereits am zweiten Lebenstag folgte jedes Küken der Attrappe, die es am ersten Tag gesehen hatte. Die Küken lernten das individuelle Muster jedoch nur in einer bestimmten Zeit nach der Geburt und bevorzugten ihr Prägungsobjekt im Wahlversuch.

Die Kennzeichen der *Nachfolgeprägung* sind demnach: Der Lernvorgang findet sehr rasch und nur in einer *sensiblen Phase* statt, ist weitgehend *irreversibel* und sehr effektiv. Die Verhaltensweise ist genetisch programmiert und gehört zum *obligatorischen Lernen*. In der Natur ist die sichere Kenntnis der Mutter die Voraussetzung, um ihr auf einem Gewässer mit vielen anderen Artgenossen nachfolgen zu können. Dies ist für die Küken lebenswichtig, da die Nestflüchter von der Mutter zum Futter geführt und gegen Feinde verteidigt werden. Evolutionsbiologisch gilt die Prägung auch als Mittel zur Identifizierung verwandter Artgenossen. Jedes Individuum kann dadurch sein Verhalten gegenüber anderen entsprechend dem Verwandtschaftsgrad anpassen.

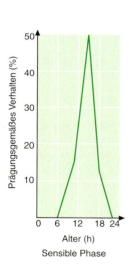

Sensible Phase
Zeit, in der ein Tier für bestimmte Erfahrungen besonders empfindlich ist bzw. bestimmte Erfahrungen machen muss

Untersuchungen an den beteiligten Gehirnstrukturen belegen, dass Prägung meist eine spezifische neuronale Grundlage hat. Bei Hühnerküken geht sie mit mikroskopisch und stoffwechselphysiologisch nachweisbaren Veränderungen von Synapsen in einer bestimmten Region einher.

Bei der geschilderten *Objektprägung* wird ein auslösendes Reizmuster gelernt, in der *Gesangsprägung* bei Vögeln jedoch nicht. Buchfinkenmännchen wurden isoliert und akustisch abgeschirmt aufgezogen. Spielt man ihnen Gesänge verschiedener Arten vor, bevor sie ihren eigenen Gesang voll entwickelt haben, so wird später ihr Gesang durch diese Erfahrung bestimmt.

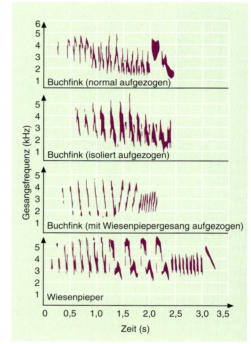

1 Gesangsprägung

Lässt man Zebrafinken (Nestlinge) durch Mövchen aufziehen, so balzt ein erwachsenes Finkenmännchen im Wahlversuch stets Weibchen der Pflegeeltern an. Die *sexuelle Prägung* erfolgt zu einer Zeit, in der die Finken noch nicht fortpflanzungsfähig sind. Dies macht deutlich, dass der Lernprozess und die darauf bezogene Handlung bei der Prägung zeitlich weit auseinander liegen können.

Ähnliches gilt für weitere Prägungsarten wie die *Ortsprägung* (z. B. bei Lachsen), die *Biotopprägung* einiger Singvögel, die *Nahrungsprägung* oder die *Prägung bei Brutparasiten* (z. B. Kuckuck).

Aufgabe

① Analysieren Sie die Experimente zur Gesangsprägung und vergleichen Sie diese mit anderen Prägungsarten.

Neurobiologie und Verhalten

Karawanenbildung bei Spitzmäusen

HANNA MARIA ZIPPELIUS beschreibt, dass junge Haus- und Feldspitzmäuse, wenn sie aus dem Nest geraten sind oder der Unterschlupf gewechselt werden muss, durch die Mutter zur Karawanenbildung angeregt werden. Die Mutter fordert ihre wimmernden Jungen, je nach Situation mit abgestufter Intensität, zur Karawanenbildung auf. Dazu beißt sie ein Junges in das Nackenfell und hebt es kurzzeitig an (s. Abb.).

Die Jungen beißen sich entweder am Fell der Mutter in der Nähe der Schwanzwurzel oder an dem des letzten Karawanenmitglieds, also eines Geschwisters, fest. Mit der Karawane von Jungen, die ihr folgen, macht sich die Mutter dann auf den Weg (s. Abb. rechts).

Attrappen- und Austauschversuche

Dass der Bildung einer solchen Karawane eine Verständigung der beteiligten Tiere zugrunde liegt, setzte man voraus. Wissen wollte man aber, ob das zur Karawanenbildung erforderliche Verhalten der Jungen genetisch festgelegt oder erfahrungsbedingt ist. Die folgenden Beobachtungen geben näheren Aufschluss:

— Lässt man eine junge Spitzmaus isoliert von den Artgenossen durch eine artfremde Amme, die die Karawanenbildung nicht initiiert, aufziehen, beißt sie sich ab dem 6. Lebenstag im Fell der Amme oder eines Nestgeschwisters fest.
— Fordert man sie in diesem Alter zum Zubeißen und Mitlaufen auf, so folgt sie auch einer Attrappe (z. B. Bälge von Waldspitz- oder Hausmäusen, von Gartenschläfern oder Wildlederlappen (s. Abb. unten), aber auch gerade getöteten Haus- oder Spitzmäuse).
— Lässt man eine 8—14 Tage alte Hausspitzmaus, die auf nicht artgemäße Attrappen auch nach der stärksten Aufforderung nicht mehr reagiert, kurz an einer lebenden Hausspitzmaus riechen, so zeigt sie das bekannte Wimmern und beißt anschließend bei jeder ihr gebotenen Attrappe zu.
— Bietet man in dieser Zeit eine durch ätherische Öle geruchlich veränderte Hausspitzmaus, wird diese nicht als solche erkannt und ist als Objekt für das Zubeißen unwirksam.
— Zwischen dem 8. und 14. Lebenstag wendet sich die Hausspitzmaus spontan von jeder nicht artgemäßen Attrappe ab, akzeptiert diese jedoch nach vorheriger Darbietung des arteigenen Geruches.
— Vom 15. Lebenstag an beißt eine Spitzmaus nur noch bei der Mutter oder bei Geschwistern zu, fremde Attrappen werden angedroht.
— Gibt man ein Tier von 4—5 Tagen zu einer Amme, z. B. zu einer Hausmaus, zeigt die junge Spitzmaus vom 6. Tag an die Verhaltensweise des Verbeißens nach Aufforderung, auch bei verschiedenen Attrappen. Vom 10. Tag an erfolgt diese Reaktion zwar gegenüber einer getöteten Hausmaus, jedoch nicht gegenüber der Spitzmausmutter.
— Ab dem 15. Tag beißt die Jungspitzmaus nur noch bei der Amme oder den Stiefgeschwistern zu, weder bei anderen Hausmäusen noch bei der Mutter oder den Geschwistern.
— Setzt man eine junge Spitzmaus, die von einer Hausmaus-Amme aufgezogen wurde, am 15. Lebenstag zur Mutter zurück, wird sie wieder gesäugt. Das Jungtier reagiert aber auf deren Aufforderungen nicht mehr, verbeißt sich jedoch sofort in das Fell der Amme, wenn sie in deren Nest zurückkommt. Bis zum 21. Tag, mit dem das Verbeißen und Mitlaufen auch normalerweise erlischt, ändert sich daran nichts mehr.

Aufgaben

① Beschreiben Sie, wie sich die Reaktion herangewachsener Spitzmäuse bei Aufforderungen zur Karawanenbildung entwickelt.
② Leiten Sie aus den Versuchen ab, inwieweit man bei der Karawanenbildung der Spitzmäuse von Lernen durch Prägung sprechen kann.
③ Erläutern Sie die biologische Bedeutung der dargestellten Verhaltensweise.

Neurobiologie und Verhalten

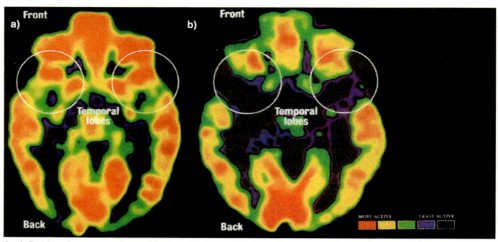

1 a) Gehirn eines normal entwickelten Kindes, b) Gehirn eines durch Deprivation geschädigten Kindes

Hirnentwicklung und sensible Phasen

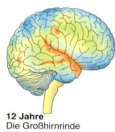

12 Jahre
Die Großhirnrinde schrumpft (blau)

17 Jahre
Umbau an den Spitzen des Stirnlappens (rechts)

22 Jahre
Neuorganisierung der Hirnrinde

Jungtiere kommen meist mit einem großen Anteil an genetisch determiniertem „Wissen" auf die Welt. Diese Anpassungen des Nervensystems entsprechen Umweltbedingungen, die langfristig konstant sind. Derartig genetisch gespeichertes „Wissen" kann jedoch nicht für Dinge angesammelt werden, die sich immer wieder verändern. So kann ein Huhn zwar angeborenermaßen erkennen, was ein Huhn ist, die individuellen Merkmale seiner Mutter muss es aber lernen und zwar möglichst schnell nach dem Schlüpfen aus dem Ei. Untersuchungen an Gehirnen verschiedener Lebewesen haben ergeben, dass die vorprogrammierten Phasen für derartiges Lernen nach einem Schema ablaufen:
1. Aufbau vieler Nervenverzweigungen und -verknüpfungen *(Synapsen)* vor dem Lernen,
2. Aktivierung und Erhaltung der zum Lerninhalt passenden Verknüpfungen während des Lernens und
3. Auflösung bzw. Beseitigung der nicht benutzten Synapsen.

Prägung

Prägungslernen ist u.a. durch folgende Merkmale charakterisiert: Es ist an eine sensible Phase gebunden, in der gelernt werden kann. Es ist auf ein bestimmtes Objekt ausgerichtet, das angeborenermaßen erkannt wird, wenn es vorhanden ist. Das im Prägungsvorgang Erlernte ist irreversibel und genauso fest verankert wie ein genetisch determiniertes Wissen.

Junge Enten sind schon 20 Minuten nach dem Schlüpfen auf ihre Mutter fest geprägt (s. Seite 112). Fehlt diese, dauert es mindestens einen Tag, bis ein Ersatzobjekt eingeprägt wird und dann ist immer noch eine Umprägung auf die richtige Mutter möglich.

In einem Versuch prägte man Hühnerküken auf akustische Reize. Eine Gruppe hörte den natürlichen Lockruf von Hennen, eine zweite ein monotones Signal und die dritte Gruppe hörte keine Töne. Nach sieben Lebenstagen untersuchte man die Hirnstrukturen mikroskopisch und stellte fest, dass bei allen drei Gruppen die Zahlen der *Spines*, d.h. der Ansatzstellen für Synapsen, zurückgegangen waren. Die geringsten Verluste hatten die ungeprägten Küken, an zweiter Stelle kamen die Tiere, die auf Hennenrufe geprägt waren. Die stärksten Synapsenverluste traten bei Prägung auf den monotonen Laut auf.

Gegen die Erwartung waren Lernvorgänge also nicht mit dem Aufbau von Synapsen verbunden, sondern mit deren Abbau. Küken ohne Prägung hatten ihre Synapsenanlagen weitgehend erhalten. Bei den akustisch geprägten Tieren wurden während des Prägungsvorganges bestimmte Nervenverknüpfungen aktiviert und gefestigt und die restlichen, nicht benutzten, abgebaut. Da die Speicherung eines monotonen Lautes nicht so viele aktive Synapsen benötigt, hatten diese Tiere die größten Verluste. Ungeprägte Gehirne beginnen — wie weitere Versuche zeigten — erst nach zwanzig Tagen mit dem Abbau von Synapsen.

Neurobiologie und Verhalten

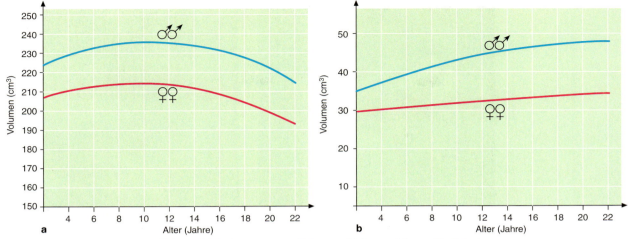

1 Gehirnentwicklung bei Jugendlichen: a) Stirnlappen, graue Substanz, b) Gesamthirn, weiße Substanz

Sprachenerwerb

Alle Menschen besitzen frühkindliche neuronale Netze u. a. im linken Schläfenlappen und im Stirnlappen, die Sprache analysieren und erzeugen können. Wie bei der Prägung von Hühnerküken werden auch hier viele Synapsen angeboten und nicht genutzte eingeschmolzen. Die Zahl der Synapsen im linken Schläfenlappen ist zwischen dem achten und zwanzigsten Monat am höchsten, im Stirnlappen dagegen mit 15 bis 24 Monaten.

Neugeborene können die Grenze zwischen Wörtern erkennen. Ihr Gehirn erkennt und unterscheidet nahezu alle Laute, die in allen Sprachen der Welt vorkommen. So können auch japanische Babys „r" und „l" unterscheiden, was ihren Eltern schwer fällt. Im Alter von zwei Monaten beginnen Kinder Laute zu produzieren. Dieses Lallen ist zu diesem Zeitpunkt bei allen Kindern weltweit übereinstimmend. Mit zehn Monaten gleichen sie ihre Lautproduktion an die lokale Sprache an. Später ist es ihnen nur schwer möglich, fremdartige Laute zu bilden, da die notwendigen synaptischen Verknüpfungen aufgelöst wurden.

Pubertät

Lange Zeit herrschte unter Wissenschaftlern die Vorstellung, dass das menschliche Gehirn in einem sehr frühen Stadium fertig ausgebildet ist. Erst Reihenuntersuchungen von Teenagergehirnen mit so genannten Kernspinresonanz-Gehirnscannern deckten auf, dass bei Jugendlichen tiefgreifende Umgestaltungen im Gehirn stattfinden. Diese betreffen hauptsächlich die graue Substanz der Hirnrinde, in der die Zellkörper, Dendriten und Synapsen enthalten sind. In einigen Gehirnabschnitten verdickt sie sich und wächst weit über die Größenordnung von Erwachsenen heran, um danach wieder zu schrumpfen. Dies betrifft besonders die Scheitellappen, die für Logik und räumliches Vorstellungsvermögen sorgen, die Schläfenlappen mit dem Sprachzentrum und vor allem die Stirnlappen, die für Planungen und Impulskontrolle zuständig sind. Die Stirnlappen zeigen ihr größtes Wachstum während der Pubertät, ihre Entwicklung ist erst mit über 20 Jahren abgeschlossen. In diesem Lebensabschnitt erlernen und verinnerlichen Jugendliche u. a. die Wertesysteme ihrer Kultur (s. Randspalte Seite 114, Abb. 1).

Folgen von Reizverarmung

Nach dem Fall des kommunistischen Regimes in Rumänien entdeckte man Waisenhäuser, in denen Kinder zum Teil seit frühester Kindheit in ihren Betten festgebunden waren. Sie hatten keine Spielzeuge und keine Kontakte untereinander. Scan-Untersuchungen ihrer Gehirne zeigten, dass ihre Temporallappen, die Gefühle regulieren und Sinneseindrücke empfangen, nahezu inaktiv waren (Abb. 114.1). Die Temporallappen werden erst durch Sinneseindrücke in der frühen Kindheit verschaltet.

Aufgabe

① Kommentieren Sie aufgrund der Untersuchungsergebnisse die Aussage: „Das fertige Gehirn ist ein Produkt aus Erbe und Umwelt".

Deprivation
Entzug von Liebe und Zuwendung

Kernspinresonanz
physiologisches Phänomen *(kernmagnetische Resonanz)*, das Einblick in die Materie erlaubt

Neurobiologie und Verhalten

1 Orang-Utan im Kastenexperiment

2 Waschender Rotgesichtsmakake

Komplexes Lernen

Früher nahm man an, dass komplexere Lernleistungen dem Menschen vorbehalten sind. Inzwischen kennt man aber eine Reihe von Beispielen für solche Leistungen bei Tieren.

Werkzeuggebrauch

Schimpansen wurden in der Natur dabei beobachtet, wie sie Termitenhügel mit den Fingern aufkratzen und dann einen festen Halm oder Stock, den sie in der Umgebung suchen und mit den Zähnen für den Gebrauch herrichten, so lange in das Loch halten, bis sich Termiten daran festgebissen haben. Sie ziehen dann das Werkzeug heraus und fressen die Termiten. Andere tauchen durchgekautes Laub wie einen Schwamm in wassergefüllte Astlöcher und trinken dann, indem sie die Flüssigkeit heraussaugen. Auffällig ist, dass die Tiere diese Techniken nur zeigen, wenn sich ihnen ein entsprechendes Problem stellt. Davon zu unterscheiden sind Fälle von Werkzeuggebrauch, bei denen eine genetisch bedingte Disposition besteht. So verwenden Spechtfinken Halme, um Insektenlarven unter der Baumrinde zu erreichen. Jungtiere nehmen solche Gegenstände selbst dann auf, wenn die Larven frei zugänglich sind.

Schimpanse stochert nach Termiten

Lernen durch Einsicht

WOLFGANG KÖHLER beschrieb 1917 ein Experiment mit Schimpansen, die sich in einem Raum befanden, an dessen Decke für sie unerreichbar eine Banane hing. Im Raum stand eine seitlich offene Holzkiste. Zuerst versuchten die Tiere, das Ziel im Sprung vom Boden aus zu erreichen. Ein Schimpanse gab das bald auf, ging unruhig umher, blieb plötzlich vor der Kiste stehen, ergriff sie, kantete sie hastig in gerader Linie auf das Ziel zu, stieg hinauf, als sie noch etwa $1/2$ m entfernt war, und riss im Sprung die Banane herunter. Der Vorgang dauerte nur wenige Sekunden. Das Tier hatte die neue Aufgabe bewältigt. Es schien dazu in Gedanken die Lösung des Problems durchgespielt zu haben, ehe es den Lösungsweg auf einmal ausführte. Dies wird als Lernen durch *Einsicht* oder als *neukombiniertes Verhalten* bezeichnet (Abb. 1). Wesentliches Kriterium ist dabei nicht die Komplexität des Problems, sondern dass die Lösung ohne entsprechende Vorerfahrungen und nicht durch Versuch und Irrtum gefunden wird. Als äußere Anzeichen gelten, dass Planungs- und Handlungsphase deutlich voneinander abgegrenzt und häufig durch eine Pause getrennt sind. Die Handlung erfolgt dann rasch und zielstrebig.

Soziales Lernen und Tradition

Rotgesichtsmakaken wurden auf einer japanischen Insel über längere Zeit beobachtet. 1953 sah man erstmals, wie ein Jungtier Bataten (Süßkartoffeln) in einem Fluss wusch und sie so von Sand befreite. Zuerst ahmten Gleichaltrige das Verhalten nach, später wuschen nahezu alle Tiere der Gruppe die Bataten vor dem Fressen. Auch Tiere der nachfolgenden Generationen zeigten dieses Verhalten (Abb. 2). Das *Lernen durch Nachahmung* führt zum Entstehen einer *Tradition*.

116 *Neurobiologie und Verhalten*

Soziales Lernen kommt nicht nur unter Primaten vor. Sie liefern aber die meisten Beispiele für diese Art des Lernens. Insgesamt unterscheidet man verschiedene Formen des sozialen Lernens:
— Der Lernvorgang kann sich auf einen *Ort* oder ein *Objekt* beziehen. Die Aufmerksamkeit eines Individuums wird z. B. durch die Tätigkeit des Artgenossen auf eine ergiebige Nahrungsquelle gelenkt oder auf das Meiden bzw. Auswählen einer bestimmten Nahrung. Der individuelle Lernvorgang folgt dann dem Schema von Versuch und Irrtum.
— Beim Lernvorgang kann es sich um eine *Stimmungsübertragung* handeln, wenn beispielsweise mehrere Vögel nacheinander im Schwarm auffliegen oder gemeinsam einen angreifenden Raubvogel attackieren (Mobbing von Raubfeinden).
— Sind bestimmte Verhaltensweisen für einen Artgenossen mit Konsequenzen verbunden, lernt ein Tier durch *Beobachtungs-Konditionierung*. Ratten können mit vergiftetem Futter kaum bekämpft werden, weil die Artgenossen das Futter meiden, das dem beobachteten Tier schlecht bekommen war.
— *Imitation* findet dann statt, wenn ein Tier eine neue Verhaltensweise zeigt, die nicht zu seinem artspezifischen Repertoire gehört (z. B. sprechende Papageien oder andere Tierarten während einer Zirkusdressur).
— Soziales Lernen kann auch in einem *aktiven Unterricht* stattfinden, wenn Schimpansenmütter z. B. ihren Kindern beibringen, wie harte Nüsse mit Steinen geknackt werden können.

Welche Vorteile soziales Lernen gegenüber dem individuellen Lernen hat, zeigt sich insbesondere unter extremen ökologischen Bedingungen: Hausmäuse töten und fressen auf der Atlantikinsel Gough junge Küken der dort brütenden Albatrosse. Die vor wenigen Jahrzehnten versehentlich auf die Insel eingeschleppten Nagetiere zeigen dieses Verhalten nur in einer geografisch begrenzten Region und meist in den Wintermonaten, wenn Samen und Insekten — die übliche Nahrung der Mäuse — knapp sind. Selbst bei gleicher Populationsdichte und Nahrungsknappheit tritt das Verhalten außerhalb der Bergregion nicht auf. Diese Beobachtung und die Tatsache, dass sich die Verhaltensabläufe im Angriff und Verbiss bei allen beobachteten Tieren ähneln, lassen auf soziales Lernen und die Weitergabe über viele Generationen schließen. Hier zeigt sich, dass soziales Lernen schnell und kostensparend ist und das Überleben fördert.

Werden Verhaltensweisen innerhalb von Populationen und zwischen Generationen weitergegeben, entwickeln sich Traditionen, die ihrerseits Bestandteil einer Kultur sind. Als Grundlage der menschlichen Kultur gilt z. B. die Fähigkeit zu lernen und zu spielen, Symbole zu verwenden, Werkzeuge zu gebrauchen und Wissen weiterzugeben. Tieren hatte man noch Anfang des letzten Jahrhunderts jegliche Kultur abgesprochen. Die Beobachtung von wilden Schimpansenpopulationen, von Orang-Utans oder Kapuzineraffen und vielen Nicht-Primaten zeigten aber, dass *Kultur* kein ausschließlich menschliches Phänomen ist, sondern durchaus auch ohne Sprache entwickelt werden kann.

Zettelkasten

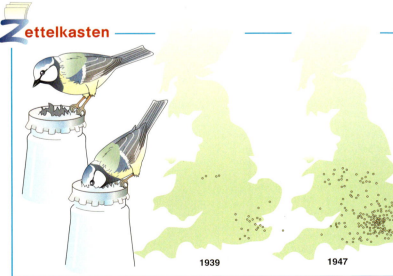

1939   1947

Nachahmung oder individuelles Lernen?

In England war es üblich, dass die angelieferte frische Milch vor die Haustür gestellt wurde. Die Flaschen hatten einen Verschluss aus einem einer Alufolie ähnlichen Material. Blaumeisen wurden seit 1921 dabei beobachtet, wie sie diese Milchflaschen öffneten, um so an die nahrhafte Rahmschicht zu gelangen. Das Verhalten breitete sich von 1939 bis 1947 über weite Teile Südenglands aus. Die Vögel haben dabei vermutlich nur den Ort der Manipulationen durch Beobachtung gelernt, weil angeborene Bewegungsmuster zum Öffnen der Milchflaschen ausreichen. Meisen suchen auch sonst Nahrung durch Picken und Anheben von Rindenstücken (s. Seite 110).

Neurobiologie und Verhalten   **117**

Lexikon

Weitere Lernformen

Handeln nach Plan

Um zu prüfen, ob Menschenaffen längere Handlungsketten mit Werkzeuggebrauch bewältigen können, wurde eine Abfolge von Kästen mit unterschiedlichen Schließmechanismen konstruiert, die jeweils den Öffner für den nachfolgenden Kasten enthielten. Welchen Öffner die Kästen enthielten und wo die Belohnung lag, konnte Julia, ein Orang-Weibchen, durch die Glasdeckel der Kisten erkennen. Die Handhabung der einzelnen Öffner wurde mit ihr trainiert. In einigen Fällen fand sie es durch Versuch und Irrtum selbst heraus. Bei den Versuchen wechselte die Stellung von Kästen, Öffnern und Belohnung. Julia musterte zunächst den Inhalt der Kisten eine Weile, ehe sie ohne Probieren die Kästen nacheinander öffnete und die Belohnung erreichte. Sie erkannte offenbar die kausalen Zusammenhänge zwischen Ursache und Wirkung. Dies ist ein Beispiel für *Handeln nach Plan*.

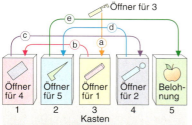

Abstraktion und Generalisieren

Um das Unterscheidungsvermögen von Ratten zu überprüfen, bot man ihnen in einem Experiment jeweils drei Klappen mit unterschiedlichen Streifenmustern an. Zwei Muster stimmten überein, das dritte wich ab. Hob die Ratte die Klappe mit dem abweichenden Muster an, wurde sie belohnt. Wiederholte man den Versuch mit anderen Mustern, aber entsprechender Wahlsituation, so entschied sich die Ratte überwiegend für das abweichende Muster, da dies verstärkt wurde.

Man deutet das Verhalten der Ratte so, dass sie nicht auf ein konkretes Reizmuster konditioniert ist, sondern auf das Merkmal „abweichend von den mehrfach vorhandenen Mustern" *(Abstraktion)*. Sie wendet dieses Prinzip beim Wahlverhalten in weiteren Versuchen ebenfalls an *(Generalisation)*. Das gemeinsame Merkmal „abweichendes Muster" wird in Form eines Bildes oder Schemas zu einem Begriff *(averbale Begriffsbildung)*.

Averbale und verbale Begriffe

Otto Koehler bot einer Dohle mehrere Futterschüsselchen, die mit Deckeln verschlossen waren, und von denen jede eine unterschiedliche Anzahl von Punkten aufwies. Die Dohle lernte, den Deckel desjenigen Schälchens abzuheben, bei dem die Anzahl mit der Vorgabe der Anweisertafel übereinstimmte. Nur in diesem Schälchen wurde sie mit Futterkörnern belohnt. Die Dohle konnte bei bis zu 8 Punkten die Anzahl bildlich erfassen *(averbale Zahlbegriffe)*. Die verbale Begriffsbil- dung bleibt Menschen vorbehalten; sie können Begriffe in einem Denkvorgang bilden und in Worten (z. B. Zahlen) ausdrücken.

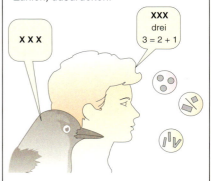

Abstrakte Wertbegriffe

Schimpansen und Rhesusaffen erhielten in Versuchen unterschiedlich gefärbte Spielmarken, wenn sie Aufgaben erfüllten. Diese konnten sie später eintauschen: Für blaue Marken erhielten sie Rosinen aus einem Futterautomaten, mit einem anderen Markentyp konnten sie die Gehegetür öffnen oder für einen dritten Markentyp mit dem Pfleger spielen. Die Tiere erfüllten Aufgaben und horteten Marken. Eine Schimpansin nutzte die Marke zum Türöffnen, beispielsweise um damit vor einem Kameramann zu flüchten. Dieses Beispiel zeigt, dass Primaten in der Lage sind, *abstrakte Wertbegriffe* zu bilden und situationsgerecht anzuwenden.

Selbsterkenntnis

Gibt man Schimpansen die Möglichkeit, sich in einem Spiegel zu sehen, so manipulieren sie an sich und entfernen Farbflecken, die man im Schlaf aufgetragen hatte. Die Schimpansen erkennen also das Spiegelbild als ihr Abbild. Das Verhalten zeigt, dass Menschenaffen über einen *averbalen Ich-Begriff* verfügen. Dies wirft die Frage auf, ob sie ein Bewusstsein im menschlichen Sinne haben.

118   *Neurobiologie und Verhalten*

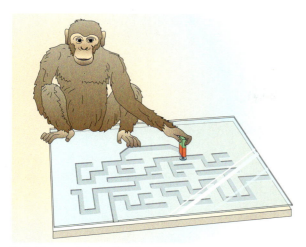

1 Schimpansin beim Problemlösen

2 Kind (6 Jahre) in der gleichen Situation

Kognition und das Lösen von Problemen

Was geht am Morgen auf vier Beinen, am Mittag auf zweien und in der Dämmerung auf drei Beinen? Das Rätsel, das in der griechischen Mythologie die Sphinx den Menschen von Theben aufgab, ist auf den ersten Blick unlösbar. Um hinter das Geheimnis zu kommen, muss man erkennen, dass zwei Schlüsselelemente im übertragenen Sinn verwendet wurden: Morgen, Mittag und Dämmerung stehen für die verschiedenen Phasen im Leben des Menschen. Das Kleinkind krabbelt auf allen Vieren, der Erwachsene geht auf zwei Beinen und ein alter Mensch benutzt zusätzlich einen Stock. Im täglichen Leben wird man zwar selten mit derartigen Rätseln konfrontiert. Trotzdem gehört das *Problemlösen* zum Alltag von Tier und Mensch. Immer wieder nimmt man den Unterschied zwischen dem gegenwärtigen Zustand und einem erwünschten Ziel wahr und muss eine Reihe von Schritten planen, um dieses Ziel zu erreichen. Dazu werden verschiedene Fähigkeiten benötigt.

Kognition wird in der Psychologie mit Lebensbewältigung gleichgesetzt. Einem Lebewesen wird Kognition zugeschrieben, wenn es in der Lage ist, seinen Fortbestand zu erhalten. Zum kognitiven System gehören Strukturen oder Prozesse des Erkennens und Wissens. Darunter sind zum Beispiel einzuordnen: Wahrnehmung, Schlussfolgern, Erinnern, Denken, Entscheiden und Gedächtnisbildung. Diese Schritte der Informationsverarbeitung können beim Menschen gut nachvollzogen und getestet werden. Ob und in welchem Umfang es auch ein „verstehendes Lernen" oder Nachdenken bei Tieren gibt, lässt sich meist nur mit ausgeklügelten Versuchsanordnungen herausfinden.

Erste Versuche zur Kognition hatten BERNHARD RENSCH und JÜRGEN DÖHL 1968 mit einer Schimpansin gemacht. Sie musste mit einem Magneten, den sie in der Hand hielt, einen flachen Eisenring durch ein Ganglabyrinth bewegen, nachdem sie gelernt hatte, sich mit dem Ring Futter zu besorgen. Das Ganglabyrinth war durch eine Plexiglasscheibe abgedeckt und ließ nach dem Startpunkt (Abb. 1) keine Korrektur mehr zu. Es konnte zunehmend schwieriger gestaltet und von Versuch zu Versuch verändert werden. Bei den komplexen Aufgaben setzte sich die Schimpansin zunächst bis zu 75 s lang vor die Versuchsanordnung, führte Blick- und Kopfbewegungen aus und zog dann in weniger als 61 s den Magnet über die richtige Strecke. Studenten benötigten durchschnittlich etwa die Hälfte der Zeit. Später durchgeführte Versuche mit Fünf- und Sechsjährigen (Abb. 2) zeigten große Unterschiede in den Strategien.

Neuere Untersuchungen des japanischen Kognitionsforschers TETSURO MATSUZAWA im Jahre 2006 widmen sich z. B. dem Ordnen der Zahlen von 1 bis 10, das einer Schimpansin am Bildschirm schneller gelingt als einem Menschen. Diese und viele weitere Versuche zeigen zwar verblüffende Leistungen der Primaten. Trotzdem bleibt die Frage offen, ob die Tiere, wie wir Menschen „nachdenken" und entscheiden.

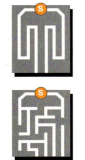
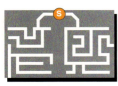

Labyrinthmuster

Neurobiologie und Verhalten

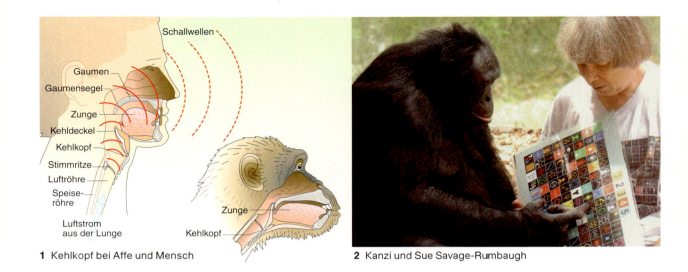

1 Kehlkopf bei Affe und Mensch
2 Kanzi und Sue Savage-Rumbaugh

Affen und Sprache

Von PLATON über ARISTOTELES bis zum heutigen christlichen Weltbild wird zwischen dem Tierreich und den Menschen eine klare Grenze gezogen. Diese definiert sich darin, dass der Mensch ein „vernunftbegabtes Lebewesen" sei, dessen Besonderheit in seiner Sprache besteht. Lautäußerungen von Tieren betrachtet man danach als einfachen Ausdruck von Gefühlszuständen.

Erste wissenschaftliche Untersuchungen und Vergleiche des Ausdrucksverhaltens von Affen und Menschen stammen von CHARLES DARWIN. In den 80er-Jahren des 19. Jahrhunderts versuchte der Amerikaner R. C. GARNER mithilfe von *Phonographen* die „Sprache der Affen" aufzuzeichnen und ihre Bedeutung in kleineren Experimenten zu erfassen. Seine Beschreibungen blieben aber anekdotenhaft. Erst in den 70er-Jahren des 20. Jahrhunderts gelang es DOROTHY CHENEY und ROBERT SEYFARTH in Freilanduntersuchungen mit Tonbandaufnahmen nachzuweisen, dass Meerkatzen u. a. drei verschiedene Alarmrufe bei Angriffen von Leoparden, Adlern oder Schlangen benutzen. Außerdem beherrschen sie noch verschiedene Rufe bei Kontakten mit fremden Affengruppen. Bei den unterschiedlichen Alarmrufen flüchten die Gewarnten entweder in die Bäume (Leopardenalarm), nach unten in die Büsche (Adleralarm) oder stellen sich hin und beobachten den Boden (Schlangenalarm). Gibt ein Tier mehrfach falschen Alarm, „glaubt" man ihm nicht mehr, flüchtet aber sofort wieder, wenn die Warnung von einem anderen Gruppenmitglied kommt. Der Entdecker eines Feindes warnt aber meist nur, wenn Verwandte in der Nähe sind. Der Signalsender kann also zwischen mehreren Signalen und Schweigen auswählen. Der Gewarnte verrechnet von wem das Signal kommt und was es aussagt. (→ 174/175)

Menschliche Sprache

Über die Untersuchungen, die Sprache der Affen zu verstehen, gingen Experimente hinaus, in denen man verschiedenen Affen die menschliche Sprache beibringen wollte. In den 30er-Jahren des vorigen Jahrhunderts zogen LOUISE und WINTHROP KELLOG den kleinen Schimpansen Viki in ihrer Familie auf und versuchten, wie auch das Ehepaar HEYES ab 1947 mit dem Jungtier Gua, diesem die menschliche Sprache beizubringen. Beide Experimente scheiterten kläglich. Heute wissen wir, dass dieser Misserfolg im unterschiedlichen Bau des Kehlkopfes bei Mensch und Affe begründet ist (Abb. 1).

Zeichensprache

Als die Unfähigkeit der Menschenaffen, Sprache zu artikulieren, erklärt worden war, begann ab 1966 das Psychologenehepaar GARDNER die kleine Schimpansin Washoe in der *amerikanischen Taubstummensprache (ASL)* zu unterrichten. Die Arbeit mit Washoe wurde später von ROGER FOUTS weitergeführt, der weitere Schimpansen dazuholte. 1970 beherrschte Washoe etwa 150 Zeichen, aus denen sie auch kleine Sätze bilden konnte. Es blieb aber unsicher, ob die-

Phonographen
älteste Geräte, mit denen man Töne grafisch darstellen konnte

Neurobiologie und Verhalten

1 Sherman und Austin

Empathie
Fähigkeit sich in andere hineinzuversetzen

se Schimpansen die benutzten „Vokabeln" wirklich verstanden. Sie reihten einerseits die Begriffe oft in richtiger Reihenfolge aneinander, um etwas zu bekommen. Oft verstanden sie aber andererseits nicht, was von ihnen verlangt wurde, wenn sie mit den gleichen Vokabeln um etwas gebeten wurden.

Symbolsprache

Der wirkliche Durchbruch gelang SUE SAVAGE-RUMBAUGH mit den Schimpansen Sherman und Austin. In aufwändigen Versuchen lernten beide, bestimmte Begriffe z.B. für Nahrung (Apfel, Banane) auf einer Tastatur zu drücken und so dem Versuchsleiter ihre Wünsche mitzuteilen. Im nächsten Schritt versteckten diese etwas Futter in einem Kasten. Dabei war abwechselnd eines von beiden Versuchstieren anwesend. Die Schimpansen bekamen das Futter aber nur, wenn beide das richtige Zeichen drückten, d.h. der „Wissende" musste dem „Unwissenden" zuerst mitteilen, was im Kasten versteckt war. Nachdem sie dies konnten, mussten sie lernen, das gewünschte Futter aus einer von sechs Boxen herauszuholen, die mit sechs verschiedenen Werkzeugen, u.a. Schlüssel und Schraubenschlüssel, zu öffnen waren (s. Seite 118). Im letzten Schritt waren Sherman und Austin in zwei Räumen untergebracht, die durch eine Glasscheibe mit Öffnung getrennt waren. Während einer sehen konnte, in welcher Box das Futter untergebracht wurde, besaß der andere im Nachbarzimmer die Werkzeuge zum Öffnen der Boxen. In dieser Situation kooperierten sie, indem einer dem anderen per Tastatur mitteilte, welches Werkzeug er braucht, um an das Futter zu kommen. Dieses wurde anschließend geteilt. Sherman verwechselte manchmal die Zeichen für Schlüssel und Schraubenschlüssel. Als er einmal Austin falsch das Zeichen für Schlüssel signalisierte, kam dieser korrekt mit dem Schlüssel an. Daraufhin rannte Sherman zur Tastatur und drückte das Schraubenschlüssel-Symbol. Austin ließ den Schlüssel fallen und holte den Schraubenschlüssel (Abb. 1).

Kanzi

Kanzi, ein Bonobo-Männchen, wurde am 28. Oktober 1980 geboren und kurz nach der Geburt von Matata, einem fremden Weibchen, „adoptiert". Matata gehörte zu einer Affengruppe im Language-Research-Center in Atlanta, in der den Affen eine Symbolsprache mithilfe einer Tastatur beigebracht werden sollte. Kanzi nahm an diesen Trainingssitzungen teil und konnte zuschauen, wie seine „Mutter" unterrichtet wurde. Nur durch Zuschauen erlernte er die Bedeutung der Symbole. Mit zwei Jahren beherrschte er die Tastatur und konnte mit den Versuchsleitern kommunizieren. Eines Tages entdeckten die Forscher, dass er auch gesprochenes Englisch verstand. Er erreichte auf Tastaturzeichen-Ansprache bis zu 95 % richtige Antworten, auf gesprochenes Englisch bis zu 93 % passende Antworten.

Empathie

Die Versuche mit Sherman und Austin deckten nicht nur auf, dass die Menschenaffen in der Lage sind, Sprachsymbole in ihrer Bedeutung zu erfassen und anzuwenden. Ihre Kooperation belegte auch, dass sie erkannten, wenn ihr Partner bestimmte Dinge nicht wissen konnte, eine Fähigkeit, die auf das Leben in Gruppen zurückzuführen ist. Dieses wird umso problemloser, je genauer man Reaktionen und Verhaltensweisen anderer Gruppenmitglieder vorhersagen kann und funktioniert besonders gut, wenn man Gruppenmitglieder permanent beobachtet und aus ihrem Verhalten Regeln ableitet, mit denen sich zukünftiges Verhalten voraussagen lässt. Ein besonders wichtiger Schritt in der Hirnevolution und der Prognosefähigkeit war, zu erkennen, dass ein anderes Individuum sowohl ein eigenes Bewusstsein hat, als auch unter Umständen andere Bedürfnisse hat als man selbst. Diese Erkenntnis ist möglich aufgrund der Entwicklung spezieller Gehirnzellen *(Spiegelneurone)*, die immer dann reagieren, wenn soziale Kompetenz erforderlich ist. (→ 174/175)

Neurobiologie und Verhalten

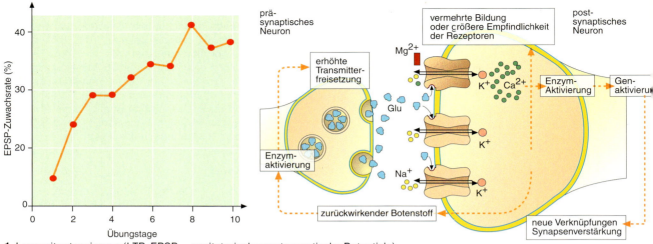

1 Langzeitpotenzierung (LTP, EPSP = exzitatorische postsynaptische Potentiale)

Das Lernen beim Menschen

In den letzten Jahren haben Neurowissenschaftler und Psychologen viel über das Lernen beim Menschen herausgefunden. Dabei zeigt sich immer mehr, dass unser Gedächtnis keineswegs einfach nur mit möglichst vielen Fakten „gefüttert" werden muss, um möglichst viel zu behalten. Motivation und die Verknüpfung mit anderen Gedächtnisinhalten, Emotionen, das soziale Umfeld und viele weitere Einflüsse beeinträchtigen oder fördern das Speichern von Information. Dabei arbeitet die Großhirnrinde nach den derzeitigen Erkenntnissen *vernetzend*, d. h. eine Erinnerung wird nicht in bestimmten Nervenzellen festgelegt, sondern ergibt sich aus einer verstärkten Verknüpfung von Nervenzellen in einem bestimmten Bereich oder in weit auseinander liegenden Gebieten (s. Seite 58).

Eine besondere Rolle spielen die Vorgänge an den Synapsen und das Phänomen der *Langzeitpotenzierung (LTP)*. Dies ist die Stunden oder gar Tage anhaltende Verstärkung der synaptischen Übertragung nach einer kurzen Serie von Aktionspotentialen in einer präsynaptischen Nervenfaser (Abb. 1). Bedingt wird dies durch eine Kaskade biochemischer Prozesse, in die spezielle Rezeptoren, Transmitter und Gehirnbereiche *(Hippocampus)* involviert sind. Möglicherweise ist die Langzeitpotenzierung auch dafür verantwortlich, dass über Genaktivierung Vernetzungen hergestellt werden, die dauerhaft funktionstüchtig sind. Neue Informationen werden immer in bereits bestehende Netzwerke eingebettet.

Bestimmte Gehirnbereiche sind dabei auf verschiedene Aufgaben spezialisiert (Abb. 2). Außerdem unterscheiden sich linke und rechte Gehirnhälfte in ihrer Zuständigkeit für eingehende Informationen und Steuerung der Handlungen: Im Allgemeinen ist die rechte Hirnhälfte für die linke Körperhälfte zuständig und umgekehrt. Eine Ausnahme bildet das visuelle System (s. Seite 42). Die Großhirnhälften unterscheiden sich aber auch in der Art der Verarbeitung. So kann die rech-

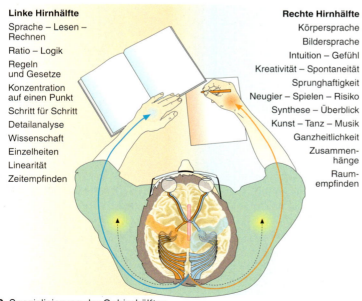

2 Spezialisierung der Gehirnhälften

Neurobiologie und Verhalten

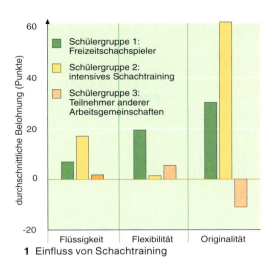
1 Einfluss von Schachtraining

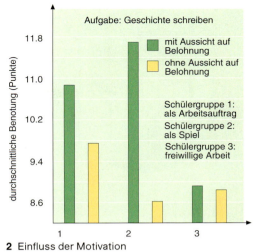
2 Einfluss der Motivation

te Hälfte eher ganzheitlich arbeiten und Zusammenhänge erkennen, während die linke vielmehr Schritt für Schritt die Einzelheiten erarbeitet. Vereinfacht: Links sehen wir die Bäume, rechts wird daraus der Wald. Rechte und linke Gehirnhälfte und die einzelnen Areale müssen also miteinander kommunizieren, wobei die genannten Verstärkungsmechanismen eine Rolle spielen. Die Bedeutung der Verknüpfung von linker und rechter Gehirnhälfte wird dann deutlich, wenn der Datenaustausch unterbrochen wird, wie es gelegentlich bei Splitbrain-Operationen epileptischer Patienten geschieht. Dabei wird als letzter Ausweg der Behandlung der Balken durchtrennt. Werden solche Patienten dann in spezifischen Experimenten getestet, können z. B. gesehene oder ertastete Gegenstände nicht benannt werden, weil die Integration der Sinnesinformationen und die Verknüpfung zum Sprachzentrum fehlt.

Aus diesen und weiteren neurophysiologischen Erkenntnissen lassen sich einige Strategien für das Erlernen neuer Sachverhalte und für Prüfungsvorbereitungen ableiten: Grundsätzlich beginnt jeder Lernprozess mit der Aufnahme, Speicherung und Verarbeitung von Information *(Lernphase)*.

In der so genannten *Kannphase* wird die gespeicherte Information abgerufen, auf neue Sachverhalte übertragen oder zum Lösen von völlig neuen Problemen benutzt.

Erste Schritte in der Lernphase werden durch emotionale Faktoren bestimmt (Motivation, Neugierde, Faszination beim Lernen) und können Aufnahmebereitschaft, Gespanntheit und Konzentration fördern. Damit werden Vernetzung und Zusammenarbeit der Gehirnbereiche intensiviert. Das Gehirn „lernt zu lernen". Wie stark Lernen in einem Bereich das Lernen und Erinnern in einem anderen Bereich beeinflussen kann, zeigt Abbildung 1. Den Einfluss der Motivation verdeutlicht Abbildung 2. Aufgabe war es hierbei, eine Geschichte zu schreiben.

Weiterhin ist die Strukturierung des zu lernenden Sachverhalts von Bedeutung: Wird etwa aus einem Chaos gesammelter Ideen und Informationen zunächst ein überschaubares Netz, z. B. in Form einer *Mindmap* (s. Seite 124), können vertiefende Zusätze eingeordnet und auch bildlich gespeichert werden. Lineare Strukturen werden dadurch aufgelöst und der Abruf erleichtert. Zusätzlich können unterschiedliche Sinneskanäle angesprochen werden (z. B. durch Lesen, Schreiben, Sprechen, Hören, Experimentieren).

Neue Sachverhalte sollten stets mit bekannten Inhalten verknüpft werden. Dieses Ziel verfolgen z. B. auch die Basiskonzepte (→ 166 – 177). Ist z. B. der Begriff des Gegenspielers für das Beuger-Strecker-System am Oberarm bekannt, kann das Prinzip auf andere Muskel-Muskel-Systeme übertragen werden. Gegenspieler sind aber z. B. auch Sympathicus und Parasympathicus (s. Seite 51) oder antagonistisch wirkende Ionen im Mineralstoffwechsel der Pflanzen. Grundlegende, immer wieder auftauchende Prinzipien helfen somit, viele Einzelphänomene zu verbinden und verflochtene Strukturen und damit auch Wissensnetze aufzubauen.

Neurobiologie und Verhalten

Impulse

Lernprozesse

Jeder Mensch lernt anders. Bereits die Wahrnehmung wird — abhängig von der Vorerfahrung — unterschiedlich interpretiert (s. Seite 57). Verarbeitung (die sog. *Encodierung*), Speicherung und Abruf werden ebenfalls individuell beeinflusst. Viele Lernprozesse lassen sich auch beim Menschen mit klassischen und instrumentellen Lernvorgängen erklären, werden aber in großem Maß durch *kognitives Lernen* oder *Lernen durch Nachahmung* erweitert. Für ein besonders gutes Wissensgedächtnis ist es wichtig, den individuellen Lernprozess gut zu kennen und entsprechend zu verbessern.

Verarbeitung

Jede Informationsverarbeitung benötigt eine gewisse Aufmerksamkeit. Werden zu viele Dinge gleichzeitig gemacht, wird das System überlastet.

Versuchen Sie, den Text der vorangegangenen Seite zu verstehen, während gleichzeitig ein spannender Film oder die Nachrichten im Fernsehen gezeigt werden. Wiederholen Sie das Experiment mit einer anderen Seite bei leiser Instrumentalmusik oder ohne jegliche Einflüsse.

Gibt es Lerntypen?

Der *visuelle Lerntyp* kann Informationen am besten behalten, wenn Fotos oder Schemata vorhanden sind. Er macht sich häufig Notizen oder Skizzen und erinnert sich an Details auf einer Buchseite.

Der *auditive Lerntyp* lernt über das Hören und Sprechen. Durch lautes Vorlesen eines Textes prägen sich ihm Zusammenhänge am besten ein. Er besitzt eine gute Auffassungsgabe, kann gut zuhören, hervorragend nacherzählen und schnell kombinieren.

Der *motorische Lerntyp* „begreift" Zusammenhänge am besten durch eigene Aktivitäten und Experimente. Er benötigt praktische Tätigkeiten und Bewegung beim Lernen. Erzählt er, reden auch die Hände mit.

Der *kommunikative Lerntyp* lernt am besten mit anderen zusammen. Wird ein Thema ausführlich diskutiert, erklärt und widersprüchlich in einer Gruppe diskutiert, behält er es am besten.

Manchmal wird noch ein Einfluss der Person, die den Lernenden unterrichtet oder des Mediums mit dem gelernt wird, gesehen (*personen-* oder *medienorientierter Lerntyp*).

Die Einteilung in Lerntypen geht auf das Buch „Denken, Lernen Vergessen" von FREDERIC VESTER (1975) zurück, wird aber zunehmend kritisiert.

Informieren Sie sich zum Thema „Lerntypen" und listen Sie Kritikpunkte auf. Untersuchen Sie Ihr eigenes Lernverhalten.

Der visuelle Lerntyp

Der auditive Lerntyp

Der motorische Lerntyp

Der kommunikative Lerntyp

Mindmapping

Warum helfen Mindmaps beim Lernen?

Erklären Sie, warum Visualisierungsmethoden helfen, Gedächtnisinhalte zu verknüpfen.

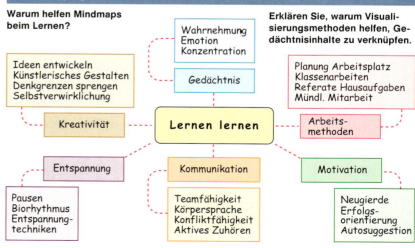

Neurobiologie und Verhalten

Voreinstellung

Zeigen Sie einer Person nur die beiden Figuren in der Mitte, einer anderen Person nur die linken vier oder die rechten vier Abbildungen.

Lassen Sie sich beschreiben, was die Testpersonen jeweils sehen. Suchen Sie nach Erklärungen für die unterschiedliche Wahrnehmung.

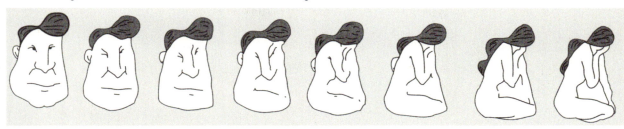

Ist ein Glas zur Hälfte gefüllt, kann es einerseits als halb voll, andererseits als halbleer bezeichnet werden. Was sagt die jeweilige Bezeichnung über die Voreinstellung aus?

Wie beeinflusst die eigene Voreinstellung im Allgemeinen den Lernprozess? Recherchieren Sie und halten Sie ein Kurzreferat.

Problemlösen

In WOLFGANG KÖHLERS Experiment (s. Seite 116) könnte auch ein *Lernen durch Versuch und Irrtum* stattgefunden haben, da vorherige Erfahrung mit dem Aufgabenmaterial (Kisten, Stöcke) wichtig dafür war, ob die Schimpansen die Aufgabe lösen konnten oder nicht.

Suchen Sie nach Kriterien, die Lernen durch Versuch und Irrtum vom Lernen durch Einsicht und eigenständigem Problemlösen abgrenzen. Erläutern Sie das anhand des Flussüberquerungsproblems (s. u.).

Es gibt keine Wundermethode und kein generelles Patentrezept, wie man am besten lernt. Aber bei sinnvollen Lerntechniken sind Lerneffekt, Arbeitsaufwand, Motivation und Spaß positiv korreliert, d. h. die Steigerung des Lerneffekts ist meistens mit einer Steigerung des Aufwands verbunden, aber auch mit mehr Spaß und einer höheren Motivation. Wichtig ist z. B. eine sinnvolle Zeitplanung, d. h. früh genug anfangen, sich den Lernstoff einteilen und nicht in Angst und Panik verfallen. Dann bleibt Zeit zum Üben und Wiederholen (s. Langzeitpotenzierung, Seite 122). Außerdem sollte neuer Stoff mit schon Bekanntem verknüpft werden. Dabei kann man Strukturierungshilfen benutzen oder sich witzige Eselsbrücken, Reimtechniken oder Bildergeschichten (Cartoons) ausdenken.

Das bekannte „Flussüberquerungsproblem" in einer neuen Variante:

Drei Jäger und drei Löwen wollen einen Fluss überqueren. Es gibt nur ein Boot, das maximal zwei Menschen oder Tiere trägt und zumindest von einem Lebewesen besetzt sein muss (auch Löwen können das Boot steuern!). Die Löwen töten aber sofort die Jäger, wenn die Jäger in der Minderheit sind. Erweitern Sie dann das Problem auf 5 Jäger und 5 Löwen. Im ersten Fall können Sie mit 11 Schritten fertig sein, im zweiten mit 15.

Finden Sie weitere Lerntipps. Diskutieren Sie sie im Freundeskreis und wenden Sie sie auf schwierige Sachverhalte an.

Neurobiologie und Verhalten **125**

1 Quizsendung und IQ-Werte der Bevölkerung

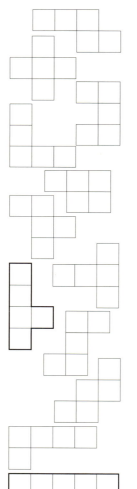

Kann man aus den 12 Teilen auch ein Quadrat legen?

Intelligenz

Bereits zu Beginn des letzten Jahrhunderts definierte WILLIAM STERN die *Intelligenz* als Fähigkeit zur Anpassung an unbekannte Situationen bzw. zur Lösung neuer Probleme. Einige moderne Lexika bezeichnen als Intelligenz die Fähigkeit der Neukombination auf der Ebene der inneren Repräsentation (Denken, Einsicht), die nur mit Lernfähigkeit allein nicht erreicht werden kann und ergänzen zusätzlich die *emotionale Intelligenz* als Fähigkeit, die eigenen Gefühle zu reflektieren und sie situationsabhängig zu beherrschen sowie die *soziale Intelligenz* als Einsicht in soziale Zusammenhänge, die beim Menschen auch die Folgen des eigenen Handelns (Empathie, Moral) umfasst. Andere sehen in der Intelligenz nur die Fähigkeit, ein neues Problem schnell und effektiv zu lösen. Trotz intensiver Forschung gibt es bis heute keine einheitliche Definition der menschlichen Intelligenz, und es gibt noch viel weniger ein verbindliches Verfahren, mit dem sich Intelligenz messen lässt.

Der Intelligenzquotient (IQ)

Das gebräuchlichste Vergleichsmaß ist der *Intelligenzquotient*. In den zugrunde liegenden Tests werden räumliches Vorstellungsvermögen, sprachliche Fähigkeiten, logisch-abstraktes Denken, Wahrnehmungsgeschwindigkeit und Merkfähigkeit abgefragt, manchmal auch Kreativität und soziale Intelligenz. Jeder neue Test muss normiert werden, d. h. mit einer repräsentativen Gruppe aus der Bevölkerung wird ermittelt, wie viele Testaufgaben durchschnittlich gelöst werden. Dieser Mittelwert, definiert als 100, dient als Vergleichszahl. Falls eine Person mit diesem Test einen IQ von 100 aufweist, so stimmen seine Leistungen mit diesem Durchschnittswert überein. Zwischen 85 und 115 liegen ungefähr 68 % der Vergleichsgruppe. Beträgt der IQ mehr als 130, spricht man von *Hochbegabung* (etwa 2 – 3 %), liegt er unter 70 von *Minderbegabung* (etwa 2 – 3 %). IQ-Tests in Zeitschriften oder Fernsehsendungen zeigen Struktur, Aufbau und Art möglicher Aufgaben (s. Zettelkasten Seite 127). Standardisierte und von Wissenschaftlern entwickelte Tests sind öffentlich nicht zugänglich, da ihre Aussagekraft sonst wertlos wäre.

Damit wird deutlich, dass eine derartige Intelligenzmessung nicht unumstritten ist, denn die meisten Tests gehen auf schulische und akademische Leistungen ein, sodass Personen mit entsprechenden Erfahrungen besser abschneiden. Aber nicht jede Person mit einem überdurchschnittlichen IQ bekommt auch einen Nobelpreis! Erstaunlich ist allerdings dabei, dass die verschiedenen IQ-Tests für ein und dieselbe Person zu recht ähnlichen Ergebnissen kommen. Hohe Werte kommen oft bei Personen in höher dotierten Berufen vor und im Durchschnitt haben Schüler mit einem hohen IQ auch gute Noten in der Schule. Der IQ sagt aber z. B. nichts aus über Motivation. Er kann auch keine Aussage zur handwerklichen Geschicklichkeit machen. Krasse Fehlinterpretationen ergeben sich, wenn die IQ-Messungen mit anderen Eigenschaften eines Menschen

Neurobiologie und Verhalten

korreliert werden. So stellten die routinemäßigen Intelligenztests bei Einwanderern in den USA zu Beginn des 20. Jahrhunderts in bestimmten ethnischen Gruppen stets unterdurchschnittliche Werte fest. Später in den USA durchgeführte Tests führten auch zu rassistischen Einstellungen. Kritiker konnten zeigen, dass in viele Aufgaben Wissen und Bildung der weißen Amerikaner eingehen und damit das Testergebnis von vornherein für andere ethnische Gruppen verschieben. Außerdem werden Kinder mit Migrationshintergrund oft viel weniger gefördert und gehen daher mit schlechteren Voraussetzungen in diese Tests.

Die Evolution der Intelligenz

Ob und in welchem Umfang Tiere „intelligent" sind, lässt sich noch weit weniger messen als menschliche Intelligenz. Schimpansen haben eine ähnliche Gehirnstruktur und -größe wie unsere frühen Vorfahren und nehmen in diesen Untersuchungen deshalb eine Sonderstellung ein (s. Seite 120). Aus Schädelfunden der Vor- und Frühmenschen lässt sich schließen, dass sich unser Gehirn in den gut 2 Millionen Jahren stark entwickelt hat. Die gewaltige Zunahme des Volumens der Großhirnrinde und der mit ihr in Beziehung stehenden Areale sowie die heute feststellbare hohe Nervenzell- und Synapsendichte sind einmalig. Besonders interessant ist die Entdeckung der *Spiegelneurone*, die nicht nur aktiv werden, wenn eine zugehörige Muskelgruppe des eigenen Körpers aktiviert wird. Diese Nervenzellen sind auch dann aktiv, wenn ein Affe oder Mensch eine gleichartige Bewegung bei einem anderen Affen oder Menschen sieht. Beim Menschen wurde ihre Tätigkeit auch dann nachgewiesen, wenn der Mensch sich die Handlung nur vorstellt. Die Spiegelneurone könnten eine zelluläre Grundlage für Lernen durch Beobachtung, gemeinsames Handeln oder die Sprachentwicklung sein. Ihre Bezeichnung verdanken sie Vittorio Gallese und Giacomo Rizzolatti (s. Seite 121).

Das Erbe-Umwelt-Problem

Schon lange beschäftigt die Forscher die Frage, welche Anteile der Intelligenz anlage- und welche umweltbedingt sind. Zwillings- und Adoptivstudien konnten zeigen, dass mindestens 50 % und höchstens 70 % der im IQ-Test feststellbaren Unterschiede genetisch bedingt sind. Nach heutigen Kenntnissen ergibt sich die Gehirnleistung aus der Tätigkeit von mindestens 1000 Genen, die sich wiederum gegenseitig beeinflussen. Ein oder mehrere Intelligenzgene konnten jedoch nicht gefunden werden, ebenso wenig kann unter den vielfältigen Förderprogrammen eines als besonders effektiv gelten. Sicher ist aber, dass das soziale Umfeld und ständiges Denktraining die Grenzen der Gehirnleistung enorm verschieben können.

Zettelkasten

Beispielaufgaben aus IQ-Tests

Typ 1: Vervollständigen Sie die Reihe mit dem nächsten logischen Buchstaben oder der nächsten logischen Zahl:
a) a, d, g, j
b) 1, 1, 2, 3, 5
c) 8, 6, 7, 5, 6, 4
d) 65536, 256, 16

Typ 2: Wählen Sie jeweils ein Element, das die Reihe auf der linken Seite logisch ergänzt:

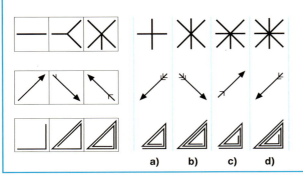

Typ 3: Welches Wort passt nicht zu den anderen?
a) Hund, Katze, Maus, Aal, Löwe, Giraffe
b) München, Hamburg, Washington, Bonn
c) Leichtathletik, Lesen, Schwimmen, Boxen

Typ 4: Welche Figur passt nicht zu den anderen?

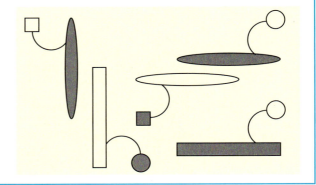

Neurobiologie und Verhalten

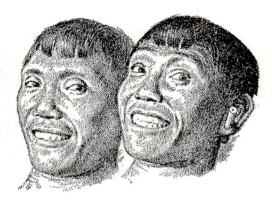

1 Begrüßung   2 Augengruß

Körpersprache und nonverbale Kommunikation

Welche Emotionen drücken die Gesichter aus?

Sprichworte wie „Ein Lächeln sagt mehr als tausend Worte" oder „Er redete mit Händen und Füßen" weisen auf die Macht der *Körpersprache* hin. Auch wenn wir schweigen, reden wir, das zeigen die verschiedenen Gesichtsausdrücke in der Randspalte.

Menschen auf der ganzen Welt drücken unabhängig von kulturellen Unterschieden grundlegende Emotionen auf die gleiche Weise aus und können sie entsprechend auch bei anderen im Gesichtsausdruck ablesen. So gilt z. B. das Stirnrunzeln fast weltweit als Zeichen von Ärger und Lächeln wird als positives Signal eingesetzt. Ähnliche Fotografien wie die aus der Randspalte wurden Angehörigen einer in Neuguinea beheimateten Kultur vorgelegt, die bis zu diesem Zeitpunkt noch keinen Kontakt mit westlichen Kulturen hatte. Trotzdem bezeichneten sie die dargestellten Emotionen eindeutig. Nur bei der Unterscheidung zwischen Überraschung und Angst hatten sie Schwierigkeiten, vermutlich weil in ihrem Lebensraum Überraschung meist Angst auslösend wirkt.

Neben den grundlegenden Emotionen gibt es aber auch noch viele *Körpersignale*, die sich kulturell entwickelt haben und zu erheblichen Missverständnissen führen können, wenn man den entsprechenden Code nicht kennt. Das kann schon bei der Begrüßung anfangen: Bei den Massai in Ostafrika reduziert sich die Begrüßung auf ein flüchtiges Berühren der Handflächen, im westafrikanischen Mali berührt man dabei kurz den eigenen Unterarm. In anderen Kulturen wird nur ein kräftiger langer Händedruck oder ein heftiges Händeschütteln akzeptiert, wieder andere begrüßen sich mit Umarmung und Wangenkuss oder Nasenreiben (Abb. 1).

In der täglichen zwischenmenschlichen Verständigung spielen Körpersignale eine erhebliche Rolle. Mimik, Gestik, Haltung und Bewegung, die Kleidung, die räumliche Beziehung zu anderen Personen und ihre Berührung sind Elemente der *nonverbalen Kommunikation* (→ 174/175). Die Botschaften werden oft unbewusst übermittelt und verraten manchmal mehr, als wir wollen. Nicht umsonst gibt es das „Pokerface".

Eine besondere Rolle, nicht nur beim Flirt, spielen die Augen. Bei einer Begegnung mit anderen Menschen lesen wir viel Information von Augen, Augenbrauen und Wimpern ab. Trägt der Gesprächspartner eine dunkle Sonnenbrille, selbst dann, wenn die Augen nicht vor der Sonne geschützt werden müssen, fühlen wir uns unwohl. Zu langes Anstarren wird als aufdringlich empfunden, aber den Blickkontakt zu meiden, gilt als Desinteresse oder Verlegenheit. Der *Augengruß* (kurzes Hochziehen der Augenbrauen) ist eine freundliche Geste (Abb. 2).

Selbst aus der Größe der Pupillen entnehmen wir Informationen. In Experimenten untersuchte man fotografische Portraits, in denen die Pupillen der abgebildeten Personen durch Retusche einmal geringfügig verkleinert und einmal vergrößert waren. Übereinstimmend beschrieben die Befragten die

Neurobiologie und Verhalten

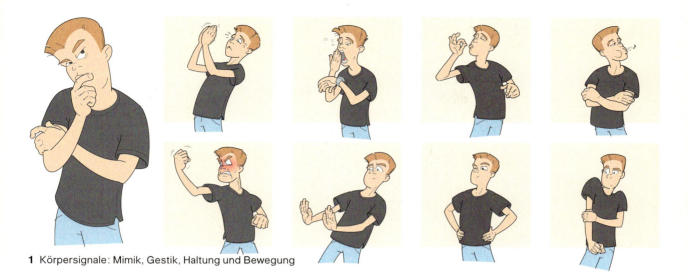

1 Körpersignale: Mimik, Gestik, Haltung und Bewegung

2 Körperhaltung

Person mit den vergrößerten Pupillen als netten, angenehmen Menschen, während die Person mit den verengten Pupillen als gemein oder gefährlich bezeichnet wurde (HESS, H.E. 1965). Biologischer Grund für diese Interpretation ist, dass ein Mensch, der einen Angriff plant, seinen Gegner deutlich und mit großer Tiefenschärfe (engen Pupillen) sehen muss, während sich die Pupillen erweitern, wenn der Mensch entspannt ist und sich wohl fühlt.

Die Gestik der Hände begleitet meist das gesprochene Wort. Manchmal gestikulieren wir sogar am Telefon. Vermutet wird, dass diese Verknüpfung zwangsläufig ist, weil die Zentren für Sprache und Handbewegung im Gehirn nahe beieinander liegen (Abb. 1).

Auch die *Körperhaltung* sagt viel über uns aus. Sind wir traurig, erscheinen wir zusammengesunken, haben wir die Arme verschränkt, gilt das als Abwehrhaltung. Nehmen wir eine offene Haltung im Brust- und Halsbereich ein, signalisieren wir damit Furchtlosigkeit und Selbstbewusstsein. Mit der verbalen Sprache kann man leicht lügen, mit der Körpersprache dagegen nur schwer. Stimmen beide Sprachen nicht überein, ist der Gegenüber meist irritiert.

Aufgabe

① Beobachten Sie vortragende Politiker, Lehrer, Mitschüler und suchen Sie nach Erklärungen für die an ihnen bemerkten Signale.

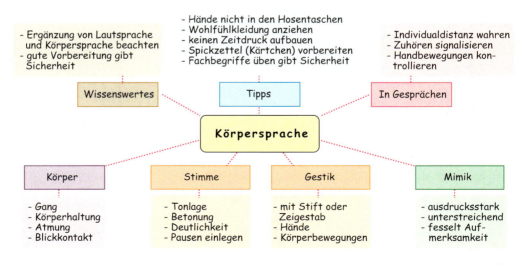

3 Mindmap

Neurobiologie und Verhalten **129**

3 Ökologie und Verhalten

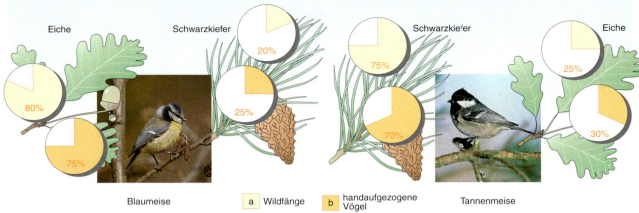

1 Versuche mit Blau- und Tannenmeisen

Habitatwahl und Reviere

Schaut man in Vogel-Bestimmungsbücher, findet man zu den einzelnen Vogelarten nicht nur Abbildungen, sondern verschiedene weitere Angaben. Dazu gehören auch solche zum Verbreitungsgebiet und dem typischen Lebensraum. So erhält man z. B. die Information, dass Blaumeisen vorwiegend in Mischwäldern vorkommen, während man Tannenmeisen hauptsächlich in Nadelwäldern findet.

Einige Wissenschaftler stellten sich die Frage, wie die Tiere entscheiden, in welchem Lebensraum sie sich aufhalten sollen *(Habitatwahl)*. Mögliche Hypothesen wären:
— Tiere könnten durch verschiedene Lebensräume ziehen und in dem bleiben, in dem sie am effektivsten Nahrung finden.
— Sie könnten später denjenigen Lebensraum bevorzugen, in dem sie groß geworden sind.
— Sie könnten genetisch bedingt den richtigen Lebensraum an bestimmten Merkmalen erkennen und bevorzugen.

Zur Klärung dieser Zusammenhänge bot eine Forscherin in großen Flugkäfigen Blau- bzw. Tannenmeisen eine gleichmäßige Mischung aus belaubten und benadelten Zweigen an (Wahlversuch) und maß mit einer Stoppuhr, wie lange sich die Tiere auf den unterschiedlichen Zweigtypen aufhielten. Sie führte den Versuch sowohl mit eingefangenen Wildtieren als auch mit handaufgezogenen Tieren durch. Es zeigte sich, dass beide Testgruppen der Blaumeisen belaubte Zweige bevorzugten, diejenigen der Tannenmeise jedoch Zweige von Nadelbäumen. Untersuchungen mit anderen Arten zeigten, dass diese Vorliebe durch frühe Erfahrung mit dem bevorzugten Material noch verstärkt werden kann.

Blaumeisen sieht man bei der Nahrungssuche oft von Blättern herunterhängen, an Blätterbüscheln zerren und reißen oder auch durch Blätter hindurchpicken. Derartige Techniken beobachtet man bei Tannenmeisen, die ihre Nahrung auf Nadeln und der Baumrinde suchen, selten. Wissenschaftler boten im Experiment Wildfängen und handaufgezogenen Blaumeisen und Tannenmeisen Futter zwischen Blättern versteckt an und maßen jeweils die Zeit, bis die Tiere es erbeutet hatten. In allen Fällen brauchten die Tannenmeisen mehr Zeit, um Beute zwischen Blättern zu finden und zu fangen (s. Abb. Mittelspalte). Dies zeigt, dass die Blaumeisen dasjenige Habitat bevorzugen, an das sie besser angepasst sind als die Tannenmeisen, diesen also hier überlegen sind. (→ 172/173)

Ob Tiere jedoch den von ihnen bevorzugten Lebensraum wirklich besiedeln können, hängt von verschiedenen Faktoren ab, wie z. B. vom Vorhandensein von Raubtieren und den schon vorhandenen Artgenossen.

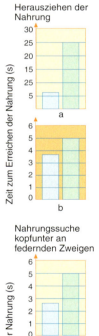

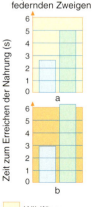

Neurobiologie und Verhalten

Im zeitigen Frühjahr sieht man häufig Amseln, die wie von imaginären Kräften geleitet, mit gesträubten Federn und gesenktem Schwanz nebeneinander hüpfen, bis sie plötzlich flügelschlagend voreinander hochfliegen und sich gegenseitig angreifen. Trägt man die Orte dieser Kämpfe auf einer Karte ein, stellt man fest, dass jedes Tier einen bestimmten Raum verteidigt. Ähnliche Beobachtungen machten Vogelkundler schon vor vielen Jahren. Sie nannten diesen verteidigten Raum *Revier*. Da *Revierverhalten* bei zahlreichen Vogelarten beobachtet wurde, hielt man es für ein allgemeines biologisches Phänomen. Bei Säugetieren nennt man den verteidigten Raum *Territorium*.

Einige Tierarten sind zu manchen Zeiten überhaupt nicht bereit, ein Gebiet zu verteidigen. Sie nutzen dann große Gebiete friedlich gemeinsam und vertreiben Artgenossen nur aus bestimmten kleinen Kernräumen. Diese enthalten aber nicht alle lebensnotwendigen Ressourcen. Es gibt also neben den Territorien sich *überlappende Aktionsräume*, in denen Artgenossen friedlich koexistieren. Die Verteidigung von Landflächen wird von den Tieren oft nur zu bestimmten Zeiten durchgeführt. Man schließt daraus, dass der Grund für Territorialität nicht allgemeine Ressourcensicherung ist.

Heute weiß man, dass die Grundlage der Weibchenterritorialität hauptsächlich Nahrungskonkurrenz ist. Weibchen brauchen für die Jungenaufzucht, d.h. ihren Lebensfortpflanzungserfolg *(Fitness)*, optimale Futterbedingungen. Männchen dagegen können ihre Fitness durch Zugang zu mehreren Weibchen erhöhen. Ist die Konkurrenz um diese größer als um Futter, zeigen die Männchen ein besonders ausgeprägtes Territorialverhalten. Weibchen haben daher je nach den ökologischen Bedingungen größere oder kleinere Territorien als Männchen oder sind gar nicht territorial. Männchen verteidigen je nach der Verteilung der Weibchen meist größere Flächen. Aus der räumlichen und zeitlichen Überlagerung dieser Reviere ergeben sich komplizierte Muster (s. Mittelspalte).

Ob ein Individuum sich zu einem bestimmten Zeitpunkt territorial verhält oder nicht, hängt von mehreren Faktoren ab. Die Verteidigung der Territorien folgt gleichsam einer Kosten-Nutzen-Berechnung. Abbildung 2 zeigt die Berechnung der optimalen Reviergröße.

Bei einigen Tierarten kommen so genannte Floater vor, die sich im Revier von Artgenossen unauffällig verhalten und Auseinandersetzungen mit dem Revierbesitzer vermeiden. Meist sind dies Männchen, die dann das Territorium vom Vorgänger übernehmen, wenn dieser aus irgendeinem Grunde verschwindet. Bei Kohlmeisen entdeckte man sogar männliche und weibliche Floater, die sich zu Paaren zusammenfanden und versuchten, heimlich im Randgebiet eines fremden Reviers zu brüten, dies jedoch mit geringerem Bruterfolg.

Revierlose Tiere werden in der Regel in Gebiete mit noch schlechteren Ernährungsbedingungen und größerem Räuberdruck abgedrängt, wodurch sie häufiger Opfer von Räubern werden.

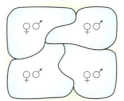
Paarreviere

Haremterritorien

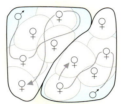
Unterterritorien

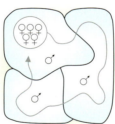
territoriale Felder der Männchen

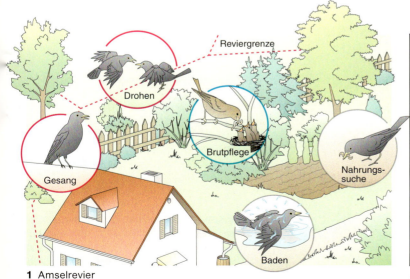
1 Amselrevier

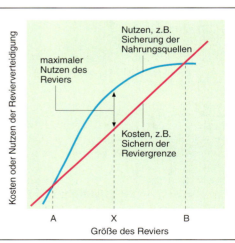
2 Bedingungen der Reviergröße

Neurobiologie und Verhalten

Optimale Ernährungsstrategien

Tiere verbrauchen für den Erhalt ihrer Körperfunktionen permanent Energie, die sie durch Nahrungsaufnahme nachliefern müssen. Diese setzt sich aus Nahrung Suchen, Zerlegen, Schlucken und Verdauen zusammen, was wiederum Energie und Zeit verbraucht. Nach der Theorie der optimalen Ernährungsstrategie sind Tiere so evolviert, dass sie unbewusste Kosten-Nutzen-Berechnungen anstellen, um den Energieertrag bei der Nahrungsaufnahme zu maximieren.

Als erstes stellt sich die Frage, welche Nahrung Tiere auswählen sollten. Die Biologen PETER JARMAN und DOROTHY BELL untersuchten die Nahrungsspektren von Paarhufern in der Serengeti und fanden einen Zusammenhang zwischen Körpergröße und Nahrungsqualität (Abb. 1).

Kleinere, gleichwarme Tiere besitzen im Vergleich zum Körpervolumen eine relativ große Oberfläche, über die sie Energie in Form von Wärme abgeben. Größere Exemplare verlieren aufgrund der relativ kleinen Oberfläche entsprechend weniger Energie pro Gramm ihres Körpergewichtes und Zeit. Kleinere Individuen setzen demzufolge pro Zeiteinheit relativ mehr Energie frei als große Tiere. Abgegebene Energie muss über die aufgenommene Nahrung nachgeliefert werden. Das bedeutet, dass kleine Tiere mit einem kleinen Magen-Darm-Trakt relativ gesehen mehr Energie umsetzen müssen als die Großen; die Nahrung muss also schneller den Darm durchlaufen können und schnell verdaulich sein. Der Zusammenhang ist im *Jarman-Bell-Prinzip* zusammengefasst: Kleinere Tiere brauchen energiereiche, leicht verdaubare Nahrung.

Für Vögel und Säugetiere ist die Zerlegung von Zellulose, dem Hauptbestandteil pflanzlicher Zellwände, das größte Problem, da sie dafür keine abbauenden Enzyme besitzen. Die Zellwände liefern die nur durch symbiontische Einzeller langsam zerlegbaren Ballaststoffe. Zellen in Knospen oder jungen Blättern besitzen noch dünne Zellwände, sind also leichter zu verdauen, da sie relativ weniger Ballaststoffe enthalten. Das Gleiche gilt für Blüten, Früchte und erst recht für tierische Nahrung, da bei dieser die Zellwände fehlen. Verwertbarkeit und Qualität der Nahrung nehmen von alten Zellen über junge Zellen, Blattknospen, Blüten und Früchten bis hin zu tierischer Nahrung zu.

Größere Tiere können sich also von häufigen, schwer verdaubaren Pflanzenteilen ernähren, während kleinere Arten selektieren und bestimmte höherwertige Pflanzenteile heraussortieren. Dies ist neben den Huftieren auch für unterschiedliche Primatenarten belegt. (→ 172/173)

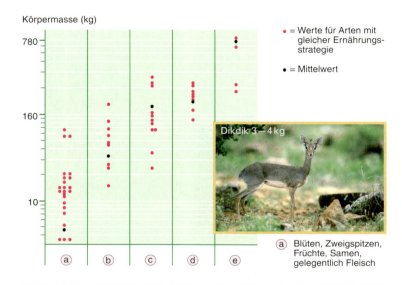

ⓐ Blüten, Zweigspitzen, Früchte, Samen, gelegentlich Fleisch

ⓑ einige Blätter und Grasarten, die sehr selektiv gefressen werden

ⓒ mehrere Strauch- und Grasarten, weniger selektiv

ⓓ viele Blatt- und Grasarten in bestimmten, jüngeren Entwicklungsstadien

ⓔ viele Blatt- und Grasarten, auch von schlechtem Ernährungswert

1 Nahrung afrikanischer Huftiere in Abhängigkeit von der Körpermasse

Aufgabe

① Fassen Sie den in der Abbildung dargestellten Sachverhalt zusammen und leiten Sie daraus ab, wie sich die Nahrung der einheimischen Rehe und Hirsche unterscheiden könnte.

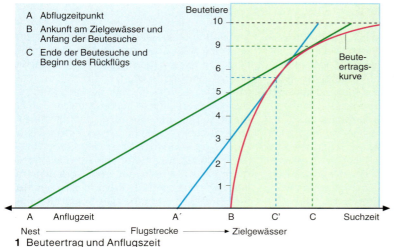

1 Beuteertrag und Anflugzeit

2 Papageitaucher mit Beute

Nahrungserwerb

Seevögel, wie die Papageitaucher, fangen ihre Nahrung — kleine Sandaale — in küstennahen Gewässern. Sie können bei einem Tauchgang mehrere Fische erbeuten, die sie mit der Zunge im Schnabel festhalten. Je mehr Fische sie schon haben, desto schwerer wird der Fang weiterer Beutetiere. Dies verdeutlicht die Beuteertragskurve, die bei B beginnt, zunächst steil ansteigt und dann abflacht. Die Obergrenze liegt bei zehn Tieren. Wenn Papageitaucher Junge füttern, müssen sie zwischen Jungtieren und Nahrungsquellen hin- und herfliegen. Nestlinge verbrauchen am Tag ungefähr soviel Futter wie sie selber wiegen, d. h. die Belastung der Eltern wird immer größer. Ein einzelner Rundflug setzt sich aus Anflugzeit, Suchzeit und Rückflugzeit zusammen. In Abb. 1 ist der Beuteeintrag über der Suchzeit und die Anflugzeit zur Nahrung dargestellt. Bei A beginnt die Anflugzeit, bei B erreicht das Tier die Futtergründe und beginnt mit der Futtersuche. Ein Vogel trägt dann pro Zeiteinheit die maximale Futtermenge ein, wenn der Y-Wert (Beuteertrag) möglichst hoch und gleichzeitig der X-Wert (Zeitbedarf) möglichst klein ist. Dann ist die Gerade zwischen Zeitpunkt des Abfluges und der optimalen Nahrungsmenge besonders steil.

Bei gegebenem Startpunkt lässt sich dieser Punkt ermitteln, indem man vom Startpunkt eine Tangente an die Beuteertragskurve legt. Daraus folgt: Papageitaucher sollten von weiter entfernten Nahrungsgründen mehr Beutetiere mitbringen. Die Beobachtung bestätigt diese Prognose.

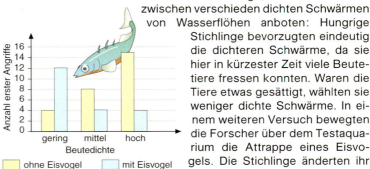

Nahrungssuche und Räuberdruck

Fressende Tiere, wie z. B. Rehe, unterbrechen ihre Nahrungsaufnahme immer wieder und schauen sich im Gelände um, sie sichern. Die Häufigkeit, mit der ein Tier sichert, nimmt ab, wenn es sich in einer Gruppe von Artgenossen befindet. MILINSKI und HELLER untersuchten Stichlinge, denen sie die Wahl zwischen verschieden dichten Schwärmen von Wasserflöhen anboten: Hungrige Stichlinge bevorzugten eindeutig die dichteren Schwärme, da sie hier in kürzester Zeit viele Beutetiere fressen konnten. Waren die Tiere etwas gesättigt, wählten sie weniger dichte Schwärme. In einem weiteren Versuch bewegten die Forscher über dem Testaquarium die Attrappe eines Eisvogels. Die Stichlinge änderten ihr Verhalten und suchten weitgehend in Bereichen geringerer Beutekonzentrationen nach Nahrung (s. Abb. Mittelspalte). MILINSKI und HELLER konnten zeigen, dass der Fang von Wasserflöhen aus dichten Schwärmen so viel Konzentration erfordert, dass der Fisch schlechter gleichzeitig auf den Feind achten kann. Das gezeigte Verhalten stellt einen Kompromiss dar.

Aufgabe

① Begründen Sie mithilfe der Textaussagen, warum es vorteilhaft für die Papageitaucher ist, möglichst nahe an der Küste zu brüten.

Neurobiologie und Verhalten

Vor- und Nachteile des Zusammenlebens

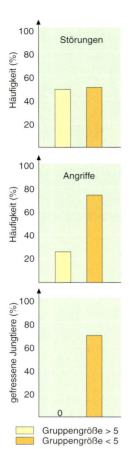

Während Individuen einiger Tierarten als Einzelgänger leben, schließen sich andere, zumindest zeitweise, zu kleineren oder größeren Gruppen zusammen. Welche Vor- oder Nachteile bringt es einem Individuum, sich mit Artgenossen zusammenzuschließen? Eine Antwort geben die Befunde von Forschern, die in Ostafrika *Zwergmangusten* beobachteten. Diese kleinen Raubtiere aus der Verwandtschaft der Schleichkatzen haben viele Feinde, von denen sie aus der Luft oder auch vom Boden aus angegriffen werden können. Größere Tierarten besitzen wesentlich weniger Feinde. Nach der Regel „je kleiner, desto mehr Feinde" müssen Zwergmangusten täglich genug Tiere erbeuten, ohne selbst Beute zu werden. Die meisten Angriffe erfolgen von Greifvögeln. Vor einem angreifenden Vogel können die Mangusten sich in ihren Bau flüchten.

Mangusten suchen ihre Beute in relativ hohem Gras, so dass es schwer für sie ist, zu sichern. Zusätzlich verbraucht das Sichern wichtige Zeit, in der keine Nahrung gesucht werden kann. In den meisten Gruppen gibt es daher einen Wächter, der aufpasst, während die anderen fressen. Nach einer bestimmten Zeit wird er abgelöst. Gruppen von über bzw. unter fünf Tieren werden gleich häufig von Greifvögeln gestört. Kleine Gruppen werden aber fast dreimal so häufig angegriffen und verlieren dabei annähernd $2/3$ aller Jungtiere innerhalb der ersten vier Lebensmonate (s. Randspalte). Alle kleineren Gruppen (fünf oder weniger) wurden innerhalb von zwei Jahren ausgelöscht, da sie nicht in der Lage waren, ausreichend zu sichern. Normalerweise übernehmen rangniedere Männchen die Wächterposition. Fehlen diese in kleineren Gruppen, nimmt die Erfolgsrate der angreifenden Raubtiere zu. Größere Gruppen sind darüber hinaus auch besser in der Lage, ihr Revier gegen Nachbargruppen zu verteidigen und Bodenfeinde, wie beispielsweise Schlangen zu bekämpfen. In diesen dichteren Gruppen mit häufigen sozialen Kontakten können sich allerdings Parasiten und Krankheitskeime besonders gut ausbreiten.

Wird ein Verbund vieler Tiere angegriffen, schließen sich die Individuen während der Flucht eng zusammen. Dies hat für das Individuum Vorteile. So kann sich der Angreifer nicht auf ein Einzeltier konzentrieren *(Verwirrungseffekt)* und die Wahrscheinlichkeit sinkt, dass dieses zur Beute wird.

Der wichtigste Vorteil des Zusammenlebens in Gruppen ist die Sicherheit vor Feinden, der wahrscheinlich größte Nachteil die Konkurrenz um Ressourcen. Die Höhe des Konkurrenzdruckes hängt von einem komplizierten Zusammenspiel von Körpergröße, Nahrungsqualität und Nahrungsangebot ab. Dabei spielt auch die räumliche und zeitliche Verteilung der Nahrung eine Rolle.

Zwergmangusten am Bau

1 Zebra- und Gnuherde gemeinsam am Wasserloch

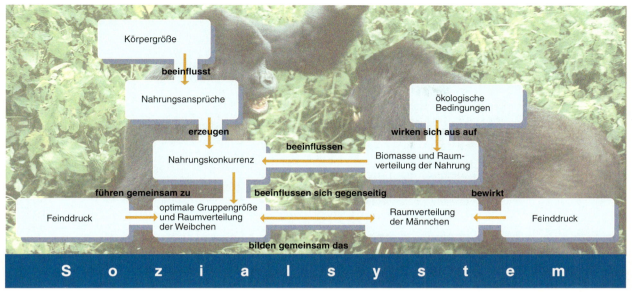

1 Ökofaktoren bedingen die Sozialsysteme

Sozialsysteme

Manche Tiere leben in Gruppen zusammen, andere kommen an einem Ort zusammen, ohne einander zu suchen. So trifft sich am Elefantenkot in der afrikanischen Savanne eine Fülle verschiedener Käfer, die um Kotkugeln als Nahrung kämpfen. An Wasserstellen finden sich Zebras, Gnus, Nashörner usw. ein. Solche Ansammlungen nennt der Verhaltensforscher *Aggregationen*. Sie sind dadurch gekennzeichnet, dass die Einzeltiere den Ort und nicht den Artgenossen suchen. Fischschwärme dagegen kommen dadurch zustande, dass Fische einer Art die Nähe von Artgenossen suchen. Da der Einzelfisch beliebig in den Schwarm hinein und wieder heraus kann und die Fische sich gegenseitig nicht kennen, spricht man von *offenen anonymen Verbänden*. Alle Angehörigen eines Bienenvolkes erkennen sich gegenseitig am Stockduft, sie erkennen sich jedoch nicht individuell. Eindringlinge werden abgewehrt. Diesen Sozialverband nennt man *geschlossene anonyme Gesellschaft*. Bei *geschlossenen individualisierten Gesellschaften*, die häufig bei Vögeln und Säugetieren vorkommen, kennen sich alle Gruppenmitglieder individuell.

Die Population einer Tierart setzt sich oft aus ganz verschiedenen Gruppen zusammen, wie z. B. einzelgängerische Männchen, Junggesellenverbände, Haremgruppen, Familienverbände usw. Die Kombination, in der sich Männchen und Weibchen paaren, nennt man

Paarungssysteme

Monogamie
Paarbindung zwischen einem Männchen und einem Weibchen über eine Fortpflanzungssaison oder bis zum Tod eines Partners.

Polygamie
Ein Individuum eines Geschlechts lebt mit mehr als einem Partner des anderen Geschlechts zusammen. Man unterscheidet 3 Formen:

Polygynie
Ein Männchen lebt mit mehreren Weibchen zusammen.

Polyandrie
Ein Weibchen lebt mit mehreren Männchen zusammen.

Polygynandrie
Mehrere Männchen und Weibchen bilden eine Gruppe.

das *Paarungssystem*. Es gibt vier Kombinationsmöglichkeiten: *Monogamie, Polygynie, Polyandrie* und *Polygynandrie* (s. Mittelspalte). Dabei ist das Paarungssystem nicht artspezifisch festgelegt. So können Ringeltauben in der Fortpflanzungszeit monogam zusammenleben, im Winter aber in polygynandrischen Gruppen umherziehen. Bei manchen Affenarten können auch in verschiedenen Ökosystemen unterschiedliche Paarungssysteme vorteilhaft sein. Lange Zeit hat man das Zustandekommen dieser Systeme nicht verstanden. Offensichtlich liegen ihnen verschiedene Verteilungsmuster der Männchen und Weibchen zugrunde. Dies hat nach neueren Erkenntnissen folgende Ursachen: Für die optimale Gruppengröße der Weibchen ist die Konkurrenz um Nahrung und der Räuberdruck entscheidend, während für die Männchen die Konkurrenz um Weibchen wichtiger ist als die um Nahrung.

Abhängig von der Körpergröße variieren die Nahrungsansprüche der Weibchen (*Jarman-Bell-Prinzip*, Seite 132). Aus dem Angebot und der Verteilung dieser Nahrung wiederum resultiert die Nahrungskonkurrenz der Weibchen und mit der Verrechnung des Räuberdrucks ihre Gruppengröße. Aus der Raumverteilung der Weibchen und der Männchen ergibt sich so das Sozialsystem, das sich bei Veränderungen der ökologischen Randbedingungen auch ändert (s. Seite 138).

Neurobiologie und Verhalten **135**

4 Evolution und Verhalten

Fortpflanzungserfolg

Ginge es — wie man lange Zeit glaubte — bei der Fortpflanzung um die Erhaltung der Art, so würde es ausreichen, wenn alle Mitglieder einer Art sich gleich stark vermehren würden. Spätestens seit der Entdeckung der Evolution wissen wir aber, dass diejenigen das „Evolutionsspiel" gewinnen, die sich erfolgreicher fortpflanzen als andere. Ein Vergleich wird möglich, wenn man beim Tode verschiedener Individuen die Gesamtzahl aller ihrer überlebenden Nachkommen, d. h. ihren jeweiligen Lebensfortpflanzungserfolg (ihre so genannte *Fitness*) kennt. Der Zusammenhang von Sozialverhalten und Fitness ist an einigen Arten besonders gut untersucht worden. (→ 168/169)

Fallbeispiel Seeelefanten

Seeelefanten sind hervorragend an das Leben im Wasser angepasst. Als Brutstrände bieten sich den Weibchen nur wenige raubtierfreie Küstenbereiche, meist auf Inseln an. Sie gebären ihre Jungen innerhalb der ersten sechs Tage nach der Ankunft am Brutstrand. Danach stillen sie ihren Nachwuchs 28 Tage mit sehr fettreicher Milch. In den letzten vier Tagen am Strand sind die Weibchen wieder paarungsbereit.

Fortpflanzungsverhalten

Vor den Weibchen kommen die annähernd dreimal so schweren Bullen an die Wurfplätze und kämpfen eine *Rangordnung* aus. Einen Erfolg bei diesen Kämpfen setzt Körpergröße und Kampfkraft voraus, welche die Tiere erst spät erlangen. Männchen sind mit 8 Jahren geschlechtsreif, aber erst mit 10 bis 11 Jahren wirklich erfolgreich. Mit 13 gewinnen sie kaum noch einen Kampf. Die maximale Lebenserwartung liegt bei 14 Jahren.

Jüngere geschlechtsreife Männchen gehen gefährlichen Kämpfen aus dem Weg. Die erfolgreiche Taktik für junge Männchen heißt also abwarten. Ein Männchen von 10 bis 11 Jahren dagegen hat vielleicht die letzte Chance zur Fortpflanzung. Ältere Männchen setzen alles auf eine Karte. Derartige Gegner richten sich voreinander auf, schlagen den Konkurrenten mit Brust und Kopf und fügen sich gegenseitig stark blutende Wunden mit den Eckzähnen zu *(Beschädigungskampf)*.

Auch die Weibchen werden maximal 14 Jahre alt. Sie können mit drei Jahren ihr erstes Junges gebären, tun dies aber oft erst mit 4 oder 5 Jahren. Danach bekommen sie jedes Jahr ein Junges, wenn sie alt genug werden, maximal 10. Alle Weibchen, die die Geschlechtsreife erlangen, bekommen Junge, während viele Männchen sich nicht fortpflanzen können, da die ranghohen Männchen sie daran hindern.

Soziobiologie
Die Soziobiologie ist die Wissenschaft von der biologischen Angepasstheit des Sozialverhaltens. Sie misst den Anpassungsgrad bestimmter Verhaltensweisen am Lebensfortpflanzungserfolg der jeweiligen Individuen.

1 Seeelefanten

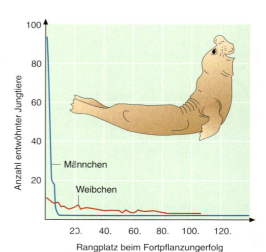

2 Fortpflanzungserfolg bei Seeelefanten

Neurobiologie und Verhalten

1 Blaumeise

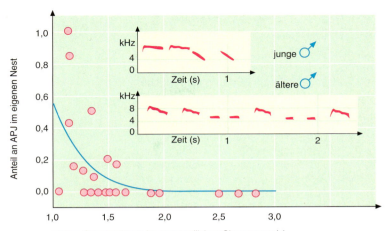
2 Außer-Paar-Junge (APJ) und Gesangslänge

Partnerwahl und Geschlechterkonflikte

Schon Jahrzehnte vor den Untersuchungen an Seeelefanten hatte der englische Forscher ANGUS JOHN BATEMAN ähnliche Zusammenhänge entdeckt. Die Bedeutung seiner Ergebnisse wurde vielen Wissenschaftlern aber erst Jahrzehnte später wirklich klar. BATEMAN stellte durch Versuche mit Drosophila schon 1948 fest, dass zwischen den Geschlechtern eine Asymmetrie existiert. Männchen können durch Kopulationen mit mehreren Weibchen ihre Fitness direkt erhöhen, Weibchen jedoch nicht (s. Randspalte). BATEMAN folgerte aus evolutionsbiologischer Sicht daraus u.a., dass Männchen, wenn möglich, Zugang zu vielen Weibchen suchen werden. Da die Fitness der Weibchen dagegen hauptsächlich vom Fortpflanzungserfolg und dem Überleben ihrer Jungtiere abhängt, sagte er voraus, dass die Weibchen besonderen Wert auf die „Qualität" ihrer Paarungspartner, d. h. auf „gute Gene" legen werden. Zeichen für gute Überlebensfähigkeit der Männchen könnten u.a. hohes Lebensalter und Gesundheit sein.

Bei vielen Tierarten, wie z.B. bei den monogamen Singvögeln, kommt es zwischen Partnern häufig zu Konflikten. Ein Konflikt entsteht dann, wenn das Verhalten eines Partners seine eigene Fitness steigert, die des anderen jedoch senkt. Dies ist z.B. bei Blaumeisen der Fall, die in monogamen Paaren brüten, wobei beide Partner die Jungen füttern. Mithilfe des Männchens bekommt das Weibchen durchschnittlich 7,5 Jungtiere groß, hilft kein Männchen mit, sind es nur 5,4. Weibchen sind also auf männliche Unterstützung angewiesen. Haben sie jedoch im Frühjahr bei der Partnerverteilung ein weniger attraktives Männchen abbekommen, besitzen andere Männchen in der Nachbarschaft „bessere Gene". Weibchen können dann den Überlebenserfolg des eigenen Nachwuchses erhöhen, wenn sie Gene vom attraktiveren Nachbarn bekommen. Dies würde die eigene Fitness steigern, die des Partners jedoch senken. Blaumeisenmännchen — besonders die weniger attraktiven — bewachen daher ihre Partnerin in der fruchtbaren Zeit kurz vor der Eiablage intensiv.

Wie DNA-Untersuchungen (genetische Fingerabdrücke) belegten, stammen bei manchen Blaumeisenweibchen trotzdem rund 10 bis 15 % der Nachkommen nicht vom eigenen Partner, sondern von Männchen aus Nachbarrevieren. Dabei bevorzugen benachbarte untreue Weibchen fast alle dasselbe Männchen, das anscheinend besonders attraktiv ist. Dessen Weibchen macht jedoch normalerweise keine Seitensprünge.

Die Gesangslänge von Blaumeisenmännchen nimmt mit dem Alter und der Erfahrung zu (Abb. 2). Je „schlechter" das eigene Männchen singt, desto wahrscheinlicher begeht das Weibchen Seitensprünge mit Nachbarmännchen, die durch längeren Gesang belegen, dass sie gut überlebensfähig sind. (→ 168/169)

Aufgabe

① Begründen Sie die Entscheidungen der Blaumeisenweibchen aus der Sicht der Soziobiologie.

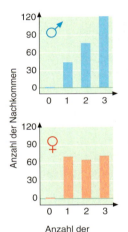
Nachkommenzahlen bei Drosophila

Bateman-Prinzip
Mit jedem zusätzlichen Paarungspartner steigt der Fortpflanzungserfolg der Männchen, aber nicht derjenige der Weibchen.

Neurobiologie und Verhalten

Sozial- und Paarungssysteme der Primaten

Affen stellten in den letzten Jahrzehnten einen der Forschungsschwerpunkte dar, da sie u.a. Modelle für die Deutung der menschlichen Evolution liefern. Während einige Affenarten ökologisch sehr anpassungsfähig sind und ein großes Verbreitungsgebiet mit verschiedenen Habitaten bewohnen, wie z.B. die Hanuman-Languren Indiens, sind andere — wie der Gorilla — auf Habitate wie Wälder beschränkt. Da für alle Arten BATEMANS Prinzip gilt (s. Seite 137, 156), bestehen grundlegende Übereinstimmungen in den Fortpflanzungszielen der Männchen und Weibchen und den Konflikten zwischen den Geschlechtern sowie innerhalb der Geschlechtergruppen. Für diese gibt es je nach Art und ökologischen Randbedingungen dann unterschiedliche Lösungen. Da einige Arten leichter zu beobachten sind oder im besonderen Interesse der Forscher stehen, sind diese besser erforscht als andere. Die folgenden Fallbeispiele zeigen, dass man nicht nur zwischen dem Sozialsystem, das die Form des Zusammenlebens der Geschlechter beschreibt und dem Paarungssystem, das sich vom Sozialsystem unterscheiden kann, differenzieren muss (s. Seite 135).

1 Feldstudien an Hanuman-Languren

Hanuman-Languren — eine Frage der Ökologie

Die zu den Blätter fressenden Schlankaffen gehörenden *Hanuman-Languren* sind ökologisch sehr anpassungsfähig und können ganz unterschiedliche Vegetations- und Klimazonen besiedeln. Von den Großstädten Indiens über die Halbwüsten Rajasthans bis hin zu den Wäldern in nördlich gelegenen Himalaja-Ausläufern und denen in den südlich gelegenen Nilgiri-Bergen besiedeln sie fast den gesamten Subkontinent. Bei ihnen zeigte sich, dass man mindestens vier verschiedene Aspekte für ihr Zusammenleben unterscheiden muss:
1. das *Sozialsystem*, d.h. wer lebt mit wem zusammen?
2. die *Sozialstruktur*, d.h. wer hat mit wem Sozialkontakte?
3. das *Paarungssystem*, d.h. wer paart sich mit wem?
4. das *Fortpflanzungssystem*, d.h. wer pflanzt sich mit wem fort?

Die letzte Unterscheidung ist nötig, da Paarungen auch während der unfruchtbaren Tage der Weibchen stattfinden können.

Hanumans bilden im übersichtlichen Gelände der Halbwüsten Gruppen aus einem Haremshalter und mehreren Weibchen. Diese Form des Zusammenlebens wird *Polygynie* genannt. Das Paarungssystem ist dann aus der Sicht des Männchens *polygyn* und aus der Sicht der jeweiligen Weibchen *monogam*, denn sie paaren sich nur mit einem Männchen. Da Weibchen diese Gruppe nur selten verlassen und das Männchen fremde Rivalen über mehrere Jahre erfolgreich fernhalten kann, entspricht das Paarungssystem und das Fortpflanzungssystem dem Sozialsystem. Bricht das Sozialsystem jedoch zusammen, wenn der Haremshalter vertrieben wird, dringen sofort mehrere Konkurrenten in die Gruppe ein, mit denen sich die Weibchen gleich paaren. Das Paarungssystem ist dann *polygynandrisch*. Da die Waldhabitate zu unübersichtlich sind, ist kein Männchen in der Lage, permanent fremde Männchen von den Weibchen fernzuhalten. Dies führt dazu, dass die waldbewohnenden Gruppen immer aus mehreren Männchen und mehreren Weibchen bestehen (s. Seite 135).

Harem
Ein Männchen lebt mit mehreren Weibchen zusammen.

138 *Neurobiologie und Verhalten*

Gorillas — eine Frage des Alters

Gorillas leben normalerweise in polygynen Gruppen mit einem Männchen und mehreren Weibchen. Das Paarungssystem ist dann aus Sicht des Männchens polygyn und aus Sicht des Weibchens monogam. Männchen können ihren Harem einige Jahre halten, bis sie ihn an einen Nachfolger verlieren, der dann meist alle Jungtiere, die noch gestillt werden, tötet. 30 % der Jungensterblichkeit ist auf diese Infantizide zurückzuführen. Gorillamännchen müssen durchschnittlich einmal pro Jahr einen Kampf um Alles oder Nichts mit einem starken Herausforderer aufnehmen. Mit zunehmendem Alter wird es wahrscheinlicher, einen solchen Kampf zu verlieren. Wie Freilandbeobachtungen zeigten, akzeptieren diese älteren Gorillamännchen die Anwesenheit eines erwachsenen Sohnes in der Gruppe. Da die Gruppe zu zweit erfolgreicher verteidigt werden kann, wird die Gruppe einige Jahre länger gehalten. Dies erhöht die Fitness des Haremshalters, obwohl er einige Nachkommen an seinen Sohn verliert. Diese „älteren" Gruppen sind vom Paarungs- und Fortpflanzungssystem her polygynandrisch. (→ 178/179)

Schimpansen — Geschlechterkonflikte

Schimpansen leben in polygynandrischen Gruppen. Die Männchen kooperieren bei der Verteidigung des Gruppenreviers, in dem sich die Weibchen verstreut aufhalten. Geht es jedoch um die Paarungen mit Weibchen hat hauptsächlich das ranghöchste Männchen Zugang zu paarungsbereiten Weibchen. Diese Männchen dulden es, dass Rangniedere in der unfruchtbaren Zeit der Weibchen mit diesen kopulieren. Sie können einem anderen Männchen aber auch Zugang zu fruchtbaren Weibchen gewähren, erwarten dafür aber Gegenleistungen in anderen Verhaltensbereichen, z.B. Hilfe bei Auseinandersetzungen mit anderen Männchen. Die Weibchen versuchen möglichst mit allen Männchen zu kopulieren. Man vermutet, dass dieses Verhalten das spätere Neugeborene davor schützt, von Männchen, die sich nicht paaren durften, getötet zu werden.

Nach den Beobachtungen des Sexualverhaltens im Taï-Regenwald in Westafrika war zu erwarten, dass die ranghöchsten Männchen den meisten Nachwuchs gezeugt hatten, denn sie hatten sich am häufigsten und zur jeweils fruchtbarsten Zeit mit den Weibchen gepaart. Eine Vaterschaftszuordnung mit genetischen Fingerabdrücken brachte dann eine Überraschung: 55 % der Jungtiere einer Gruppe waren von Männchen aus Nachbargruppen gezeugt worden und das, obwohl nach den Beobachtungen der Forscher weniger als 1 % der Paarungen mit Nachbarmännchen stattfanden. Die Weibchen mussten einerseits die eigene Gruppe so heimlich und kurz verlassen haben, dass die Forscher es nicht bemerkten und andererseits einen Einfluss auf den Erfolg dieser Paarungen gehabt haben. Weibchen scheinen ihre Paarungspartner nach verschiedenen Kriterien auszuwählen: Zum einen bevorzugen sie in der eigenen Gruppe gesunde und starke Männchen, die einfühlsam mit den Gruppenmitgliedern umgehen, zum anderen wählen sie fremde starke Männchen und erhöhen so die genetische Vielfalt ihrer Nachkommen.

Menschen — eine Frage der Kultur

Die meisten Ehen weltweit sind monogam, die Mehrheit aller Kulturen (708) erlaubt jedoch gelegentliche oder regelmäßige Polygynie. Dagegen ist in 137 Kulturen Monogamie vorgeschrieben und in nur vier Kulturen weltweit Polyandrie vorherrschend.

In nahezu allen Sammler- und Jägerkulturen lebten alle Männer einer Gruppe in gleichen Besitzverhältnissen — Monogamie herrschte vor. Mit Ackerbau und Viehzucht entstanden soziale Schichten und große Unterschiede im Reichtum der verschiedenen Gruppenmitglieder. Besonders erfolgreiche Männer konnten daher aufgrund ihres Reichtums mit einer mehr oder weniger großen Zahl von Frauen verheiratet sein (Harem).

Die durch Blutgruppenuntersuchungen belegte Tatsache, dass in westlichen Gesellschaften bis zu 15 % der Neugeborenen nicht vom Ehemann stammen können, belegen, dass hinter dem monogamen Sozialsystem ein polygynandrisches Paarungs- und Fortpflanzungssystem stecken muss.

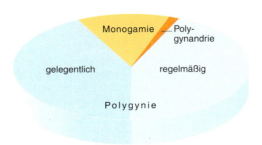

1 Ehen in 849 menschlichen Kulturen

Neurobiologie und Verhalten **139**

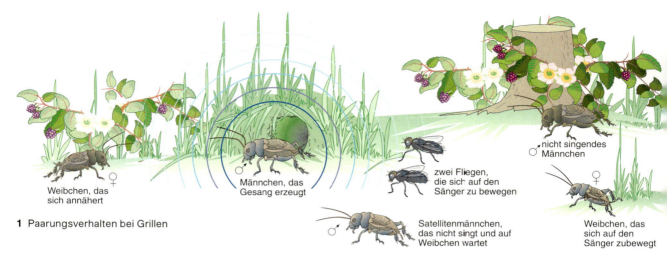

1 Paarungsverhalten bei Grillen

Sexualstrategien

Satellitenmännchen
ein Männchen, das in der Nähe eines balzenden Männchens wartet und versucht, paarungsbereite Weibchen abzufangen

Balz
Verhaltensweise zur Steigerung der Paarungsbereitschaft

Strategie
genetisch bedingte Verhaltensregel eines Individuums

Taktik
alternative Verhaltensmöglichkeit innerhalb einer Strategie

Verhaltenspolymorphismus
liegt vor, wenn auf einen bestimmten Reiz verschiedene Reaktionen gleicher Funktion folgen können.

Untersuchungen zum *Balzverhalten* von Grillen ergaben, dass durch einen Lautsprecher ausgesandter Gesang männlicher Grillen mit zunehmender Lautstärke nicht nur immer mehr Weibchen anlockte, sondern auch nicht singende Männchen, so genannte *Satellitenmännchen*, sowie parasitische Fliegen. Die Satellitenmännchen warten in der Nähe der singenden Männchen und versuchen, paarungsbereite Weibchen abzufangen. Die Fliegen legen normalerweise ihre Larven auf rufende Grillenmännchen ab, die von den eindringenden Larven langsam von innen aufgefressen werden. Satellitenmännchen werden seltener befallen.

Wie Züchtungsexperimente zeigten, ist weitgehend genetisch festgelegt, wie viele Stunden ein Männchen pro Nacht ruft. Ein Teil der Männchen ruft mehrere Stunden pro Nacht und wechselt sehr selten zum Satellitenverhalten. Andere Männchen rufen selbst dann, wenn sie isoliert gehalten werden, nur wenig oder gar nicht. Viele Männchen können also beide Verhaltensweisen ausführen, schalten aber aufgrund ihrer genetischen Disposition unterschiedlich häufig von einem Verhalten auf das andere um, sie verfolgen verschiedene *Strategien*. Die Verhaltensalternativen Rufen bzw. Schweigen innerhalb der Strategie nennt man *Taktiken*.

Rufer haben mehr Fortpflanzungserfolg in kurzer Zeit, leben aber nicht so lange. Der geringe jährliche Fortpflanzungserfolg wird bei Satellitenmännchen durch eine höhere Lebenserwartung ausgeglichen. Der Lebensfortpflanzungserfolg ist für die Vertreter verschiedener Strategien annähernd gleich.

Strategien, die im Laufe der Evolution nicht durch andere, erfolgreichere ersetzt werden, nennt man *evolutionsstabil*. Nimmt die Zahl der parasitischen Fliegen zu, geht die Zahl der Rufer zurück, da sie von den Fliegen geortet und befallen werden. Nicht so lange rufende Männchen sind seltener parasitiert, leben länger und vermehren sich daher besser. Nimmt die Anzahl der Fliegen ab, haben die Rufer wieder einen Vorteil.

Bei anderen Arten scheint hinter dem *Verhaltenspolymorphismus* nur eine genetisch bedingte Strategie zu stecken, die mehrere Taktiken umfasst. Wenn alle Individuen die gleichen genetischen Grundlagen besitzen, entscheidet die jeweilige Situation darüber, welche Verhaltensalternative das Einzeltier ausführt. Da äußere und innere Bedingungen entscheiden, wie das Tier reagiert, spricht man von einer *konditionalen Strategie*.

Große Krötenmännchen locken im Frühjahr Weibchen mit lauten Rufen an. Häufig sitzen dabei mehrere kleinere Männchen still in ihrer Umgebung.

Entscheidungsregeln für Kröten scheinen zu lauten:
— Sind keine anderen Männchen da, rufe!
— Bist Du das größte Männchen, rufe!
— Vertreibt Dich ein größeres Männchen, rufe woanders.
— Ist dies nicht möglich, werde Satellit.

Da alle Männchen im Laufe ihres Lebens alle Taktiken nach den gleichen Regeln anwenden, handelt es sich um eine konditionale Strategie.

Neurobiologie und Verhalten

1 Großes Orang-Utan-Männchen

2 Kleines Orang-Utan-Männchen

Fortpflanzungsstrategie der Orang-Utans

Forschungen sowohl in Zoos als auch im indonesischen Freiland zeigten, dass Orang-Utans auf verschiedenen Wegen zum Ziel kommen, sprich: sich fortpflanzen. Schon sehr früh war in einigen Zoos aufgefallen, dass bei einzelnen Orang-Utan-Männchen nach einer anfänglich normalen Entwicklung die weitere Reifung ausblieb. Diese Männchen verharrten bis zu 10 Jahre in einem jugendlichen Zustand, blieben ungefähr so groß wie ein Weibchen und entwickelten nicht die für Männchen typischen ausgeprägten Wangenwülste und keinen großen Kehlsack. Dieser dient ausgewachsenen Männchen normalerweise als Resonanzkörper für ihre weit schallenden Rufe, mit denen sie fremde große Konkurrenten auf Distanz halten.

Interessanterweise lebten Männchen mit einer derartig verzögerten Entwicklung meist in einem Nachbargehege neben einem ausgewachsenen Männchen. Die Tatsache, dass diese „verzögerten" Männchen sich sofort zu einem ausgewachsenen großen Mann entwickelten, wenn der große Nachbar aus ihrer Nähe verschwand, ließ die Wissenschaftler vermuten, dass die „Verzögerung" eine Folge von Stress durch die Anwesenheit überlegener Nachbarn sein könnte, denn diese Form der reproduktiven Unterdrückung war schon von Murmeltieren her bekannt. Hormonuntersuchungen widerlegten diese Hypothese aber, da keine erhöhten Werte für Stresshormone gefunden wurden. Die Konzentrationen der Sexualhormone waren wider Erwarten genauso hoch wie bei den großen Männchen. Inzwischen weiß man, dass die lauten Rufe der Großen die Entwicklungsverzögerung auslösen. Trotz ihrer kleineren Körper besaßen die unscheinbaren Männchen gleich große Hoden wie die großen. Später entdeckte man, dass es diese unauffälligen Männchen auch im Freiland gibt.

Im Freiland wandern alle Orang-Utans in nicht verteidigten Gebieten umher, wobei die der Weibchen kleiner als diejenigen der Männchen sind. Heranwachsende Männchen sind besonders mobil, dominante große Männchen siedeln sich in den besten Waldabschnitten an, die auch für Weibchen interessant sind. Weibchen bevorzugen bei der Paarung die großen dominanten Männchen und lehnen Paarungen mit Heranwachsenden ab, werden von diesen aber oft zur Paarung gezwungen (Vergewaltigung).

Auf Borneo waren 90% aller Kopulationen zwischen jugendlichen Männchen und reifen Weibchen erzwungen. Dies ist auf Sumatra anders. Die höhere Produktivität der Wälder bietet die Möglichkeit, dass die Tiere länger zusammenbleiben, ohne dass Nahrungskonkurrenz sie auseinandertreibt. Unter diesen Bedingungen begleiten die jüngeren Männchen die Weibchen mehrere Wochen und bauen ein Vertrauensverhältnis auf. Das führt dazu, dass hier mehr als 50% aller Paarungen kooperativ verlaufen.

In Anwesenheit eines größeren Männchens folgen die jüngeren Männchen anscheinend der Strategie, klein zu bleiben, den Stress mit den Großen zu vermeiden und eigenen Fortpflanzungserfolg durch erzwungene Paarungen oder durch den Aufbau von Vertrauen und kooperative Weibchen zu erreichen. Vaterschaftsanalysen offenbarten, dass ungefähr 50% der Nachkommen von den kleinen Männchen gezeugt werden. (→ 168/169)

Aufgaben

1. Planen Sie einen Versuch, mit dem man experimentell die Wirkung der Rufe ausgewachsener Männchen nachweisen kann.
2. Stellen Sie die Vor- und Nachteile bezüglich der Fortpflanzung bei Orang-Utans für kleine und große Männchen tabellarisch zusammen.
3. Begründen Sie, warum beide Fortpflanzungsstrategien erfolgreich nebeneinander bestehen bleiben werden.

1 Entwöhnungskonflikt bei Berberaffen

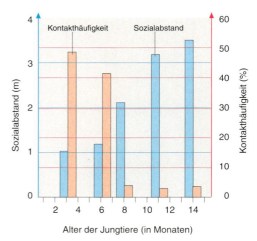

2 Sozialabstand

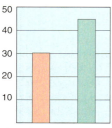

a) empfangene Aggressionen pro Stunde (%)

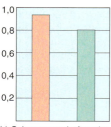

b) Schwangerschaften der Töchter pro Jahr

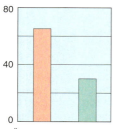

c) Überleben der Jungtiere junger Mütter bei (ohne) Anwesenheit der eigenen Mutter pro Jahr (%)

■ mit Mutter ■ ohne Mutter

Auswirkung der Anwesenheit der Mutter auf weiblichen Nachwuchs der Makaken

Eltern investieren in ihre Nachkommen

Gegen Ende der Fortpflanzungszeit der Seeelefanten kann man an den Brutstränden manchmal beobachten, wie sich ein bereits entwöhntes Jungtier, dessen Mutter schon wieder in das Meer zurückgekehrt ist, an ein fremdes Weibchen heranschleicht, dessen meist kleineres Jungtier beiseite schiebt und beim fremden Weibchen Milch trinkt. Diese „Milchdiebe" sind meist junge Männchen, die durch dieses zusätzliche Futter einen weiteren Wachstumsschub erlangen und deren Aussichten dadurch steigen, später ein großes und erfolgreiches Männchen zu werden. Bemerken die Weibchen den Fremden, beißen sie ihn so sehr, dass er starke Verletzungen davontragen kann, wenn er nicht schnell genug verschwindet. Dass die Weibchen ihre Milch nicht an fremde Jungtiere abgeben, ist soziobiologisch einsehbar, denn die gestohlene Ration fehlt ihrem eigenen Nachwuchs, dessen Überlebenschancen dadurch sinken.

Auf ähnliche Weise können sich aber auch Geschwister untereinander schaden und die Fitness ihrer Mutter senken. Möglichst lange gefüttert, getragen und umsorgt zu werden, bedeutet für die Jungtiere verbesserte Überlebenschancen. Für heranwachsende Weibchen, die von ihrer Mutter unterstützt werden, bedeutet dies u.a. sogar, mehr eigene Kinder großziehen zu können (siehe Randspalte). Geschwister sind Konkurrenten um die Mutter. Da diese während der Stillperiode keinen Eisprung bekommt, wird ihr Geburtenabstand umso größer, je länger sie stillt und ihr Lebensfortpflanzungserfolg entsprechend kleiner. Jeglichen Aufwand, den ein Elternteil in einen einzelnen Nachkommen steckt, nennt man *Elterninvestment*. Es erhöht die Überlebensfähigkeit dieses Nachkommens, schränkt aber die Möglichkeit des Elternteils ein, sich weiter fortzupflanzen. Je besser Jungtiere mit zunehmendem Alter alleine überleben können, desto eher ist zu erwarten, dass die Mutter aufhört, in den Nachwuchs zu investieren und stattdessen weitere Junge anstrebt. So kommt es zu Entwöhnungskonflikten (Abb. 1).

Jungtiere bleiben während der ersten Lebenswochen oder auch Monate permanent bei der Mutter. Mit zunehmendem Alter unternehmen sie kleinere Ausflüge in die Umgebung, um neue Gegenstände zu erkunden oder um mit anderen Jungtieren spielerischen Kontakt aufzunehmen. Die Mutter bleibt dabei das Sicherheit bietende Zentrum, zu dem man bei Gefahr flüchten kann. Die in Abbildung 2 dargestellten Messwerte wurden von Schülergruppen im Zoo zusammengetragen. Sie zeigen am Beispiel eines Siamangjungen, wie sich dieses mit zunehmendem Alter immer häufiger und immer weiter von der Mutter entfernt.

Während mütterliches Investment bei den meisten Säugetieren weitgehend übereinstimmt, zeigen Väter verschiedener Arten grundlegende Unterschiede. Ihr Verhalten ist, besonders im Bereich der Primatenforschung, erst in jüngster Zeit in das Interesse der Wissenschaftler gerückt. Die Abbildung in der Randspalte (S. 143) zeigt die prozen-

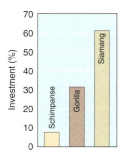

Väterliches Investment bei verschiedenen Menschenaffen.

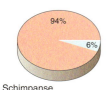

Schimpanse

Gorilla

Siamang

tualen Kontakthäufigkeiten aller im Zoo ausgezählten Kontakte von Vätern mit Jungtieren bei Schimpanse, Gorilla und Siamang und schlüsselt die Kontakte qualitativ auf. Väter können sich in der Nähe eines Jungtieres aufhalten *(Kontaktabstand)*, es putzen, mit ihm spielen, es tragen oder mit ihm Futter teilen. Ein Vergleich der Abbildungen zeigt, dass Schimpansenmännchen sich am wenigsten um Jungtiere kümmern, während Siamangmännchen die aktivsten Väter sind.

Intensives väterliches Investment bedeutet, dass Männchen viel Energie und Zeit in die Pflege von Jungtieren stecken und nicht in die weitere Fortpflanzung. Für die Tatsache, dass sich Männchen bei verschiedenen Arten unterschiedlich intensiv um den Nachwuchs kümmern, gibt es drei Erklärungshypothesen: Eine davon ist die *Vaterschaftswahrscheinlichkeitshypothese*. Nach ihr ist zu erwarten, dass sich „Väter" nur bei den Arten um Nachwuchs kümmern, bei denen die Wahrscheinlichkeit groß ist, dass die Jungen auch von ihnen gezeugt wurden. Bei hoher *Vaterschaftsunsicherheit* würden Männchen, die in fremden Nachwuchs investieren, die Fitness eines anderen Männchens erhöhen, während sie die eigene senken. Es ist also aus evolutionsbiologischen Gründen zu erwarten, dass sich väterliches Investment eher in denjenigen Sozialsystemen durchsetzen wird, in denen das investierende Männchen auch der Vater der Jungtiere ist.

Vaterschaftssicherheit hängt vom Sozialsystem ab. Je mehr Männchen in einer Gruppe sich mit Weibchen paaren können, desto weniger sicher ist die Vaterschaft des einzelnen. Dies ist besonders bei Schimpansen der Fall. In Gorillagruppen befindet sich meist nur ein Männchen, so dass dessen Vaterschaft sicher ist. Aufgrund der großen Anzahl an Weibchen verfolgen Gorillamännchen aber eher die Taktik, Junge zu zeugen als sie zu versorgen. Die Evolution fürsorglicher Väter ist unter den Bedingungen der Monogamie, wie beispielsweise bei den Siamangs, am besten zu verstehen. Durch Übernahme eines Großteils der Brutpflege kann das Männchen sein Weibchen entlasten, sodass dieses sich schneller von der letzten Schwangerschafts-, Geburts- und Brutpflegephase erholt. Dann kann in kürzeren Abständen der nächste Eisprung erfolgen. Durch die Mithilfe des Männchens verkürzt sich also der Geburtenabstand, sodass die Fitness von Männchen und Weibchen (beide sind bei Monogamie identisch) gesteigert wird. (→ 168/169)

Bei Tierarten mit innerer Befruchtung kann das Weibchen durch Kopulation mit mehreren Männchen die Vaterschaftssicherheit senken. Als Reaktion auf diesen Selektionsdruck ist bei vielen Arten eine Verhaltensweise evoluiert, die „Seitensprünge" verhindert, die *Partnerbewachung*. Partner bewachende Männchen verfolgen, insbesondere in der fruchtbaren Zeit, ihre Weibchen auf Schritt und Tritt. Männchen können jedoch nicht immer verhindern, dass Weibchen sich mit weiteren Männchen paaren. In den Geschlechtsorganen der Weibchen kommt es dann zur „Konkurrenz" der Spermien um die Eizelle *(Spermienkonkurrenz)*.

Zettelkasten

Spermienkonkurrenz

Selbst bei bisher für absolut treu gehaltenen Arten wurden inzwischen gelegentliche Seitensprünge nachgewiesen. So konkurrieren bei Tierarten mit innerer Befruchtung die Spermien verschiedener Männchen um die Eizellen im Weibchen. Dies hat zu diversen physiologischen Anpassungen der Männchen geführt, die den eigenen Erbanlagen einen Vorteil verschaffen können. Zunächst sind bei Arten mit hoher Spermienkonkurrenz die Spermien beweglicher und schneller. Weiterhin geben die Männchen dieser Arten mehr Spermien pro Ejakulation ab als andere. Sie paaren sich häufiger und besitzen die größeren Hoden. Bei der Paarung versuchen sie, die Spermien rechtzeitig zum Eisprung des Weibchens abzugeben. Einige Weibchen von Insekten und Krebsarten können die Spermien verschiedener Männchen vor der Befruchtung der Eizellen getrennt speichern und entweder die zuletzt oder die zuerst empfangenen Spermien zur Befruchtung zulassen. Entsprechend versuchen die Männchen dieser Arten entweder jungfräuliche Weibchen für die Paarung zu finden oder solche, die kurz vor der Eiablage stehen. Einige Libellenmännchen räumen aus der Samentasche der Weibchen die Spermien des Vorgängers mit einem speziellen Greifer heraus. Andere Insektenmännchen verkleben nach der Paarung die Geschlechtsöffnung der Weibchen mit einem Pfropf oder bewachen sie bis zur Eiablage, wodurch sie verhindern, dass sich das Weibchen erneut paart.

Neurobiologie und Verhalten **143**

Fortpflanzungstaktiken der Heckenbraunelle

Heckenbraunellen (kleine Singvögel) leben im dichten Unterwuchs von Wäldern, Gärten und Parkanlagen. Die Weibchen bauen napfförmige Nester in Hecken oder immergrünen Sträuchern.

Geschlechterverhalten und Paarung

1 Brütende Heckenbraunelle

Die Weibchen besetzen im Frühjahr Reviere, deren Größe vom Nahrungsangebot abhängt. Legt man eine Futterstelle an, so wird ein kleineres Revier verteidigt. Den Weibchenrevieren sind diejenigen der Männchen überlagert. Männchen erkämpfen sich Reviere, die sie bis zu einer Größe von 3 000 m² verteidigen können. Die Größe ist bei ihnen nicht vom Nahrungsangebot abhängig.

Stirbt bei einem monogamen Paar das Weibchen, wandert das Männchen meist aus. Stirbt das Männchen, bleibt das Weibchen in der Regel im Revier. Benachbarte Männchen, deren Reviere in ein Weibchenrevier hineinreichen, versuchen ihren Bereich auf das gesamte Weibchenrevier auszudehnen. Können sie ihren Bereich bei zunehmender Größe nicht mehr verteidigen, nutzen die Männchen den gleichen Raum und bilden eine Rangordnung aus. Das ranghöchste ist das α-Männchen.

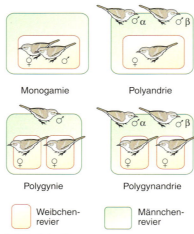

2 Mögliche Paarungssysteme

Aus den unterschiedlichen Überlappungen von Männchen- und Weibchenrevieren ergeben sich vier verschiedene Kombinationen: *Monogamie, Polygynie, Polyandrie* und *Polygynandrie*. Bei Polyandrie überlappen die Reviere von zwei zusammenlebenden Männchen mehrere Weibchenreviere.

Aufgabe

① Fassen Sie anhand der Informationen aus Text und Grafiken (Abbildung 2 und 3) zusammen, unter welchen Bedingungen die verschiedenen Paarungssysteme entstehen.

Abbildung 4 zeigt die Abhängigkeit der Sterblichkeit von der Anzahl der Schneetage im Winter.

Abbildung 5 stellt den Zusammenhang zwischen der Anzahl der Männchen und der polyandren Weibchen dar.

Aufgabe

② Beschreiben Sie anhand der Informationen, wie die Häufigkeit der Paarungssysteme von Jahr zu Jahr wechseln kann.

Konkurrenz zwischen Männchen

Männchen versuchen durch Revierbesitz oder eine Rangordnung alleinigen Zugang zu Weibchen zu erreichen.

Monogame Männchen führen pro Stunde durchschnittlich 0,47 Paarungen aus, Männchen in polyandren Systemen mit alleinigem Zugang zum Weibchen 0,87. In Systemen, in denen beide Männchen mit dem Weibchen kopulieren, erreichen beide Männchen ungefähr 2,4 Paarungen pro Stunde. Die Hoden von Heckenbraunellen sind ungefähr 64 % größer als man es von weitgehend monogamen Vögeln gleicher Größe kennt.

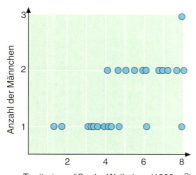

3 Territoriengröße

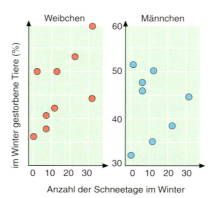

4 Wintersterblichkeit

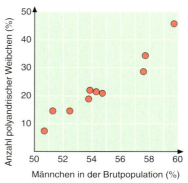

5 Brutdichte

144 *Neurobiologie und Verhalten*

Bei Vögeln mündet der Eileiter in den Enddarm, sodass die *Kloake* auch den Transportweg für die Geschlechtszellen darstellt. Schon 1902 hat der Ornithologe SCHONS ein seltsames Verhalten der Heckenbraunelle beschrieben: „Während das Weibchen flügelzitternd mit angehobenem Schwanz dasteht und die Kloake präsentiert, pickt das Männchen mehrfach dagegen. Das Weibchen vollführt daraufhin pumpende Bewegungen mit der Kloake und gibt einen Tropfen ab" (Abb. 1). Kurz danach findet die Kopulation statt. Mikroskopische Analysen zeigten, dass dieser Tropfen Spermien einer vorherigen Kopulation enthält.

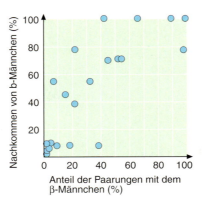

2 Bruterfolg von β-Männchen

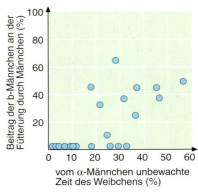

3 Brutpflegebeitrag von β-Männchen

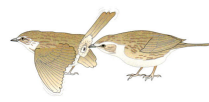

1 Kloakenpicken

Nur in polyandren und polygynandren Systemen, in denen die β-Männchen (s. Seite 157) nicht kopulieren konnten, passierte es mehrfach, dass frisch geschlüpfte Junge verschwanden oder Eier so angepickt wurden, dass keine Jungen mehr schlüpfen konnten.

Es wird vermutet, dass hierfür die β-Männchen verantwortlich waren. Diese versuchten auch wiederholt, das brütende Weibchen vom Nest zu vertreiben, wenn sie sich nicht mit ihm paaren durften. In den meisten Fällen wurden sie jedoch erfolgreich vom ranghöheren α-Tier daran gehindert.

Interessanterweise traten derartige Fälle nur zum Beginn der Brutsaison auf, wenn das Weibchen noch weitere Bruten durchführen konnte und nicht, wenn Folgebruten unsicher waren. Bei einem Verlust des Geleges fangen die Weibchen nach spätestens 1 bis 2 Wochen an, neue Eier zu legen. Ziehen sie eine Brut groß, folgt das nächste Gelege erst nach rund 6 Wochen.

Aufgabe

3) Arbeiten Sie aus den geschilderten Sachverhalten die verschiedenen Mechanismen heraus, die
   a) vor der Kopulation
   b) nach der Kopulation, bzw.
   c) nach der Eiablage
   wirken und dadurch dem einzelnen Männchen Fortpflanzungsvorteile sichern.

Väterliches Investment

Männchen der Heckenbraunelle können ihren Weibchen entweder dadurch helfen, dass sie es übernehmen, die Eier zu bebrüten oder dass sie für die Aufzucht der Nestlinge Futter herbeischaffen. Dabei zeigte sich, dass sich durch Hilfe beim Brüten die Anzahl der aus den Eiern geschlüpften Jungen nicht änderte, durch Hilfe bei der Fütterung die Anzahl der das Nest erfolgreich verlassenden Jungen jedoch signifikant anstieg. Dieser Effekt war eine Folge davon, dass weniger Nestlinge im Nest verhungerten. Die Mithilfe von Männchen wurde umso wirksamer, je größer die Anzahl der Jungen war.

Während der Paarungszeit bewachen die Männchen ihre Weibchen. Bei monogamen Paaren (*Bewachungsmonogamie*) beschränkt sich das Männchen darauf, Eindringlinge, die eine zusätzliche Paarungsmöglichkeit suchen, zu vertreiben. Am intensivsten ist die Bewachung in polyandren Systemen. In diesen folgt das α-Männchen dem Weibchen auf Schritt und Tritt. Es verliert sein Weibchen aber häufig aus den Augen, während es das β-Männchen vertreibt. Dann versteckt sich das Weibchen sofort in dichter Vegetation, frisst hier in aller Ruhe und paart sich wiederholt mit dem β-Männchen, wenn es von diesem zuerst gefunden wird. Ist es vom α-Männchen entdeckt, kann das ganze Spiel von vorn beginnen.

Für soziobiologische Überlegungen war es wichtig zu wissen, wie erfolgreich die Paarungen des β-Männchens sind. Um dies zu erfassen, stellte man von allen beteiligten Partnern und den Jungtieren im Nest einen „genetischen Fingerabdruck" her und konnte so die Jungtiere den Vätern zuordnen. Das Ergebnis zeigt Abbildung 2. In Abbildung 3 ist der Zusammenhang zwischen der Fähigkeit des Weibchens, sich dem α-Männchen zu entziehen, und dem Beitrag des β-Männchens an der Brutpflege dargestellt.

Aufgaben

4) Stellen Sie einen Sachzusammenhang zwischen den Aussagen beider Abbildungen (Abb. 2, 3) her.
5) Erläutern Sie, wodurch es zwischen verschiedenen Partnern zu Konflikten kommen muss, indem Sie aufzeigen, wie Fitnessgewinn beim einen zu Fitnessverlust beim anderen führt. Werten Sie in diesem Zusammenhang die Daten der Tabelle mit aus.

Paarungssystem	Jungenanzahl pro Jahr	
	pro Weibchen	pro Männchen
Polygynie	4,4	8,8
Monogamie	5,9	5,9
Polyandrie (nur α-Männchen paart sich)	4,9	α: 4,9
Polyandrie (α- und β-Männchen paaren sich und füttern beide)	8,9	α: 4,9; β: 4,0
Polygynandrie	4,0	α: 5,6, β: 2,4

Neurobiologie und Verhalten

1 Infantizid

Resident
Haremshalter

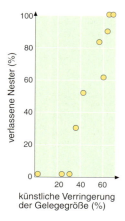

Manipulation an Entengelegen

Infantizid und Fortpflanzungserfolg

„Elf greift das Jungtier Vierfünf mehrfach an und stellt auch seiner Mutter nach. ... Diese flieht im höchsten Tempo, während sich die ältere Tochter dem Verfolger in den Weg stellt. Elf holt das Weibchen jedoch ein und reißt es zu Boden. Augenblicke später stürzen sich sechs Weibchen auf das Männchen. Die Mutter entreißt dem *Residenten* ihr Baby und setzt die Flucht fort. Die Eckzähne des Männchens haben den linken Oberschenkel des Jungen aufgerissen, die Sitzhöcker gespalten und die Schwanzunterseite bis nahe zur Wurzel aufgeschnitten. Völlig entkräftet stirbt das Junge am Abend des nächsten Tages." Beschreibungen wie diese über das Aggressionsverhalten indischer Affen, den *Hanuman-Languren*, interpretierte man lange als krankhafte Abweichungen vom Normalverhalten. Heute sehen Soziobiologen darin eine Angepasstheit im Sinne des genetischen Egoismus, denn der Tötende erhöht die eigene Fitness.

Hanuman-Languren (s. Seite 138) leben in Gruppen von durchschnittlich 14 erwachsenen Weibchen und einem Männchen. Die restlichen Männchen leben in Junggesellenverbänden. Der Haremshalter wird immer wieder von diesen nachwachsenden Männchen herausgefordert. Die permanenten Verteidigungsanstrengungen zehren an den Kräften, sodass er nach ungefähr 26 Monaten von einem stärkeren Nachfolger abgelöst wird, dem wiederum annähernd die gleiche Zeit zur Verfügung steht, sich fortzupflanzen. Zum Zeitpunkt der Übernahme der Gruppe sind einige Weibchen noch trächtig, andere stillen und bekommen während der Stillperiode keinen Eisprung. Verlieren sie ihr Junges, kommt der nächste Eisprung früher. In diesem Zusammenhang wird das Verhalten der Haremshalter gesehen, gegen den Widerstand der Mütter deren Junge zu töten *(Infantizid)*. Dadurch können sie sich früher erfolgreich mit dem Weibchen paaren. Inzwischen liegt eine Fülle von Daten vor, die diese Hypothese belegen. So töten neue Haremshalter fast immer Jungtiere, die nicht von ihnen gezeugt wurden. Die Mütter paaren sich kurz danach mit ihm. Der Abstand zwischen Haremsübernahme und eigenen Nachkommen wird so deutlich verkürzt.

Beobachtungen lassen vermuten, dass die schwangeren Weibchen vom neuen Männchen solange bedrängt werden, bis sie ihr ungeborenes Junges verlieren *(Fetizid)*.

Die Interpretation des Infantizids und Fetizids als angepasstes Verhalten lässt sich im Versuch überprüfen. So entnahm man in einem Experiment Entennestern unterschiedlich viele Eier und beobachtete, ob die Tiere auf dem restlichen Gelege weiter brüteten. In Kontrollversuchen legte man die Eier wieder zurück. Für den Fall, dass die Tiere das Nest verlassen und nicht weiter brüten, hatte man zwei Erklärungshypothesen. Einerseits könnte die Veränderung am Nest und Eierverluste bedeuten, dass der Neststandort und damit das brütende Tier gefährdet sind. Andererseits könnte der Verlust an Eiern so groß sein, dass Tiere, die weiterhin Zeit und Energie in die verminderte Brut stecken, weniger Nachkommen großziehen als Tiere, die das Nest verlassen und eine neue Brut mit mehr Eiern beginnen. Der Zeitgewinn durch den Abbruch würde so zu einem *Fitnessgewinn* und nicht zu einem *Fitnessverlust* führen. Von den Kontrollnestern ohne Eiverlust wurde keines verlassen. Die Ergebnisse der Versuchsreihe sind in der Randspalte dargestellt. (→ 168/169)

Aufgaben

① Diskutieren Sie, welche Hypothese durch die Ergebnisse der Versuche an den Entennestern gestützt wird (siehe Randspalte).
② Beschreiben Sie mithilfe des Fitnessbegriffs den Konflikt zwischen Langurenmännchen und ihren Weibchen.
③ Begründen Sie aus der Sicht der Soziobiologie, warum die Weibchen sich mit den neuen Männchen paaren.

Infantizid beim Menschen

Immer wieder schrecken Zeitungsmitteilungen auf, in denen von tot aufgefundenen Säuglingen oder verhungerten Kleinkindern zu lesen ist. Sind die verantwortlichen Eltern krank oder verhaltensgestört? Oder folgen sie womöglich unbewussten Programmen?

Untersuchungen zeigten, dass viele dieser Fälle Verhaltensmustern folgen, die zumindest zur soziobiologischen Theorie passen: Diese beinhaltet, dass Eltern verstärkt in diejenigen Kinder investieren, die ihre eigenen Gene tragen, die elterliche *Fitness* nicht zu stark senken und die besonders viele Enkel „versprechen". Demnach sagten ROBERT L. TRIVERS und DAN E. WILLARD voraus, dass Eltern bei zu erwartender gleicher Enkelzahl verstärkt in das Geschlecht investieren, das weniger „Kosten" verursacht. Dies lässt vermuten, dass je nach Bedingungen von totaler Aufopferungsbereitschaft über Kindesvernachlässigung bis zu Kindesmord alles möglich ist.

Infantizid in Indien

In Indien werden jährlich so viele weibliche Föten abgetrieben oder neugeborene Mädchen getötet, dass in jedem Jahrgang ein Überschuss an Jungen besteht. Viele Mädchen sterben auch in jungen Jahren, weil sie vernachlässigt werden und man mit ihnen z. B. bei Krankheit nicht zum Arzt geht.

Indische junge Frauen werden mit ungefähr 20 Jahren verheiratet. Um in eine reiche Familie einheiraten zu können, muss eine Frau so viel Mitgift in die Ehe einbringen, dass ihre Eltern dadurch verarmen können, besonders dann, wenn sie mehrere Töchter haben. Dagegen versprechen Söhne durch gute Verheiratung zusätzliche finanzielle Mittel.

Aufgabe

(1) Welcher Zusammenhang zwischen Kindstötung in Indien *(Infantizid)* und den Prognosen von TRIVERS und WILLARD sind zu erkennen?

Überleben von Waisenkindern

ECKHART VOLAND untersuchte anhand von Kirchenbüchern die Schicksale von 870 Kindern des 17. bis 19. Jahrhunderts, die im ersten Lebensjahr ein Elternteil verloren hatten. Er fand heraus:
1. Je jünger der überlebende Elternteil war, d. h. je besser seine Aussichten auf Wiederverheiratung waren, desto geringer war die Überlebenschance des Kindes.
2. Hatte eine verwitwete Frau schon mehrere Kinder, stieg die Überlebenschance des jüngsten Kindes.
3. Die Wiederverheiratung einer Witwe erhöhte die Wahrscheinlichkeit sehr stark, dass das Kind starb.

Aufgabe

(2) Diskutieren Sie die Aussagen auf der Grundlage der Fitnessmaximierung aus Sicht der Mutter bzw. eines neuen Ehemannes.

Kindesmisshandlung heute

MARTIN DALY und MARGO WILSON untersuchten in den 60er-Jahren des vorigen Jahrhunderts in Kanada Kindesmisshandlungen. Dabei fanden sie folgende Zusammenhänge heraus:

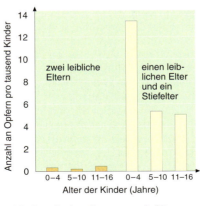

1 Kindesmisshandlungen nach Alter

DALY und WILSON untersuchten darüber hinaus die Abhängigkeiten des Infantizids vom Alter des jeweiligen getöteten Kindes sowie vom Alter der Mutter. Sie kamen zu folgenden Ergebnissen:

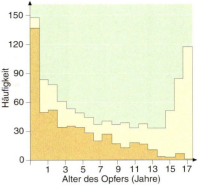

2 Mordopfer in Kanada (1961 — 1979)

Die orange markierten Anteile geben den Anteil an Opfern an, die von ihren biologischen Eltern getötet wurden.

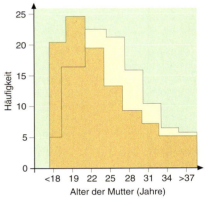

3 Kindstötungen durch Mütter

Die orange markierten Säulen zeigen die wirklich aufgetretene Verteilung, die gelben die nach der Geburtshäufigkeit zu erwartende Verteilung.

Aufgaben

(3) Fassen Sie die Ergebnisse der Abbildungen 1 — 3 zusammen.
(4) Deuten Sie diese im Sinne der soziobiologischen Theorie.

Kindesmisshandlungen im Märchen

Hänsel und Gretel verlassen aus Furcht vor der Stiefmutter ihr Elternhaus und ziehen in den Wald.

Aufgabe

(5) Tragen Sie weitere Beispiele aus Märchen von der bösen Stiefmutter zusammen und stellen Sie einen Zusammenhang zu Abbildung 1 her.

Neurobiologie und Verhalten **147**

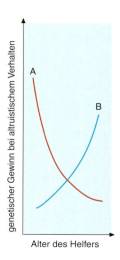

1 Buschblauhäher

Altruismus
Uneigennütziges Verhalten, bei dem ein Tier einem anderen hilft und dabei selbst im Nachteil ist.

Hamilton-Ungleichung
Uneigennütziges Verhalten ist besonders dann zu erwarten, wenn die Kosten (K) für den Altruisten kleiner sind als der Nutzen (N) für den Empfänger und wenn der Empfänger möglichst nahe mit dem Altruisten verwandt ist. Dies wird in der sogenannten Hamilton-Ungleichung (K < r × N) zusammengefasst.

Verwandtschaftskoeffizient (r)
Eltern — Kinder	0,50
Vollgeschwister	0,50
Halbgeschwister	0,25
Großeltern — Enkel	0,25

Uneigennütziges Verhalten

Schon DARWIN hatte im letzten Jahrhundert Mühe, uneigennützige Verhaltensweisen (Altruismus) als Ergebnis der Evolution zu erklären. Sein Problem steckte vereinfacht in der Frage: Wie können sich Erbanlagen eines Tieres, die permanent oder zeitweilig zu einem Verzicht auf eigene Fortpflanzung führen, in einer Population ausbreiten?

Bei Buschblauhähern, die in Florida im Gestrüpp von Eichen brüten, unterstützen Bruthelfer — meist Jungtiere vorangegangener Bruten — Eltern bei der Aufzucht der Geschwister. Helfer bringen bis zu 30 % des Futters für die Jungen ins Nest. Dies trägt nicht viel zum Überleben der Geschwister bei, da diese insgesamt nicht mehr Futter bekommen als ohne Helfer. Es entlastet aber die Eltern von der Futtersuche. Dadurch steigt deren Überlebensrate von 80 % auf 87 %. Bedeutsamer für das Überleben der Geschwister ist, dass sie durch die Helfer vor Räubern (Greifvögeln, Schlangen) gewarnt und teilweise sogar verteidigt werden. Ohne Helfer überleben nur 10 % der Jungen das erste Jahr, mit Helfern steigt dieser Wert auf 15 %. Aufgrund einer hohen Populationsdichte sind Reviere, die von den Männchen gehalten werden, knapp. Während Männchen die Reviere teilweise von den Eltern erben, wandern die Weibchen aus. Frei werdende Reviere werden sofort von Helfern besetzt, die ihre Helferrolle dann aufgeben.

Warum zeigen Helfer dieses altruistische Verhalten? Aus der Reaktion, ein frei werdendes Revier sofort zu besetzen und das Helferverhalten aufzugeben, ist ersichtlich, dass viele Männchen durch Reviermangel an der Fortpflanzung gehindert werden. Wenn sie sich jedoch nicht fortpflanzen können, ist die Unterstützung der Eltern bei der Brutpflege die sinnvollere Alternative zum Nichtstun. Genetisch gesehen können die Männchen ihre Fitness auch erhöhen, wenn sie durch altruistisches Verhalten den Fortpflanzungserfolg von nahen Verwandten, in denen Kopien eigener Gene stecken, steigern. Helfer erhöhen die Wahrscheinlichkeit, dass jüngere Geschwister am Leben bleiben. Erbanlagen, die Helferverhalten bedingen, werden also indirekt stärker in der Folgegeneration vertreten sein als solche, die dies nicht tun.

Wenn es mit zunehmendem Alter immer unwahrscheinlicher wird, den eigenen Eltern zu helfen (A), aber immer wahrscheinlicher, erfolgreich ein Revier zu erkämpfen (B), wechselt ein Helfer, falls möglich, zum Selberbrüten (s. Randspalte). Zur Fitness eines Individuums trägt also außer der Anzahl der eigenen Nachkommen (direkte Fitness) auch die Anzahl der Nachkommen von Verwandten bei, die durch Hilfe zusätzlich überleben (indirekte Fitness). Die Summe aus beiden ergibt die Gesamtfitness. (→ 168/169, → 170/171)

Je näher der Helfer mit den Jungtieren verwandt ist, desto höher ist der Beitrag zur eigenen Fitness. Man drückt den Verwandtschaftsgrad im Verwandtschaftskoeffizienten (r) aus. Er gibt an, mit welcher Wahrscheinlichkeit man ein bestimmtes Allel eines Individuums in einem Verwandten wiederfinden kann. Da jedes diploide Lebewesen normalerweise aus der Verschmelzung zweier haploider Gameten entsteht, hat es je 50 % (r = 0,5) seiner Allele mit jedem seiner Eltern gemeinsam. Die Wahrscheinlichkeit, dass ein gesuchtes Allel bei der Meiose weitergegeben wird, ist 0,5. Ist L die Anzahl von Generationen in direkter Linie, berechnet sich für den Verwandtschaftsgrad zweier Individuen der Verwandtschaftskoeffizient als $r = 0{,}5^L$ (s. Randspalte).

Aufgabe

① Angenommen, ein Tier kann eigene Nachkommen zeugen oder einer Schwester bei der Aufzucht ihrer Jungen helfen, wieviele Junge müsste die Schwester durch die Bruthilfe zusätzlich aufziehen, um den Verzicht des Helfers auf zwei eigene Junge genetisch zu kompensieren?

Neurobiologie und Verhalten

1 Gemeiner Vampir

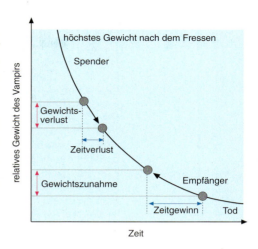

2 Spender und Empfänger

Gegenseitigkeit bei Vampiren

Vampire leben von Blut, das sie bei nächtlichen Nahrungsflügen von Großtieren, wie Pferden, Eseln oder Rindern, erbeuten. Dazu verlassen sie, um ihren Feinden, den Eulen, zu entgehen, bei möglichst großer Dunkelheit ihre Quartiere. Sie fügen ihren Beutetieren durch Bisse mit den oberen Schneidezähnen stark blutende Wunden zu und lecken das austretende Blut auf. Pro Nacht kann eine Vampirfledermaus 50 — 100 % des Eigengewichtes an Blutnahrung aufnehmen.

Weibchen bilden feste Verbände, die z. B. in hohlen Bäumen ihre Tagesquartiere haben. 30 % der Jungtiere, aber nur 7 % der Alttiere kehren in der Morgendämmerung erfolglos von der Jagd zurück. Dabei ist nicht vorhersagbar, wer keine Nahrung findet; es kann jeden treffen. Bekommen Vampire länger als zwei Nächte kein Futter, verhungern sie. Hungrige Tiere betteln am Schlafplatz ihre Nachbarn an. Diese sind in vielen Fällen, aber nicht immer, Verwandte.

Beim *Altruismus* unter Verwandten wird der Verlust an *direkter Fitness* durch einen Gewinn an *indirekter Fitness* zum Teil wieder ausgeglichen. (→ 176/177) Findet man jedoch unter nicht verwandten Artgenossen altruistisches Verhalten, muss man nach anderen Erklärungen suchen.

Wie aus Abbildung 2 zu entnehmen, ist der Verlust für einen Blut abgebenden Partner geringer als der Nutzen für den Hungernden, da dieser durch die Spende in der nächsten Nacht auf Nahrungssuche gehen kann. Für den Geber entstehen Nachteile, die nur dadurch ausgeglichen werden können, dass der derzeitige Empfänger bei umgekehrtem Versorgungszustand auch bereit ist, Futter abzugeben. Nicht verwandte Altruisten, deren Hilfe nicht erwidert wird, müssen dauernd Verluste einstecken und sollten eine Nahrungsabgabe verweigern.

Der folgende Versuch zeigte, nach welcher Methode Vampire Nahrung teilen: Im Labor ließ man ein Tier hungern und setzte es anschließend in eine Gruppe von satten Artgenossen, die wiederum aus zwei Untergruppen bestanden. Eine Gruppe kannte den Hungernden, war aber nicht verwandt mit ihm, die andere bestand aus fremden Tieren. Das bettelnde Tier bekam, bis auf eine Ausnahme, nur von seinen Bekannten Nahrung. Hungrige Vampire, die von einem Spender Blut erhalten hatten, gaben bei umgekehrtem Versorgungszustand dem ehemaligen Spender bereitwilliger Blut ab, als es bei einer zufälligen Verteilung des Futters in der Gruppe zu erwarten gewesen wäre. Ohne individuelles Erkennen wären diese Bevorzugungen nicht möglich. Auch Beobachtungsergebnisse aus dem Freiland zeigen diesen Zusammenhang. Da diese Form von Altruismus nur funktioniert, wenn der Partner sich revanchiert, nennt man sie *reziproken Altruismus* (s. Seite 151). Es zeigt sich, dass für altruistisches Verhalten Verwandtenerkennung und individuelles Erkennen vorausgesetzt werden müssen. Ob dies bei Vampiren über stimmliche oder geruchliche Komponenten erfolgt, ist ungeklärt.

Neurobiologie und Verhalten

Altruismus bei Primaten

Drei Jugendliche schlendern in einer Fußgängerzone vor Ihnen her. Plötzlich beginnen die beiden Stärkeren, wild auf den Schwächeren einzuprügeln. Ein Passant greift ein. Hätten Sie genauso gehandelt?

Derartige und ähnliche Fragen zum altruistischen Verhalten von Menschen untersuchen Soziobiologen und Anthropologen nicht nur in unterschiedlichen menschlichen Kulturen, sondern auch bei nahe verwandten Primaten. Ziel ist es, herauszubekommen, warum wir Werten wie *Fairness* und *Altruismus* unter bestimmten Bedingungen den Vorzug vor *Eigennutz* geben. Wie kann ein solches Verhalten in der Stammesgeschichte entstehen und Bestand haben, wenn die Evolutionsmechanismen nur denjenigen unterstützen, der sich „durchsetzt"?

Gefangenendilemma

Ansätze dazu liefert die Spieltheorie. Das berühmte *Gefangenendilemma* ist zwar nur eine hypothetische Situation, hilft aber, den so genannten *reziproken Altruismus* zwischen nicht verwandten Organismen zu verstehen. Gibt es im Spiel (s. u.) nur eine einmalige Chance, ist Kooperation am günstigsten. Können die Beteiligten regelmäßig nach diesen Regeln miteinander interagieren und können dabei die Rollen von Empfänger und Altruist getauscht werden, halten sich Kosten und Nutzen für den Einzelnen langfristig im Durchschnitt die Waage. Dabei entwickeln sich bestimmte Strategien wie z. B. „wie du mir, so ich dir" (tit-for-tat), d. h. im ersten Schritt wird kooperiert und in allen folgenden Runden der vorhergehende Zug des Gegenübers kopiert. Demzufolge ist diese Strategie besonders bei langlebigen Organismen zu erwarten. Handeln Tiergemeinschaften nach diesem System, sind stabile Gruppenzusammensetzung und individuelles Erkennen weitere Voraussetzungen. Ebenso muss genug Intelligenz und Erinnerungsvermögen vorhanden sein, um sich soziale Interaktionen zu merken.

Kooperation oder Altruismus?

Kooperation kann spontan erfolgen, ist immer zum allseitigen Vorteil der Beteiligten und enthält keine altruistischen Komponenten. Beispiele im Tierreich sind Männchen-Allianzen zur Verteidigung eines Weibchenrudels. Menschen investieren in ein gemeinsames Projekt am Arbeitsplatz in der Erwartung eines größeren Gewinns. *Altruismus* hingegen bringt dem Empfänger einen Vorteil, verursacht dem Helfer Kosten und die geleistete Hilfe wird – wenn überhaupt – zeitverzögert erwidert. Die gegenseitige Fellpflege der Schimpansen, Nachbarschaftshilfe beim Hausbau oder andere Arbeiten sind Beispiele dafür.

Ausgeklügelte Untersuchungen zur Kooperation bei Schimpansen zeigten, dass diese Tiere in der Regel nur kooperieren, wenn sie davon profitieren. In einer Versuchsanordnung musste z. B. an beiden Enden eines Seils gezogen werden, um ein Holzbrett mit Futter in die Nähe des Gitters zu bekommen.

Zettelkasten

Gefangenendilemma

Gefangenendilemma: Die beiden Spieler stellen Straftäter dar. Die Höchststrafe für die von ihnen begangene Straftat sind sieben Jahre. Schweigen beide, wird durch die Indizien jeder zu drei Jahren Haft verurteilt. Tritt einer als Kronzeuge gegen den anderen auf, geht er frei aus und der andere muss sieben Jahre absitzen. Gestehen beide, muss jeder nur vier Jahre absitzen. Die Gefangenen können sich nicht absprechen.

(Wiederholtes) Nehmen-und-Teilen-Spiel: Ein Spieler erhält einen Geldbetrag unter der Bedingung, dass er sich diesen Betrag mit dem unbekannten zweiten Spieler teilen muss. Beide Personen sind in getrennten Räumen, können nicht miteinander kommunizieren und gehen beide leer aus, wenn der zweite Spieler mit dem Teilungsangebot nicht einverstanden ist.

		Spieler 2	
		Kooperation	Betrügen
Spieler 1	Kooperation	Belohnung für beide	maximale Bestrafung für Spieler 1
	Betrügen	maximale Belohnung für Spieler 1	Bestrafung für beide

Neurobiologie und Verhalten

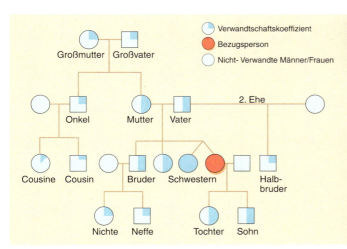

1 Verwandtschaftsverhältnisse

Reziproker Altruismus
Investition mit verzögerter Gewinnerwartung unabhängig vom Verwandtschaftsgrad (Tausch momentaner Fitness gegen spätere Fitness)

Nepotistischer Altruismus
Ein Individuum nimmt persönliche Fitnessverluste zugunsten von Verwandten in Kauf. Dadurch wird die indirekte Fitness erhöht.

Großmutter-Hypothese
Großmütter maximieren ihre indirekte Fitness, indem sie bei der Erziehung und Betreuung ihrer Enkel helfen.

Die Tiere konnten sich aus den Nachbarkäfigen entsprechende Hilfe holen, mussten dann aber das Futter auch teilen. Ein Schimpanse holte beispielsweise nur dann einen zweiten zur Hilfe, wenn die Enden des Seils für ihn unerreichbar weit auseinander lagen. Und schon nach wenigen Versuchen wählte er stets denjenigen als Helfer aus, der sich auch als geschickter Seilzieher erwies. Kapuzineraffen arbeiteten bei einer solchen Versuchsanordnung nur dann zusammen, wenn beide Futterschalen gefüllt waren. Blieb eine Futterschale leer, half das zweite Tier nur dann, wenn der Partner das Futter mit ihm teilte.

Reziproker Altruismus

Menschen scheinen einen Schritt weiter zu sein: Sie spenden z. B. Blut und Geld oder geben Bedürftigen Kleider, investieren also in etwas mit einer verzögerten Gewinnerwartung. Schon 18 Monate alte Kinder „helfen" in einer ähnlichen Form den Erwachsenen bei einem offensichtlichen Missgeschick. Fiel im Labor anscheinend versehentlich etwas zu Boden, krabbelten die Kleinen hin, hoben den Gegenstand auf und gaben ihn dem Versuchsleiter. Der wartete jedoch vergeblich auf Hilfe, wenn er den Gegenstand absichtlich zu Boden geworfen hatte oder in keiner offensichtlichen Notsituation war.

In Papua-Neuguinea wurden zwei benachbarte Stämme hinsichtlich der Wurzeln dieses *reziproken Altruismus* untersucht. Die Angehörigen eines Stammes bestraften zwar auch dann eine Verletzung der Gleichheitsnorm im Nehmen-und-Teilen-Spiel, wenn Angehörige des anderen Stammes davon betroffen waren. Dies geschah jedoch seltener und geringfügiger als wenn die egoistischen Geldbesitzer der eigenen Gruppe angehörten.

Nepotistischer Altruismus

Das uneigennützige Verhalten des Buschblauhähers (s. Seite 148) verdeutlicht eine Unterstützung von Verwandten zu Lasten eigener Reproduktion. Ein besonderes Beispiel zu dieser Form des Altruismus sind die Arbeiterinnen im Bienenstaat, die sich selbst nicht fortpflanzen, aber ihre Schwestern und Halbschwestern großziehen. Auch Wölfinnen versorgen die Nachkommen ihrer Schwestern. Die enge Verwandtschaft zwischen den Individuen wird als Erklärung für dieses Verhalten angesehen: Der hohe Anteil gemeinsamer Gene gewährleistet, dass durch dieses altruistische Verhalten eigene Gene in die nächste Generation weitergegeben werden, auch wenn das Individuum selbst sich nicht fortpflanzt.

In der menschlichen Gesellschaft ergibt die Existenz der Großmütter aus evolutionsbiologischer Sicht eine interessante Fragestellung: Die Gebärfähigkeit der Frau endet meist im Alter von 45 bis 50 Jahren. Während in der Tierwelt mit dem Ende der Fortpflanzungsfähigkeit auch meist das Lebensende erreicht ist, sind Großmütter „das Ass im Ärmel" für die Betreuung der Enkelkinder. Studien in alten Kirchenbüchern belegen diese Großmutter-Hypothese zumindest mütterlicherseits. Kinder mit einer Oma im Ort entwickeln sich deutlich besser (Abb. 1).

Neurobiologie und Verhalten

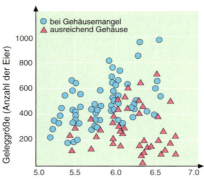

2 Fortpflanzung bei Einsiedlerkrebsen

Aufgabe

① Werten Sie den Text und die Abbildung 2 aus und deuten Sie das Ergebnis im Sinne einer Lebenslaufstrategie.

Fortpflanzung und Räuberdruck

3 Guppys

Aufgabe

② Fassen Sie die Aussagen der Abbildung 4 zusammen und stellen Sie einen Zusammenhang zu den jeweiligen Räuberstrategien dar.

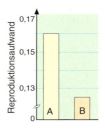 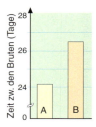

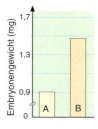

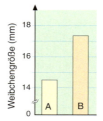 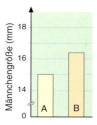

4 Fortpflanzungsstrategien

Fortpflanzung und Überlebensrate

5 Kohlmeise mit Jungen

Lebenslaufstrategien

Organismen sind darauf selektiert, sich in ihrem Leben möglichst erfolgreich fortzupflanzen, d. h. möglichst viele überlebende Nachkommen zu produzieren. Um dies zu erreichen, müssen Individuen ein Leben lang „Entscheidungen treffen". Da die durch Nahrungsaufnahme gewonnene Energie bzw. Materie beschränkt ist, müssen Lebewesen „entscheiden", wann und wofür investiert werden soll.

Wachstum oder Fortpflanzung

1 Einsiedlerkrebs

Einsiedlerkrebse verbergen ihren empfindlichen Hinterleib in einem Schneckenhaus. Wird der Krebs größer, muss er eine neue Behausung finden, die etwas größer, aber nicht zu groß ist. Passende Schneckenhäuser sind selten. Ohne passendes Haus könnten sie nicht mehr weiter wachsen. Forscher hielten Einsiedlerkrebse mit einem begrenzten Angebot an Schneckenhäusern und in einem 2. Versuch mit einem unbegrenzten Angebot. Sie untersuchten die Größe der Krebse bei der Fortpflanzung und die entsprechende Gelegegröße. Sie stellten u. a. fest, dass Krebse mit unbegrenztem Angebot sich erst in höherem Alter fortpflanzten (Abb. 2).

Guppys, kleine Süßwasserfische, bewohnen in ihrem Verbreitungsgebiet ganz unterschiedliche Gewässer, in denen sie von ganz verschiedenen Raubfischen verfolgt werden. Bei einer Untersuchung fand man, dass sie in einem Gewässer (A) von einem Räuber verfolgt wurden, der besonders erfolgreich Jagd auf ausgewachsene große Guppys machte, in einem anderen Gewässer (B) erbeutete eine zweite Raubfischart besonders häufig die jüngeren, kleineren Guppys. In beiden Gewässern maß man die in den folgenden Grafiken dargestellten Zusammenhänge. Dabei ist der Reproduktionsaufwand der Anteil der Biomasse, den Weibchen in die Fortpflanzung stecken. Weibchen in Gewässer (A) wurden früher geschlechtsreif. Zuchtversuche in Aquarien ohne Raubfische zeigten, dass die verschiedenen Fortpflanzungsstrategien erblich bedingt sind.

Forscher untersuchten bei Kohlmeisen verschiedene Zusammenhänge, die in Abbildung 153.1 dargestellt sind (a, b). In Experimenten hat man Kohlmeisen zusätzliche Eier untergeschoben und so die durchschnittliche Gelegegröße von 8 auf 12 Eier erhöht. Später fing man die aus dem Nest ausgeflogenen Jungtiere wieder ein (c).

152 *Neurobiologie und Verhalten*

Abb. d zeigt den Zusammenhang zwischen der Anzahl aufgezogener Jungtiere und Überlebensrate der Eltern.

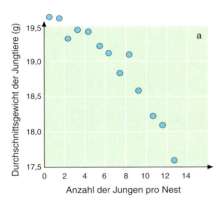

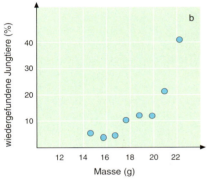

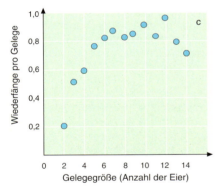

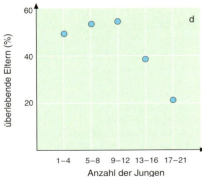

1 Fortpflanzung bei der Kohlmeise

Aufgaben

③ Fassen Sie die Ergebnisse der Abbildungen zusammen und stellen Sie Zusammenhänge zwischen den Einzelergebnissen her.

④ Erläutern Sie, welche Faktoren die optimale Gelegegröße bestimmen.

⑤ Erörtern Sie, welchen Einfluss ein gutes Futterangebot auf die Fortpflanzungsrate haben könnte.

Elterninvestment

2 Silbermöwe mit Jungen

Junge Tiere haben statistisch gesehen noch ein ganzes Leben mit der Möglichkeit der Fortpflanzung vor sich. Für sie lässt sich die Anzahl der potenziellen Nachkommen berechnen. Bei älteren Tieren ist ein Teil der Fortpflanzungszeit verstrichen. Die Anzahl an Jungen, die ein solches Tier noch erwarten kann, bezeichnet man als *Restreproduktionswert*. Erhöht sich die Sterblichkeit der Eltern, so sinkt der Restreproduktionswert. Dann muss ein Tier „entscheiden", ob momentane intensive Fortpflanzung auf Kosten späterer Möglichkeiten sich fortzupflanzen von Vorteil ist. Je älter ein Tier wird, desto weniger Restreproduktionspotential hat es zu verlieren.

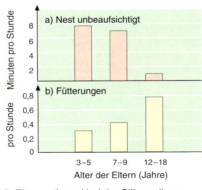

3 Elternaufwand bei der Silbermöwe

Abbildung 3 zeigt den Elternaufwand kalifornischer Möwen. Dabei zeigt Teil a die Zeit, während der die Eltern das Nest unbeaufsichtigt lassen und Teil b die Häufigkeit von Fütterungen pro Stunde.

Aufgabe

⑥ Fassen Sie die Aussagen des Textes zusammen und stellen Sie einen Bezug zu den Abbildungen her.

Lebenslaufstrategie und Geschlecht

4 Pantoffelschnecken-Pyramide

Die an Meeresküsten vorkommende **Pantoffelschnecke** bildet kleine Pyramiden aus mehreren unterschiedlich großen Tieren aus, die übereinander sitzen. Die unteren, größeren Tiere sind immer weiblich, die aufsitzenden kleineren männlich. Heranwachsende wechseln das Geschlecht. Derartige Geschlechterwechsel kommen auch bei verschiedenen Fischarten vor, wobei bei manchen die größeren Tiere zu Weibchen, bei anderen zu Männchen werden.

Man begründet diesen Wechsel folgendermaßen: Wenn der Fortpflanzungserfolg eines Geschlechtes mit Zunahme von Alter oder Körpergröße den Fortpflanzungserfolg eines gleich großen bzw. gleich alten Tieres des anderen Geschlechtes übersteigt, sollte ein Tier das erfolgreichere Geschlecht annehmen. So kann ein kleines Tier viele Spermien ausbilden und damit mehr Eizellen befruchten als es selbst bilden könnte. Mit Zunahme der Körpergröße und hoher Spermienkonkurrenz der Männchen untereinander könnte die Anzahl der Eizellen, die ein großer Fisch als Weibchen bilden kann, größer sein als die Anzahl an erfolgreichen Spermien, die der gleiche Fisch als Männchen hätte, d. h. dass für ein Männchen die „Entscheidung", zu einem Weibchen zu werden, außerdem davon abhängt, wie viele männliche Konkurrenten es schon gibt.

Aufgaben

⑦ Stellen Sie Bedingungen zusammen, unter denen erwachsene große Pantoffelschnecken zu Weibchen bzw. zu Männchen werden.

⑧ Je mehr Pantoffelschnecken eine Pyramide bilden, desto früher werden die weiter unten sitzenden zu Weibchen. Begründen Sie.

Neurobiologie und Verhalten **153**

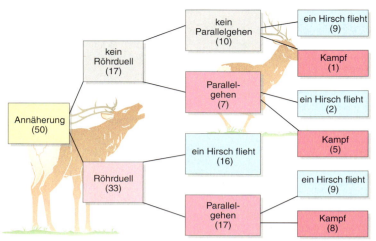

1 Beobachteter Verlauf von 50 Auseinandersetzungen

Kampfstrategien der Rothirsche

Wie bei vielen Tieren anderer Arten gibt es auch bei den Rothirschen zwei verschiedene Kampfsituationen: Einmal zur Verteidigung gegen Räuber und zum anderen im innerartlichen Konkurrenzkampf um Ressourcen oder Partner. Gegen Räuber wie Wölfe fliehen Hirsche oder verteidigen sich mit ihren Hufen. Beim innerartlichen Kampf verwenden sie ebenfalls ihre Hufe, solange das Geweih noch nicht verwendbar ist. Dies ist erst im Herbst zur Brunft der Fall.

Während der meisten Zeit des Jahres streifen männliche und weibliche Tiere in getrennten Rudeln durch ihr Revier. Erst zur Brunft versammeln sie sich an traditionellen Brunftplätzen. Männliche Hirsche versuchen eine Gruppe weiblicher Tiere, einen *Harem*, um sich zu versammeln. Dies können bis zu 20 Weibchen sein. Mit diesen zeugt der Haremsbesitzer, der *Platzhirsch*, Nachkommen, sobald sie Empfängnisbereitschaft signalisieren.

Nur wenige Männchen können einen Harem gründen und halten, denn die Konkurrenz ist groß. Immer wieder versuchen Rivalen, einige oder sogar alle Hirschkühe in den eigenen Harem wegzulocken und diesen zu vergrößern. Auseinandersetzungen zwischen Rivalen sind daher stets möglich und entsprechend häufig zu beobachten. Die Hirsche zeigen dabei eine abgestufte Vorgehensweise, eine *Strategie*, die eine Steigerung der Auseinandersetzung ermöglicht (*Eskalationsstrategie*).

Allgemein lassen Hirsche während der Brunft ein tiefes Brüllen, das so genannte *Röhren* hören. Tonhöhe und Intensität hängen dabei von der Körpergröße und der Kondition des Tieres ab. Anfangs ist das Röhren allgemein und nicht auf einen speziellen Rivalen gerichtet. Nähert sich allerdings ein Rivale, so beginnt meistens ein sich steigerndes Wechselspiel des Röhrens, ein *Röhrduell*. Offenbar können sich die Individuen schon auf dieser Stufe gegenseitig einschätzen, sodass einige Auseinandersetzungen bereits hier beendet werden. Andernfalls beginnen die Rivalen im Abstand von 5 bis 10 Metern nebeneinander zu stolzieren, wobei der Gegner wiederum eingeschätzt werden kann. Auch auf dieser Stufe ist dann ein Abbruch der Auseinandersetzung möglich. Geschieht dies jedoch nicht, dann senken die Gegner ihre Geweihe und prallen krachend aneinander. Beide versuchen den Gegner wegzuschieben oder sogar zu verletzen. Die meisten Tiere sind anscheinend geschickt genug, eigene Verletzungen zu vermeiden, dennoch erleiden etwa 20 % bis 30 % aller Hirsche dadurch im Laufe ihres Lebens dauerhafte Schäden. Ein Kampf ist beendet, wenn ein Gegner stark verletzt ist oder flieht.

Die Kämpfe der Hirsche beinhalten zwei prinzipielle Teilstrategien. Zum einen wird imponiert, geschoben und Kraft gemessen, ohne dass es zu Verletzungen kommt. Dies wird *Kommentkampf* genannt. Zum anderen sind aber schwere Verletzungen möglich, auch mit tödlichem Ausgang. Man spricht von *Beschädigungskampf*.

Die bei den Hirschen beobachtbare Abstufung, nämlich mit Kommentkampf zu beginnen und erst bei Bedarf zum Beschädigungskampf zu wechseln, scheint generell vorteilhaft zu sein. Auf diese Weise wird nur der geringste notwendige Einsatz geleistet. Doch findet man diese Gesamtstrategie nicht bei allen Tierarten. Bei einigen ist nur Kommentkampf zu beobachten, bei anderen vorwiegend Beschädigungskampf. Die Frage, welche Bedingungen die eine oder die andere Verhaltensweise begünstigen, untersucht man mit *konzeptionellen Modellen* (s. Seite 155). So versucht man z. B. die Kampfstrategien und ihren Erfolg mit mathematischen Modellen zu beschreiben. Die Bedingungen, unter denen sich im Modell Kommentkampf oder Beschädigungskampf als vorteilhaft erweist, liefern dann mögliche Erklärungen von in der Natur real zu beobachtenden Verhältnissen bzw. geben Anlass zu weiteren Untersuchungen.

154 Neurobiologie und Verhalten

Zettelkasten

Computersimulation der Kampfstrategien

Modell mit zwei Strategien

Tiere kämpfen mit Artgenossen um eine Ressource, im vorliegenden Fall ist dies ein Geschlechtspartner, mit dem Nachkommen gezeugt werden. Bei der Simulation geht es um die Frage, unter welchen Bedingungen sich eine der Kampfstrategien *Kommentkampf* (K-Kampf) oder *Beschädigungskampf* (B-Kampf) hierfür als erfolgreicher erweist.

Das Modell ist wie folgt konstruiert: In einer Population gibt es Individuen, die K-Kampf oder B-Kampf führen.

Kommentkämpfer (K): Nur K-Kampf, flieht aber bei B-Kampf des Gegners unverletzt.
Beschädigungskämpfer (B): Nur B-Kampf.

Im Modell sei anfangs eine Population aus K-Kämpfern gegeben, (z. B. 99 %), in der durch Mutation B-Kämpfer neu hinzukommen. Nun werden sämtliche möglichen Kampfpaarungen simuliert und deren Ausgänge festgehalten. Dies kann Niederlage, Sieg sowie zusätzlich Verletzungen bei Niederlage in einem durchgeführten B-Kampf sein, die folgendermaßen gewertet werden:

Niederlage: stets 0 Punkte,
Sieg: +50 Punkte,
Verletzungen: −100 Punkte

	bewerteter Kämpfer	
	K	B
K	25	50
B	0	−25

Bei gleicher Wahrscheinlichkeit für zwei Ergebnisse gilt der Mittelwert, z. B. bei B-Kämpfer gegen B-Kämpfer:
$(50 + (-100)) : 2 = -25$

Die exakten Punktwerte sind hier willkürlich vorgegeben. Dies ist jedoch von geringerer Bedeutung, denn wichtig sind später vorwiegend die Unterschiede zwischen den Ergebnissen bei verschiedener Bewertung mit Punkten.

Bei der Berechnung der neuen Generation wird aus sämtlichen Kämpferkombinationen für jeden Kämpfertyp die erreichte Punktzahl ermittelt. Die neue Generation enthält dann beide Kämpfertypen entsprechend dem Verhältnis der erreichten Punktzahl. Im Verlauf der Generationen zeigt sich ein Evolutionsprozess, in dem sich die Häufigkeiten der Strategien verändern.

Der Vergleich verschiedener Simulationen zeigt Folgendes: Eine Erhöhung der Siegpunkte oder eine Verminderung der Verletzungspunkte begünstigen den B-Kampf. Dies zeigt eine relative Gewichtung beider Faktoren: Je größer der potenzielle Gewinn ist (Siegpunkte), desto eher lohnt sich ein hohes Risiko (Verletzungspunkte). Oft bleiben bestimmte Anteile beider Strategien bestehen, die Kämpfertypen kommen dann dem Gleichgewichtsverhältnis entsprechend häufig vor. Dies kann aber ebenso bedeuten, dass alle Individuen beide Strategien in entsprechender Mischung verwenden. Hier erweist sich das Modell mit zwei Strategien als zu einfach konstruiert, es bedarf einer Erweiterung, die Kombinationen der Strategien als Taktiken enthält.

Modell mit fünf Strategien

Das Modell mit fünf Strategien enthält zusätzlich zu den beiden bekannten folgende drei Strategien, die auch einen Wechsel der Taktiken enthalten:

Sondierer (S): Beginnt mit K-Kampf, wechselt bei K-Kampf des Gegners zum B-Kampf, flieht aber bei B-Kampf.
Vergelter (V): Beginnt mit K-Kampf, wechselt bei B-Kampf des Gegners ebenfalls zum B-Kampf.
Einschüchterer (E): Beginnt mit B-Kampf, flieht bei B-Kampf des Gegners.

In diesem Modell setzt sich stets die Vergelterstrategie durch. Zum Teil können wenige reine Kommentkämpfer mit vorkommen. Diese ist jedoch letztendlich nicht mehr zu differenzieren, denn zwischen Vergeltern und Kommentkämpfern wird es nur K-Kämpfe geben; alle Individuen erscheinen dann als Kommentkämpfer. Auch dieses Modell hat damit seine Grenze, denn eine Steigerung des Einsatzes ist nicht mehr vorgesehen, selbst wenn der zu erringende Gewinn dies lohnend erscheinen lässt.

Aufgaben

① Erstellen Sie eine Tabelle mit den Kämpferpaarungen und tragen Sie die Kampfergebnisse ein.
② Untersuchen Sie, wieweit die Modelle der Kampfstrategien Erklärungen für das Verhalten der Rothirsche liefern.

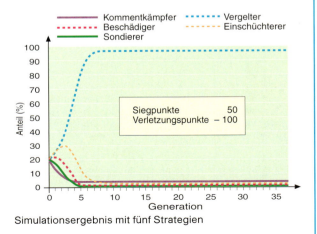

Simulationsergebnis mit zwei Strategien

Simulationsergebnis mit fünf Strategien

Neurobiologie und Verhalten

Zettelkasten

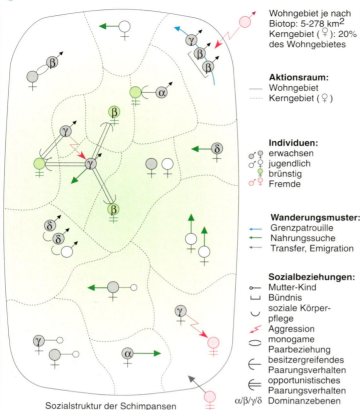

Sozialstruktur der Schimpansen

Aggression und Versöhnung

Ursprünglich galten Schimpansen als außergewöhnlich friedlich, durch die Forschung der letzten Jahrzehnte hat sich das genaue Gegenteil herausgestellt. Schimpansen sind außergewöhnlich aggressiv und können für Artgenossen eine tödliche Gefahr darstellen. Dabei lassen sich schon vom Ausmaß der Aggressivität zwei Formen unterscheiden: Kämpfe gegen Gruppenfremde und solche gegen Gruppenmitglieder. Kämpfe gegen Angehörige von Nachbargruppen finden fast ausschließlich unter Männchen statt, dauern länger als Innergruppenauseinandersetzungen und sind besonders brutal. 30 % der Schimpansenmännchen sterben in derartigen Zwischengruppenkonflikten. Bei Kämpfen gegen Nachbarmännchen verhalten Schimpansenmännchen sich eher wie bei ihren Jagden auf Beutetiere. Die Schimpansenforscherin JANE GOODALL schreibt dazu: „Ich vermute, wenn man ihnen Feuerwaffen gegeben und erklärt hätte, wie sie funktionieren, dass sie sie verwendet hätten, um ihre Nachbarn zu erschießen."

Aber auch 30 % der Kämpfe innerhalb der Gruppe führen zu Verletzungen. Während Weibchen besonders häufig um Zugang zu Futter kämpfen oder um ihre Jungen zu verteidigen, kämpfen die Männchen besonders häufig um Zugang zu paarungsbereiten Weibchen und um ihre Rangordnungsstellung. Wenn ranghohe Weibchen ihren Jungtieren bei Kämpfen helfen, überträgt sich ihr Rang auf den Nachwuchs. Danach bekommen sie besonders erfolgreiche Söhne, die viele Enkel zeugen.

Die Gemeinschaft der Schimpansen

Schimpansen leben in Gruppen mit bis zu 50 Tieren zusammen und fressen bevorzugt Früchte. Je nach Lebensraum wechselt die Dichte der reifen Fruchtbäume stark. So zerfällt die Schimpansengemeinschaft je nach Nahrungsangebot und der Häufigkeit brünstiger Weibchen in Männertrupps, Mutter-Kinder-Trupps und gemischtgeschlechtliche Trupps. Versammlungen und Zerfall in Untergruppen kennzeichnet die *Sammlungs-Trennungs-Gesellschaft*. Ein Vorteil des Zusammenschlusses besteht in der Möglichkeit, kooperativ zu jagen, womit die Wahrscheinlichkeit zunimmt, Beutetiere, wie kleinere Affen, Buschschweine oder junge Antilopen zu fangen. Die Jagd wird weitgehend von den Männchen durchgeführt, die ihre Beute mit den Weibchen teilen. (→ 172/173)

Männchen verteidigen das Gruppenterritorium gemeinsam. Einzeln können sie ihr Ziel, Zugang zu möglichst vielen Weibchen zu haben, nicht schaffen. Die Männchengruppe sichert damit gemeinsam ihre wichtigste Ressource (paarungsbereite Weibchen), da Weibchen auf der Nahrungssuche ein großes Wohngebiet durchstreifen können. Fremde Weibchen werden in den Sozialverband aufgenommen, Männchen jedoch nicht. In der Gruppe geborene Weibchen verlassen die Gruppe vor der Geschlechtsreife, die Männchen bleiben in der Gruppe. Sie sind miteinander verwandt und kennen sich sehr gut. Männliche Schimpansen bilden Bündnisse.

Die Schimpansenweibchen kopulieren mit möglichst allen Männchen der Gruppe, was dazu führt, dass alle Männchen Vater sein könnten. Dies ist ein möglicher Grund dafür, dass sich keines aggressiv gegen ein Neugeborenes verhält. In Westafrika wechseln die Weibchen in ihrer fruchtbaren Phase häufig heimlich die Gruppe, so dass rund 50 % der Jungtiere von Männchen aus Nachbargruppen gezeugt wurden.

1 Imponiergehabe des Schimpansen

Neurobiologie und Verhalten

Da nach BATEMAN (s. Seite 137) die Fitnessunterschiede für Männchen viel größer sein können als für Weibchen, steht bei Auseinandersetzungen unter Männchen viel mehr auf dem Spiel. Daher kämpfen diese viel intensiver als Weibchen.

Rangordnungen gibt es in vielen geschlossenen individualisierten Gesellschaften. Sie sind manchmal linear, wobei die ranghöheren jeweils über die rangniederen Tiere dominieren. Nach dem griechischen Alphabet wird das ranghöchste als α-*Tier* bezeichnet, dann folgt das β-Tier, danach das γ-Tier und am Ende der Rangordnung das Ω-Tier. Bei den anderen Rangordnungstypen treten Gruppen gleichrangiger Tiere oder auch Dreiecksbeziehungen mit teilweise umgekehrter Rangposition zwischen einzelnen Tieren auf.

Rangordnungen führen zu Vorrechten im Zugang zu Ressourcen und dadurch zu unterschiedlich guten Erfolgen in der Zeugung bzw. in der Aufzucht von Jungen, d. h. zu Fitness-Unterschieden. Je nachdem, wie groß Gewinne und Verluste bei Auseinandersetzungen sind, treten Rangordnungskämpfe auf oder auch nicht. Wenn sich ein Kampf lohnen soll, muss der Nutzen der Ressourcen (N_R) multipliziert mit der Wahrscheinlichkeit den Kampf zu gewinnen (P_G) größer sein, als die zu erwartenden Kosten des Kampfes (K_K), d. h. $N_R \cdot P_G > K_K$.

Während unter Männchen meist eine klar ausgeprägte Hierarchie besteht, fehlt diese bei Weibchen oft. Ranghohe Männchen haben Paarungsvorteile bei fortpflanzungsbereiten Weibchen, ranghöhe Weibchen besseren Zugang zum Futter. Paarungsbereite Weibchen kopulieren mit vielen Männchen nacheinander, wobei die ranghöchsten Männchen zum Zeitpunkt des Eisprunges am häufigsten zum Zug kommen und so ihre Spermien mit größerer Wahrscheinlichkeit die Eizelle befruchten. Spermien verschiedener Männchen konkurrieren um die Eizelle, was evolutiv zur Ausbildung besonders großer Hoden führte. Schwächere Männchen sichern sich Nachwuchs, indem sie mit einem Weibchen die Gruppe verlassen, bevor dessen Paarungsbereitschaft sichtbar wird.

Innerhalb von Rangordnungen haben Verlierer Nachteile. Diese werden aber meist durch die Vorteile des Lebens in der Gruppe aufgewogen. Einerseits nutzen Rangniedere den Schutz, den die Gruppe vor Feinden bietet, andererseits gehen Verlierer weniger Kosten und Risiken zu Zeiten ein, in denen ein Kampferfolg unwahrscheinlich ist. Sie warten ab, sodass sie später vielleicht einmal die Führungsrolle übernehmen können, oder sie wechseln die Gruppe.

Aufgabe

① Begründen Sie auf der Grundlage einer Risikoabwägung, warum die Männchen häufiger Rangordnungen ausbilden als die Weibchen.

Versöhnung

Bei Schimpansen hat der Affenforscher FRANS DE WAAL beobachtet, dass nach aggressiven Begegnungen in 40 % der Fälle die Gegner innerhalb von einer halben Stunde Kontakt zur Versöhnung aufnehmen.

Im einfachsten Falle wurde dem Gegner die ausgestreckte, nach oben offene Hand entgegengehalten. Gelingt es Männchen nach einem Kampf nicht, die Kommunikation wieder aufzunehmen, kann ein Weibchen zwischen beiden vermitteln. Es nähert sich einem Männchen, betreibt soziale Fellpflege *(grooming)* mit ihm und fordert gleichzeitig den Kontrahenten durch einen Augenkontakt auf, zu folgen. Wenn auch das zweite Männchen neben dem Weibchen sitzt, wird es von beiden am Fell gepflegt. Zieht sich das Weibchen zurück, pflegen sich die beiden bald gegenseitig.

Während das Versöhnungsverhalten bei Schimpansen meist von den unterlegenen Tieren ausgeht, übernehmen bei ehemaligen Gegnern unter Zwergschimpansen meist die ranghohen Tiere die Initiative. Diese Schimpansenart baut soziale Spannungen besonders häufig über Sexualkontakte ab. Diese Beispiele machen deutlich, dass im sozialen Verhalten unserer nahen Verwandten Versöhnung und Konfliktvermeidung angelegt sind.

Neurobiologie und Verhalten

Zettelkasten

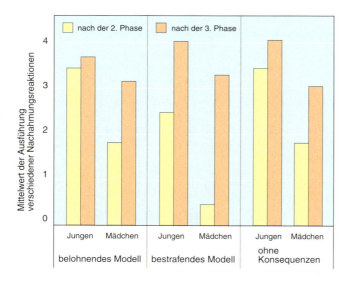

Rocky: Ein Experiment zum Aggressionsverhalten

Das folgende Experiment wurde in einem Kindergarten mit Jungen und Mädchen im Alter von ca. 3 bis 6 Jahren durchgeführt. Die Kinder wurden zufällig auf drei gleich große Gruppen verteilt. Die Anzahl der Mädchen und Jungen pro Gruppe war gleich.

In der ersten Versuchsphase sahen alle Kinder den gleichen Film. Die Endszene des Films war jedoch für alle drei Gruppen verschieden. In dem Film wurde physische und verbale Aggression dargestellt. Rocky, die Hauptperson des Films, ging auf eine lebensgroße, aufgeblasene Plastikpuppe zu, setzte sich auf die Puppe und schlug ihr auf die Nase. Dabei sagte er: „Direkt auf die Nase, bumm, bumm". In den folgenden Szenen schlug Rocky der Puppe mit einem großen Holzhammer auf den Kopf, schleuderte sie mit einem Fußtritt quer durch den Raum und warf Gummibälle auf die Puppe. Ergänzt wurden diese aggressiven Handlungen immer durch aggressive Äußerungen.

Die Kinder der ersten Gruppe sahen folgende Endszene: Rocky wurde für seine Aggressionen von einem Erwachsenen belohnt. Die zweite Gruppe sah eine Endszene, in der Rocky von einem Erwachsenen bestraft wurde. Gleichzeitig wurde er als brutaler Kerl bezeichnet. In der dritten Gruppe gab es für Rockys Aggressionen keine Konsequenzen, weder positive noch negative.

In der zweiten Versuchsphase konnten die Kinder einzeln in verschiedenen Räumen spielen, in denen sich Spielzeug und Gegenstände aus dem Film befanden. Das Verhalten der Kinder wurde 10 Minuten lang durch eine Einwegscheibe von einer Person beobachtet, die nicht wusste, aus welcher Gruppe das jeweilige Kind stammte. In der dritten Phase wurden die Kinder dazu aufgefordert, Rockys Verhalten zu imitieren und erhielten dafür eine Belohnung.

Aufgaben

① Beschreiben Sie die aus dem Experiment gewonnenen Daten (s. Abb.). Erläutern Sie, welche Rückschlüsse zum Aggressionsverhalten des Menschen aus diesem Experiment abgeleitet werden können.

② Diskutieren Sie, welche Gefahren in brutalen Filmen liegen können, und weshalb es notwendig ist, über diese Filme zu reden.

Aggressionsverhalten bei Menschen

Aggressionsverhalten schließt alle Verhaltensweisen zum Angriff, zur Verteidigung und zum Drohen ein. Beim Menschen tritt aggressives Verhalten in unterschiedlichen Funktionszusammenhängen auf, wie z. B. zur Verteidigung eines Eigentums, zum Erwerb oder zur Verteidigung einer Rangordnungsposition, beim Rivalisieren um Sexualpartner, bei Frustration oder zur Selbstverteidigung. Soziologen, Psychologen und auch Biologen haben aggressives Verhalten erforscht und verschiedene Theorien zu den Ursachen aufgestellt.

In der ursprünglichen Form geht die *Frustrations-Aggressions-Theorie* aus dem Jahre 1939 auf die Vorstellungen eines Teams aus Soziologen und Psychologen zurück. Es wurde angenommen, dass Aggression immer eine Folge von Frustration ist und Frustrationen immer zu einer Form von Aggression führen. Unter einer Frustration versteht man beim Menschen die Störung einer zielgerichteten Aktivität. Aggression zielt auf die Verletzung eines Organismus. Das Ausführen einer Aggression verringert die Aggressionsbereitschaft. Die Hypothese wurde weiterentwickelt: Länger zurückliegende Frustrationen können sehr viel später zu Aggressionen führen. Als Ursache werden beispielsweise frühkindliche Entbehrungen, erzwungener Gehorsam oder Misserfolge in der beruflichen Konkurrenz angenommen. Problematisch bleibt an dieser Hypothese, warum Menschen mit ähnlichen Frustrationserlebnissen unterschiedlich aggressiv reagieren.

In der *Lerntheorie* wird ausgesagt, dass aggressives Verhalten ausschließlich erlernt und durch Außenreize erworben wird. Aggressives Verhalten, das zur Bedürfnisbefriedigung führt, ruft die Erwartung hervor, dass künftiges aggressives Verhalten ebenfalls Erfolg haben wird. Untersuchungen zeigen jedoch, dass Aggressionsverhalten auch genetische Grundlagen aufweist.

KONRAD LORENZ vertrat basierend auf seinem an Tieren entwickelten Instinktmodell die Triebtheorie der Aggression. Danach wird dem Menschen ein Aggressionstrieb zugeschrieben, der von selbst Aggressionsbereitschaft aufbaut. Bei Tieren hat sich jedoch gezeigt, dass eine staubare Handlungsbereitschaft nicht verallgemeinernd angenommen werden kann.

Neurobiologie und Verhalten

Aggressionsformen

Aggression bei Kindern

BANDURA, ROSS und ROSS verteilten Vorschulkinder im Alter von 3 — 5 Jahren zufallsgemäß auf 4 Gruppen:
— *Gruppe 1* beobachtete 10 Minuten einen Erwachsenen, der aggressives Verhalten zeigte. Er verprügelte und trat z. B. eine Spielzeugpuppe.
— *Gruppe 2* sah die gleiche Situation in einem Film im Fernsehen.
— *Gruppe 3* bekam die identischen aggressiven Verhaltensweisen in einem Trickfilm mit einer Katze als Modell gezeigt.
— *Gruppe 4* beobachtete keine aggressiven Verhaltensweisen. Sie diente als Kontrolle.

Anschließend wurden alle als aggressiv klassifizierten Verhaltensweisen der Kinder über 20 Minuten protokolliert. Vor Protokollbeginn wurden die Kinder durch die Wegnahme eines beliebten Spielzeugs frustriert.

Mittlere Anzahl der Aggressionshandlungen:

	Gr. 1	Gr. 2	Gr. 3	Gr. 4
Jungen	131,8	85,0	117,2	72,2
Mädchen	57,3	79,7	80,9	36,4

Aufgaben

① Deuten Sie die Ergebnisse hinsichtlich der erkennbaren Lernformen und einer anwendbaren Aggressionstheorie.
② Versuchen Sie, Kriterien für aggressive Handlungen aufzustellen. Untersuchen Sie mit diesem Kriterienkatalog Fernsehsendungen mit besonders aggressivem Charakter und auch Trickfilme für Kinder. Diskutieren Sie Ihre Ergebnisse.

Aggressive Mäuse

SCOTT ließ Mäuse miteinander kämpfen. Er protokollierte das Kampfverhalten der Mäuse, die jeweils die Kämpfe für sich entschieden:

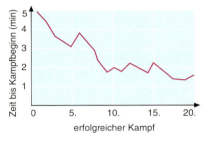

Aufgabe

③ Deuten Sie das Verhalten.

Aggressivität bei Buntbarschen

GOLDENBOGEN hat das Aggressionsverhalten und die sexuelle Handlungsbereitschaft junger Männchen des Buntbarsches *Haplochromis burtonii* nach 2 Wochen Isolation untersucht. Die Ergebnisse zeigt die folgende Abbildung:

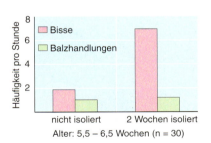

Alter: 5,5 – 6,5 Wochen (n = 30)

Aufgaben

④ Deuten Sie die Versuchsergebnisse im Sinne einer Aggressionstheorie.
⑤ Beurteilen Sie kritisch den Aussagewert des Versuches.

„Krieg im Stadion"

Nach den Ausschreitungen im Brüsseler Heysel-Stadion beim Europacup-Finale zwischen Juventus Turin und FC Liverpool, bei denen mehr als 35 Menschen starben und Hunderte verletzt wurden, kommentierte ein Reporter: „Es gab einmal eine Vorstellung, der Sport könne so etwas wie der Ersatz sein für einen großen Krieg, könne Aggressionen kanalisieren, die sich sonst andere verhängnisvolle Wege suchen müssten. Es gab auch die Ansicht, gerade das Fußballstadion habe solch eine gleichsam reinigende Wirkung, sei ein Ort, an dem man folgenlos die über die Woche aufgestauten Aggressionen ablassen könne. Fragwürdig war das schon immer gewesen, aber am schrecklichen Mittwochabend von Brüssel wurde die Hoffnung vor den Augen Europas widerlegt: Da herrschte Krieg im Stadion selbst und auf den Rängen steigerten sich die Zuschauer in einen Rausch der Gewalt. ... Jugendliche sind seit mehr als 10 Jahren mehr und mehr das Stammpublikum im Stadion. Sie gehen dorthin, weil ihnen die Tribüne einen Freiraum bietet, den sie selbst gestalten und ausfüllen können. Jeder Lehrling kann hier inmitten einer Gesellschaft der Gleichaltrigen zu einer geachteten Persönlichkeit werden, sich ein Selbstwertgefühl schaffen, das der Alltag ihm vorenthält. Erwachsene gibt es kaum, Jugendliche schaffen sich ihre eigenen Sozialstrukturen, hierarchisch gegliedert, durchzogen von Laufbahnen und Karrieren. Wer sich hier durchsetzt, der ist ein Star, wie eine Untersuchung der Fankultur das nennt, ein Anführer, ein Anerkannter. ... Es ist kein Wunder, dass britische Fußballfans die Katastrophe von Brüssel auslösten: Die Jugendarbeitslosigkeit ist in Liverpool besonders hoch und meistens lang. Unter den Fans schafft das ein neues Sozialklima, eine Atmosphäre, in der man Rücksichten nicht mehr nehmen muss. ... Wer nun unter den Fans etwas gelten möchte, der bedient sich bedenkenlos der Gewalt — er glaubt sich ihrer sogar bedienen zu müssen, sonst gelte er nichts. ..."

(Süddeutsche Zeitung 31.5.1985 nach W. HEINRICH: Sozialverhalten I: Aggression, DIFF Tübingen, 1985)

Aufgaben

⑥ Werten Sie den Artikel hinsichtlich angesprochener Aggressionstheorien aus.
⑦ Bewerten Sie in der Zusammenschau aller Materialien kritisch den jeweils alleinigen Erklärungsversuch der im Text aufgeführten Aggressionstheorien für die verschiedenen Aggressionsformen.
⑧ Welche Möglichkeiten zur Konfliktkontrolle und zur Konfliktvermeidung bei Menschen sehen Sie?

Neurobiologie und Verhalten

Signale und Kommunikation

absolute Wahrheit
Die Interessen von Sender und Empfänger stimmen völlig überein.
Beispiel: Tanz der Honigbienen, warnfarbige Insekten.

eingeschränkte Wahrheit
Der hohe Anteil gemeinsamer Interessen schränkt Betrug ein. Kern der Wahrheit ist groß.
Beispiel: Ehepartner, Eltern und Kinder, Geschwister.

Jedes Tier sendet durch seine bloße Existenz Signale in die Umwelt aus. Es reflektiert Licht, sodass möglicherweise Farbe und Bewegung erkennbar sind und es gibt Duftstoffe oder Geräusche ab.

Wenn ein Tier *(der Sender)* ein Signal abgibt, das von einem anderen Tier *(dem Empfänger)* aufgenommen, verarbeitet und für eine eigene Reaktion verwendet wird, liegt normalerweise *Kommunikation* vor (Abb. 1). Derartige *Kommunikationssysteme* können zwischenartlich sein, wie z. B. zwischen Räuber und Beute oder auch innerartlich.

Für jedes Signal kann man die Fitnessvor- oder -nachteile für den Sender und den Empfänger abschätzen und danach u. a. die drei Kombinationen der Abbildung 161.1 unterscheiden:

2 Rotgesichtsuakari

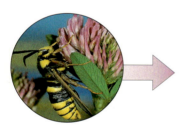

Hornisse

Hornissenschwärmer

Empfänger

Star

1 Sender-Empfänger-Modell

1. Wenn ein giftiges Insekt Warnfarben trägt und daher nicht gefressen wird oder wenn Bienen sich den Ort einer Nahrungsquelle mitteilen, handelt es sich um *kooperatives Signalisieren*.
2. *Versehentliches Signalisieren* liegt vor, wenn ein Vogel durch Gesang ein Weibchen sucht, aber dabei gleichzeitig einem Raubvogel seinen Standort verrät.
3. *Betrügerisches Signalisieren* geht von einem harmlosen Insekt aus, das ein giftiges Vorbild nachahmt.

Sehr früh hat man entdeckt, dass in der zwischenartlichen Kommunikation getäuscht und betrogen wird — dies natürlich unbewusst, aber meist sehr effektiv. Da man in der klassischen Ethologie davon ausging, dass Tiere alles für die Arterhaltung tun, hat man innerartlich weitgehend kooperatives Signalisieren erwartet und mit dem Betrug an Artgenossen nicht gerechnet. Erst die Vorstellung, dass Individuen egoistisch handeln, machte verständlich, dass häufig auch innerartliches Täuschen vorkommt. Überrascht war man z. B., als man mittels genetischem Fingerabdruck entdeckte, dass in manchen Vogelnestern Eier lagen, die von anderen Weibchen stammten *(innerartlicher Brutparasitismus)*. Je nach Situation und Voraussetzungen für Sender und Empfänger, liegt der Wahrheitsgehalt der Signale irgendwo zwischen den Extremen der völligen Wahrheit und des totalen Betrugs. (→ 174/175)

Betrügerisches Signalisieren ist umso wahrscheinlicher,
— je leichter ein Signal zu fälschen ist,
— je weniger gemeinsame Interessen Sender und Empfänger haben,
— je weniger Sender und Empfänger miteinander verwandt sind,
— je seltener zwei Partner sich treffen, da dann gegenseitige Vorteilsgewährung unwahrscheinlicher wird.

Neurobiologie und Verhalten

eingeschränkter Betrug

Betrug wird nur durch Misstrauen der Artgenossen eingeschränkt. Der Wahrheitskern ist gering.
Beispiel: Signale zwischen Rivalen, besonders, wenn sie nicht verwandt sind.

totaler Betrug

Keine gemeinsamen Interessen von Sender und Empfänger.
Beispiel: Räuber und Beute.

	Fitness-Effekt für	
	Sender	Empfänger
kooperatives Signalisieren	⊕	⊕
versehentliches Signalisieren	⊖	⊕
betrügerisches Signalisieren	⊕	⊖

1 Kommunikation und Fitness-Effekt

Betrugsvermeidung

Betrug kann auf Empfängerseite auf zwei Weisen vermieden werden: Zum einen dadurch, dass der Empfänger nur auf schwer oder nicht fälschbare Signale achtet. Viele Weibchen im Tierreich (s. Kasten) bewerten die Überlebensfähigkeit der Männchen als potenzielle Paarungspartner an Merkmalen, die von jüngeren oder weniger gesunden Konkurrenten nicht gefälscht werden können, wie z. B. der Besitz von Schmuckfedern, die beim Flug behindern *(Handicap-Prinzip)*. Die Gesänge von Blaumeisenmännchen werden über Lernvorgänge mit zunehmendem Lebensalter immer komplizierter und sind ein unfälschbares Zeichen für Überlebensfähigkeit. Die Gesichtsfarbe der südamerikanischen Rotgesichtsuakaris ist nur bei Männchen mit intaktem Immunsystem kräftig rot gefärbt (Abb. 160.2). Erkrankte Männchen sind blasser. Ähnliches gilt für den roten Bauch männlicher Stichlinge. Weibchen können so an der Farbe zuverlässig einen gesunden Partner auswählen.

Zum anderen kann der Empfänger Betrug vermeiden, indem er Misstrauen entwickelt. Die Evolution der Sprachfähigkeit des Menschen hatte sicherlich große Selektionsvorteile, brachte aber das Problem mit sich, dass sprachliche Informationen sehr leicht zu fälschen sind. Dies führte wahrscheinlich dazu, dass man hauptsächlich denjenigen traut, die am wahrscheinlichsten ehrlich sind, d. h. Verwandten und guten Bekannten, die man täglich sieht. Viele Forscher glauben, dass mit der Entwicklung der menschlichen Sprache gleichzeitig Eigenschaften herausgearbeitet wurden, an denen Mitglieder der eigenen Gruppe erkennbar sind, wie Dialekte und Stammesabzeichen.

Aufgabe

(1) Beschreiben Sie, auf welche Weise Kosmetik, Mode und Schönheitschirurgie im Dienste der Signalfälschung stehen könnten.

Zettelkasten

Ritualisierung

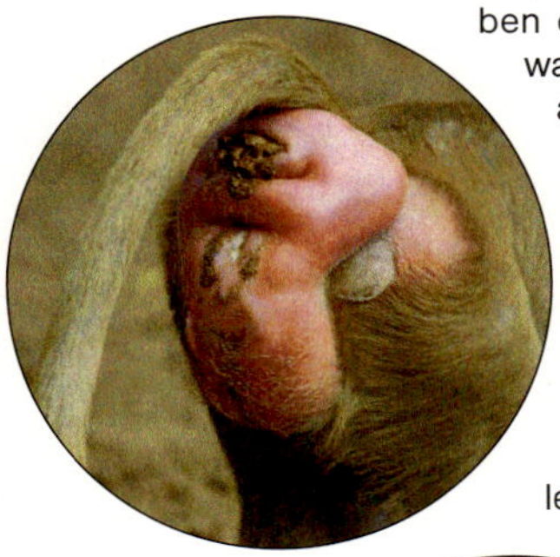

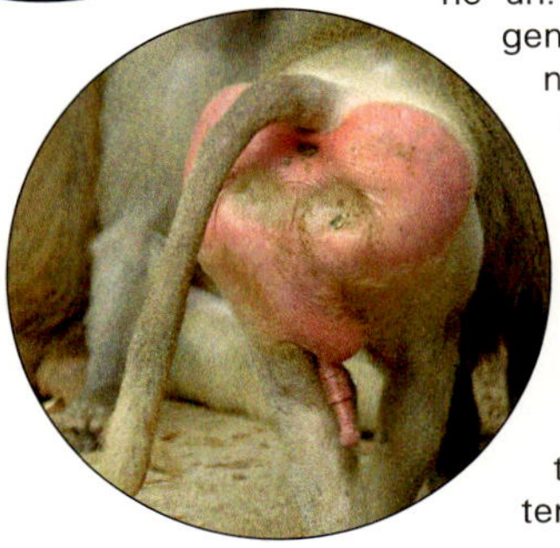

Den alten Ägyptern waren Paviane heilig. Neben der „würdevollen" Sitzhaltung der erwachsenen Männchen beeindruckte sie auch das häufig zu beobachtende Sexualverhalten. Erst die moderne Forschung deckte auf, dass es sich dabei nur sehr selten wirklich um Fortpflanzung handelt.

Bei vielen Affenarten zeigen Weibchen ihre fruchtbare Phase um den Eisprung durch anschwellende, rosa leuchtende äußere Geschlechtsorgane an. Diesen Weibchen gegenüber zeigen Männchen normalerweise kein aggressives Verhalten. Bei einigen Affenarten entstanden durch Mutationen Weibchen, die dieses Signal nicht nur als Paarungsaufforderung einsetzen, sondern durch Präsentieren ihres roten Hinterendes mögliche angreifende Männchen beschwichtigen. Sie können also das Signal in zwei verschiedenen Funktionskreisen verwenden.

Bei einigen Pavianarten entwickeln sich Weibchen, die permanente rote Schwellungen besitzen. Beim Mantelpavian haben sogar die Männchen das Signal nachgeahmt (s. Abb.). Parallel dazu entwickelte sich das Aufreiten von hinten zu einem Dominanzsignal, das wiederum von den Weibchen nachgeahmt werden kann. Das Präsentieren und das Aufreiten wurden also vom Funktionskreis des Sexualverhaltens in den des Sozialverhaltens übernommen und haben hier eine eigene Entwicklung durchgemacht. Dies erkennt man z. B. beim Aufreiten daran, dass das Pavianmännchen seine Füße bei einer richtigen Paarung in die Kniekehlen der Weibchen setzt und bei „Dominanzverhalten" auf dem Boden stehen bleibt. Die Übernahme von sexuellen Verhaltensweisen in die soziale Ebene ist bei Bonobos (Zwergschimpansen) besonders ausgeprägt. Ritualisierte Verhaltensweisen sind meist durch Funktionswechsel, farbige Körperstrukturen und besonders auffälliges, wiederholtes Verhalten gekennzeichnet.

Neurobiologie und Verhalten **161**

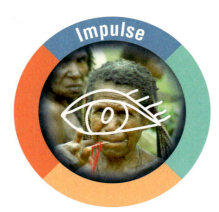

Kulturenvielfalt und menschliche Universalismen

Kulturelle Vielfalt

Die Fähigkeit zu Lernen ermöglicht es nicht nur den Menschen, ihr Verhalten an kurzfristige Veränderungen oder lokale Besonderheiten der Umwelt anzupassen und dieses Verhalten durch Nachahmung von der vorherigen Generation zu übernehmen. Lebensräume, wie Kältesteppen, Regenwälder oder Savannen erfordern unterschiedliche Werkzeuge und Ernährungsstrategien, ermöglichen oder erfordern aber auch verschiedene Sozialformen und moralische sowie religiöse Vorstellungen.

Traditionelle Vorstellungen

Die traditionelle Vorstellung der Anthropologie sah im menschlichen Gehirn einen bei der Geburt leeren und später von außen programmierten Allzweck-Computer. Nach dieser Vorstellung war menschliches Verhalten ein ausschließlich soziales Produkt. Der Anthropologe BROWN fasst die herkömmliche Theorie so zusammen: „Kultur verläuft willkürlich und kann innerhalb einer Gesellschaft unzählige Formvariationen annehmen. Menschliches Verhalten wird grundsätzlich durch Kultur und nicht etwa durch Biologie oder Genetik bestimmt." Vom Ende des 19. Jahrhunderts zum Teil bis heute vertreten Anthropologen diese Idee. Gemeinsame biologisch determinierte Verhaltensweisen waren danach weder nötig noch möglich.

Der neue Erklärungsansatz

Neuere Untersuchungen zeigen, dass diese Vorstellungen vom leeren Allzweck-Computer-Gehirn, das von außen programmiert wird, falsch sind. TOOBY und COSMIDES belegen, dass das menschliche Gehirn viele „Module" enthält, die für verschiedene Problemlösungsfelder zuständig sind und Verhaltensprogramme steuern. Diese müssen für alle gleich sein *(Universalismen)*, da sie in den rund zwei Millionen Jahren evolvierten, in denen unsere Vorfahren in Sammler- und Jägerkulturen lebten. Die wenigen Jahrtausende, die moderne Kulturen, wie z. B. Ackerbauern, existieren, konnten keine evolutiven Veränderungen am Gehirn bewirken.

Daraus folgt zwangsläufig, dass alle Menschen weltweit ein gemeinsames „Grunddesign" besitzen müssen.

Kulturerwerb

Bis vor kurzer Zeit glaubte man, dass die von Erwachsenen vorgelebte Kultur von den Kindern passiv übernommen würde *(Tradition)*. Inzwischen hat man erkannt, dass diese Übernahme durch Kinder ein sehr aktiver, aber auch selektiver Vorgang ist. Kinder suchen aus dem, was sie umgibt, „kulturelle Einheiten" heraus. Daher spricht man heute lieber von „rekonstruierter" oder „adoptierter" Kultur. Jedes Kind wird in eine Gruppe mit Verhaltensregeln und Moralvorstellungen hineingeboren, beobachtet das Verhalten der Gruppenmitglieder und

erschließt die in den Köpfen der anderen vorherrschenden Regeln und Überzeugungen, um Vorhersagen über mögliche Reaktionen und Verhaltensweisen machen zu können. Nur so ist Kommunikation möglich. Dabei wird besonders gut von Verwandten, Freunden und erfolgreichen Personen gelernt. Je weniger die Vorstellungen der Kommunikationspartner übereinstimmen, desto schwieriger wird die Kommunikation. Dadurch entsteht beim Besuch fremder Länder der so genannte *Kulturschock*. Die Übernahme von Wertvorstellungen scheint prägungsähnlichen Charakter zu haben, sodass einmal erlernte Werte später schwer oder gar nicht verändert werden können.

162   Neurobiologie und Verhalten

Universalismen

Merkmale, die alle Menschen gemeinsam haben, nennt man *Universalismen*. Zu ihnen gehören u. a.
a) die Sicht der Welt, d. h. Menschen erleben sich als das Zentrum ihrer Welt, vermenschlichen Tiere und Objekte, denken in Kausalketten und nicht vernetzt und können sich transzendente Wesen vorstellen.
b) das Leben in Gruppen, d. h. Menschen leben in geschlossenen, strukturierten Gruppen, haben große Teile der Mimik und deren Verstehens gemeinsam, bevorzugen Verwandte, erkennen soziale Betrüger, bilden Dialekte, Stammes- und Statusabzeichen aus, erleben sich als die „wahren Menschen" und misstrauen Fremden *(Ethnozentrismus)*, entwickeln gemeinsame Normvorstellungen und lieben Klatsch.
c) die Sexualität, d. h. Menschen entwickeln ein Inzesttabu, besitzen übereinstimmende Partnerwahlkriterien und zeigen geschlechtsspezifisch unterschiedlich starke Eifersuchtsreaktionen.

Überlegen Sie, welche Bedeutung die Pubertät für die Kulturenübernahme haben könnte.

Für die Inuit, die sich fast ausschließlich von Meerestieren ernähren, wohnt ihre wichtige Göttin Sedna, die über die Tiere der See herrscht, bezeichnenderweise auf dem Boden des Meeres.

Informieren Sie sich, inwieweit sich die verschiedenen Religionen unterscheiden und welche Übereinstimmungen es gibt.

Überlegen Sie, warum es für Werkzeuge gleicher Funktion größere Übereinstimmungen geben muss als bei den Vorstellungen über die Götter.

Partnersuche

Untersuchungen in verschiedenen Kulturen weltweit haben aufgedeckt, dass Männer und Frauen sich in den Kriterien der Partnerwahl unterscheiden, dass die Vorstellungen der Männer und Frauen untereinander jedoch weitgehend übereinstimmen.

> **Netter aufgeschl. Er,** stud., sportl., schlank., 48 J., 177 cm, naturverb., einfühlsam möchte schl. jüngere, gutauss. Frau mit Bildung und Niveau für einen späteren gemeinsamen Weg kennenlernen. Chiffre ✉ 684150667A

> **Akademikerin,** 52 J., 162 cm, jugendlicher Typ, blond, 50 kg, Normalfigur, wünscht für eine dauerhafte Beziehung den warmherzigen aufgeschlossenenen Partner. Bild wäre schön. Chiffre ✉ 157468066A

Analysieren Sie in Heiratsanzeigen, welche Eigenschaften Männer und Frauen von sich selber anpreisen und welche sie vom potenziellen Partner erwarten (z. B. Lebensalter, Einkommen usw.). Dies ist über das Internet auch in fremden Ländern möglich.

Werkzeuge und Götter

Vor rund 20 000 Jahren waren die Kulturen weltweit annähernd gleich, die Menschen benutzten Steinwerkzeuge, die sich weltweit nur in Feinheiten unterschieden. Alle Unterschiede, die wir heutzutage sehen, sind in der Zeit danach vom Menschen in lokalen Populationen entwickelt worden. Dabei sind ihre Werkzeuge — je nach Funktion — oft sehr ähnlich, deren Verzierung, der Körperschmuck der Menschen und ihre Vorstellung von Göttern unterscheidet sich jedoch stark. Aber dennoch findet man oft Übereinstimmungen. So lokalisieren Jägerkulturen, die sich auf Wanderungen an Gestirnen orientieren, ihre Götter meist im Himmel, die Götter der Ackerbauern sind oft weiblich und in der Erde.

Habitatwahl

Ein für unsere Vorfahren geeigneter Lebensraum musste verschiedene Erwartungen erfüllen: Er musste Wasser und Nahrung liefern, überschaubar sein und Schutz bieten. Für diesen Schutz spielten mit Sicherheit Bäume eine wichtige Rolle, aber nur, wenn sie gut zu erklettern waren und Sichtschutz boten. Da die Savanne die längste Zeit der Lebensraum unserer Vorfahren war, ist zu erwarten, dass deren Landschaftsmerkmale auch heute noch von Menschen bevorzugt werden.

Stellen Sie Bilder verschiedener Landschaftstypen (Wüste, Steppe, Savanne — mit bzw. ohne Gewässer — oder tropischer Regenwald) zusammen und testen Sie im Rahmen einer Befragung, welchen Lebensraum Mitschüler bevorzugen.

Testen Sie mit verschiedenen Abbildungen, welche Merkmale ein Baum haben muss, in dessen Nähe man gerne Picknick machen würde.

Neurobiologie und Verhalten **163**

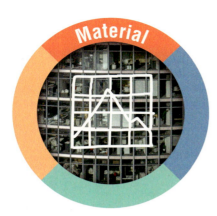

Kultureller Wandel und moderne Gesellschaft

Kultur — ein Gruppenphänomen?

Die Kultur einer Menschengruppe setzt sich aus verschiedenen Elementen zusammen, die über Generationen konstant bleiben können. So existiert die Verehrung der Rinder, des heiligen Pipal-Baumes und einiger Götter im indischen Kulturbereich schon seit mindestens 5000 Jahren. Diese Beobachtung verleitete viele Forscher zu der Vorstellung, dass Kultur ein Gruppenphänomen ist, das dem einzelnen Individuum übergestülpt wird und das auf diese Kultur allerhöchstens einen geringen Einfluss hat. Dieses Denken in Kulturtypen ist tief in vielen Menschen verwurzelt, die genaue Bilder vom „typischen Deutschen" oder „typischen Amerikaner" haben. Diese Vorstellungen sind jedoch genauso falsch wie weit verbreitet.

Alle Kulturgruppen bestehen aus Individuen, die unterschiedliches Wissen, verschiedene religiöse und moralische Werte besitzen können. Typisch ist, dass bestimmte Sitten und Gebräuche statistisch gesehen vorherrschen, die aber nicht von allen Gruppenmitgliedern getragen werden. Kulturen lassen sich nicht richtig verstehen, wenn man nicht die bio-psychologischen Regeln kennt, die sie bilden, gestalten und erhalten. Wie kommt es, dass einige Kulturen über lange Zeiten konstant sind, andere sich langsam verändern und die moderne, westlich geprägte Gesellschaft sich so dramatisch wandelt, dass der Einzelne oft nicht mehr mitkommt? Was bewirkt kulturelle Veränderung? Wie wird Kultur tradiert?

2 Traditionelles Dorf in Nord-Ghana

Kulturenübernahme

Die biologischen Mechanismen der Kulturenübernahme durch heranwachsende Jugendliche entstanden in den vielen Jahrtausenden, in denen der Mensch als Jäger und Sammler in Kleingruppen lebte, die aus Verwandten bestanden. Baustein dieser Gruppen war fast überall die stabile Kernfamilie, die die normale Umwelt für heranwachsende Jugendliche bildete. Alle Mitglieder waren auf diese Gruppen angewiesen, keiner konnte alleine existieren. Innerhalb der Gruppe konnte aber jeder im Rahmen der bestehenden Regeln versuchen, seine eigenen Ziele zu erreichen. Innerhalb dieser Gruppe kannte jeder das Spezialwissen, die Charaktereigenschaften, die Zuverlässigkeit und den Rang jedes anderen. Aufgrund des engen Zusammenlebens bestand eine intensive soziale Kontrolle des Einzelnen durch die Gruppe und Übertretungen der Gruppenregeln konnten im schlimmsten Fall zum Ausschluss aus der Gruppe führen, was unter steinzeitlichen Bedingungen einem Todesurteil gleich kam. Die Fähigkeit, sich Gesichter, Namen und Erfahrungen mit anderen Personen zu merken, ist in dieser Zeit entstanden und dadurch auf Gruppengrößen bis zu 100 Personen beschränkt. Im täglichen Umgang innerhalb dieser Gruppen traf man ausschließlich auf Blutsverwandte oder gute Bekannte. Da kleine Gruppen von Jägern und Sammlern meist nomadisch lebten, konnten sie auch keine „Reichtümer" anhäufen. Alle besaßen ungefähr gleich viel. Die Solidarität mit der Gruppe demonstrierte man durch übereinstimmende Kleidung und Stammesabzeichen.

Aufgrund der Lernfähigkeit konnten frühe Menschengruppen viele verschiedene Lebensräume besiedeln und jeweils eigene Methoden der Jagd, des Ackerbaus, der Fischerei usw. entwickeln. Kinder, die in eine solche Gruppe hineingeboren wurden, übernahmen in bestimmten genetisch vorprogrammierten Entwicklungsphasen kulturelle Einheiten. Nach soziobiologischen Forschungsergebnissen lassen sich für diesen Vorgang folgende Entscheidungsregeln ableiten:

1. Identifiziere dich mit deiner Gruppe, sie ist überlebenswichtig.
2. Imitiere erfolgreiche Vorbilder, die du bewunderst.
3. Tue das Gegenteil von dem oder zumindest etwas anderes als das, was die Erfolglosen machen.
4. Höre auf den Rat von Leuten, die gleiche Interessen wie du haben, d. h. deine genetischen Verwandten und Freunde, die dir immer geholfen haben.
5. Misstraue Leuten und ihrem Rat, wenn sie andere Interessen haben als du — das sind hauptsächlich Leute, die nicht zu deiner Gruppe gehören.

Auf diese Weise kann eine Kultur viele Jahrtausende mehr oder weniger unverändert überdauern. Veränderungen lassen sich an technischen Geräten dieser Gruppen nachweisen, die in kleinen Schritten über die Zeit verbessert wurden.

Abbildung 1 zeigt eine junge Frau von einem indischen Ureinwohnerstamm. In diesem Stamm heiraten Frauen traditionsgemäß mit rund 16 Jahren. Auf der Hüfte trägt sie eine jüngere Schwester. Sie kann weder lesen noch schreiben, besitzt aber alle Fähigkeiten und Kenntnisse, um eine Familie zu führen und zusammen mit einem Mann zu versorgen. In diesen Ehen sind beide Ehepartner wechselseitig voneinander abhängig. Alleine könnten sie kaum überleben. Die Vertreter dieser Stämme verdienen kein Geld und betreiben nur für ihr eigenes Überleben Ackerbau und Viehzucht. Sie können daher fast nichts einkaufen und müssen nahezu alles selbst herstellen.

1 Junge Frau aus einem Dorf in Indien

164 *Neurobiologie und Verhalten*

Aufgaben

① Überlegen Sie sich, was Frauen und Männer in einer solchen Dorfgemeinschaft alles können müssen!
② Begründen Sie, warum sich in derartigen Gruppen über Generationen nur wenig verändert.
③ Beschreiben Sie das Übernehmen einer Kultureinheit am Erlernen der Sprache und des Dialektes (s. Seite 115).
④ Begründen Sie, warum es über viele Generationen biologisch sinnvoll war, dass ein heranwachsender Mensch die genetisch vorprogrammierte Bereitschaft mitbringt, die Sprache, Gebräuche sowie moralischen und religiösen Vorstellungen seiner Geburtsgruppe zu übernehmen.
⑤ Welche der oben genannten Regeln dürfte mit der Verhaltenstendenz zusammenhängen, dass Kleingruppen Dialekte ausbilden und sich einheitlich kleiden.

3 Modernes Wohnhochhaus

Anonyme Großgesellschaften

Die Entwicklung der Landwirtschaft seit der Jungsteinzeit hat es ermöglicht, dass wenige Leute so viel Nahrung produzieren, dass sie viele Menschen versorgen können, die dann Zeit für andere Beschäftigungen haben. Diese Entwicklung war Grundlage zur Ausbildung von Städten, die schon einige tausend Jahre vor Christus so groß waren, dass sich nicht mehr alle Bewohner gegenseitig persönlich kannten. Damals entstanden die ersten *anonymen Gesellschaften*.

Der einzelne Mensch lebt in der anonymen Gesellschaft nicht mehr wie in der ursprünglichen einheitlichen, stabilen

4 Menschenmassen in Fußgängerzone

Stammesgruppe mit übereinstimmenden Moralvorstellungen. Die Anonymisierung der Einzelfamilie oder der Singles macht sich u. a. in den Wohnverhältnissen bemerkbar, wie ein Vergleich der Häuser eines westafrikanischen Dorfes mit einem heutigen Wohnhochhaus einer europäischen Stadt zeigt (Abb. 2, 3). Massenmedien wie Zeitschriften machen darüber hinaus eine Reihe von Menschen, die im Zentrum der öffentlichen Bekanntheit stehen, die Superstars, allen bekannt. Durch die wirtschaftliche Unabhängigkeit des Einzelnen ist eine dauerhafte Ehe nicht mehr notwendig und Kinder wachsen mit alleinerziehenden Elternteilen oder, wie heute oft, in so genannten Patchwork-Familien auf, in denen die Kinder aus verschiedenen Ehen des derzeitigen Ehepaares stammen. Dies alles hat große Einflüsse auf die Kulturenübernahme durch Heranwachsende, denn diese Verhältnisse machen es jungen Leuten oft schwer, da ihnen in Zeitschriften, Fernsehen und Familie ganz verschiedene Lebensmodelle zur Wahl angeboten werden und eine eindeutige Kulturenübernahme nicht mehr traditionsgemäß erfolgt. Darüber hinaus führt in den westlichen Kulturen die hohe Bewertung der Individualität und die „Pflicht zur Selbstverwirklichung" zu einer starken Vereinzelung. Dennoch besteht diese anonyme Gesellschaft aus Individuen, deren „steinzeitliche Verhaltensausstattung" danach sucht, einer individualisierten Gruppe anzugehören und sich mit deren Vorstellungen identifizieren zu können.

Aufgaben

⑥ Stellen Sie in einer Tabelle die unterschiedlichen Bedingungen für einen heranwachsenden Jugendlichen in der ursprünglichen Sammler- und Jägergruppe und der modernen Massengesellschaft gegenüber.
⑦ Menschen schließen sich in modernen Gesellschaften sehr schnell kleineren, individualisierten Gruppen von „Gleichgesinnten" an. Nennen Sie einige Beispiele und begründen Sie das Verhalten.
⑧ Welche Bedeutung hat die Meinungsvielfalt in der Massengesellschaft für die Informations- und Werteübernahme durch Jugendliche?

Jugendkultur, Jugendbanden

Während in traditionellen Gesellschaften junge Leute automatisch das Wissen und die Vorstellungen der Vorfahren übernehmen, stehen Jugendlichen in der anonymen Massen- und Mediengesellschaft eine Fülle von möglichen Vorbildern zur Verfügung. Orientieren sie sich an jugendlichen Vorbildern, dann können sich Formen von Jugendkulturen entwickeln. Dies kann in der Verehrung von Sportstars oder Musikgruppen ihren Ausdruck finden, aber auch zu Jugendbanden und Straßengangs führen, die ihre eigene Sprache sprechen, Stammesabzeichen in Form eigener Kleidung und gruppeneigener Abzeichen wie Piercings oder Tattoos tragen. Innerhalb dieser Jugendbanden können sich eigene kulturelle Werte und Rechtssysteme entwickeln, die sich über die Werte und Systeme der restlichen Gesellschaft hinwegsetzen (z. B. Sachbeschädigung). Bei der Ausprägung derartiger *Subkulturen* handelt es sich um Folgen von alten Antriebsstrukturen.

Aufgaben

⑨ Welche der oben beschriebenen Merkmale der Massengesellschaft können dazu führen, dass sich Subkulturen herausbilden?
⑩ Wie könnte man mit den oben genannten Regeln die Imitation bekannter Stars erklären?

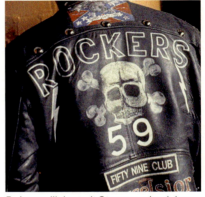

5 Jugendlicher mit Stammesabzeichen

Neuro- und Verhaltensbiologie **165**

Basis Konzepte

Struktur und Funktion

Lebewesen zeichnen sich unter anderem dadurch aus, dass die meisten Strukturen und Lebensprozesse eine funktionale Bedeutung haben. Sieht man eine Vogelfeder oder eine Blüte, ist die Frage nach der biologischen Funktion sinnvoll. Betrachtet man Salzkristalle oder Gesteinsformationen, ist dies nicht der Fall. Den Zusammenhang von Struktur und Funktion gibt es in der Natur nur bei den Lebewesen. Er lässt sich durch den Evolutionsprozess, dem die Organismen unterliegen, erklären und anhand verschiedener Prinzipien erkennen.

Bausteinprinzip

Makromoleküle sind meist aus identischen oder ähnlichen Grundeinheiten zusammengesetzt: Einfachzucker, Aminosäuren und Nucleotide legen die zum Teil hochspezifische Struktur der Polysaccharide, Proteine und Nucleinsäuren fest. Kleinste Veränderungen können dazu führen, dass bestimmte Funktionen nicht mehr möglich sind. Umgekehrt können aber auch Kombinationen von ähnlichen Grundbausteinen nach geringfügigen Abwandlungen völlig andersartige Funktionen wahrnehmen. Beispiele sind das Porphyrinsystem im Häm, Cytochrom und Chlorophyll oder ATP als Energieträger bzw. in der AMP-Form als Bestandteil der Erbsubstanz.

Schlüssel-Schloss-Prinzip

Jeder Organismus verfügt über eine Vielzahl von Molekülen, die eine spezifische Struktur besitzen. Sie treten mit räumlich passenden Molekülen in *Wechselwirkung*. Dieses *Schlüssel-Schloss-Prinzip* gilt beispielsweise für die Passung zwischen Enzym und Substrat sowie für die Bindung von Transmittern an ihre Rezeptormoleküle. Die Passgenauigkeit der betreffenden Molekülpartner lässt sich auf Aufbau, Form und die Verteilung der elektrischen Ladungen zurückführen. Sie bedingen die Spezifität der Wechselwirkungen.

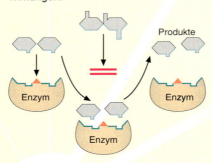

Bausteinprinzip

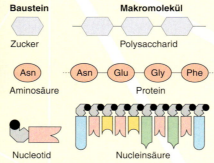

mit Eisen   mit Magnesium

Schlüssel-Schloss-Prinzip

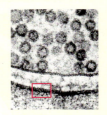

Präsynaptische Membran, synaptischer Spalt und postsynaptische Membran

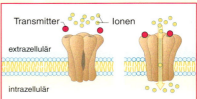

Abwandlungsprinzip

Alle Organismen bestehen aus Zellen. Sie sind die kleinsten lebens- und vermehrungsfähigen Einheiten und zeigen ähnliche Grundbaupläne. Unterschiedliche Differenzierung führt zu vielfältigen Variationen. So verdeutlicht der Bau der Nervenzelle anschaulich ihre Funktion. Strukturen können aber auch so abgewandelt sein, dass sie trotz eines ursprünglich unterschiedlichen Aufbaus gleichartige Aufgaben wahrnehmen *(analoge Organe)*.

Abwandlungsprinzip

● Zusammenhänge denken ● Zusammenhänge erkennen ● Zusammenhänge erarbeit

166   *Neurobiologie und Verhalten*

Prinzip des Gegenspielers

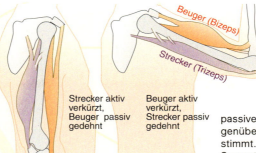

Strecker aktiv verkürzt, Beuger passiv gedehnt

Beuger aktiv verkürzt, Strecker passiv gedehnt

Prinzip des Gegenspielers

Beuge- und Streckmuskeln oder Muskel und dehnbare Sehne sind Antagonisten, durch deren Wechselwirkung Bewegungen möglich werden. Vergrößerung und Verkleinerung der Pupille durch die Irismuskulatur folgt ebenso dem antagonistischen Bewegungsprinzip. Kontraktion als aktiver Prozess und Dehnung als passiver Prozess stehen einander gegenüber und sind aufeinander abgestimmt. Im Nervensystem findet man Sympathicus und Parasympathicus als Gegenspieler bei der Steuerung von Organfunktionen, auf stoffwechselphysiologischer Ebene wirken z. B. Insulin und Glukagon antagonistisch.

Gegenstromprinzip

Dieses Prinzip dient der Rückführung oder Konzentrierung von Stoffen oder Wärme. Es arbeitet auf der Basis der Diffusion bzw. Wärmeleitung und wird durch einen möglichst steilen Gradienten zwischen den Transportmedien aufrechterhalten. Ein Beispiel: Aus peripheren Bezirken zurückfließendes, kaltes Blut umfließt in venösen Gefäßnetzen die zu diesen Bezirken führenden Arterien. Das arterielle Blut wird abgekühlt, das venöse angewärmt. So erreicht die Gans auf dem Eis in den Füßen fast den Gefrierpunkt und verliert dabei nur wenig Wärmeenergie.

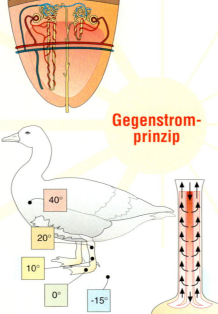

Gegenstromprinzip

Prinzip der Oberflächenvergrößerung

Die innere Membran von Mitochondrien und Chloroplasten enthält Enzyme in einer festen räumlichen Anordnung. Diese Membran ist bei beiden Organellen stark gefaltet. Dadurch wird die Membranfläche beträchtlich vergrößert und die Stoffwechselleistung gesteigert. Dies gilt auch für Organe: Die zahlreichen Bläschen der Lunge und die große Anzahl von Faltungen, Einstülpungen und Zotten im Darm erhöhen die Austauschfläche pro Volumeneinheit.

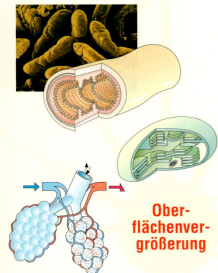

Oberflächenvergrößerung

Aufgaben

① Zur Abwehr von Krankheitserregern produziert das Immunsystem der Wirbeltiere spezifische *Antikörper*, die zu molekularen Strukturen des Erregers, den sog. *Antigenen*, passen. Sie treten in einer unüberschaubaren Vielfalt auf.
Wie wird die Passgenauigkeit erreicht und welche Folgen hat die Wechselwirkung?

② Die organischen Basen Adenin und Thymin sowie Cytosin und Guanin liegen in der DNA gepaart vor. Über Wasserstoffbrücken stehen sie miteinander in Wechselwirkung. Analysieren Sie die Unterschiede in Bezug auf Struktur und Funktion im Vergleich zu einem Enzym-Substrat-Komplex oder zu den molekularen Wechselwirkungen zwischen Transmitter und Rezeptor.

③ Gegeneinander gerichtete Effekte gibt es auch bei Stoffwechsel-, Wachstums- und Entwicklungsprozessen. Erläutern Sie Antagonismus im Gegensatz zu Synergismus (harmonisches Zusammenwirken) jeweils an einem Beispiel.

④ Bei Hunden, Schafen und anderen Säugetieren findet man ein so genanntes Wundernetz, das durch Aufspaltung der Kopfarterien in hunderte parallel verlaufender Gefäße entsteht. Es durchzieht eine blasenartig aufgetriebene Vene, die Blut aus der Nasen- und Mundschleimhaut führt.
Warum kann der Hund einen Hasen zu Tode hetzen?

sammenhänge denken ● Zusammenhänge erkennen ● Zusammenhänge erarbeiten ●

Neurobiologie und Verhalten

Basis Konzepte

Reproduktion

Unter Reproduktion versteht man im Verlagswesen das Abbilden und Vervielfältigen von Büchern oder Bildern durch Drucktechniken, in der Kunst die Nachbildung eines Originals, in der politischen Ökonomie die Erneuerung im Produktionsprozess, im Unterricht die Wiedergabe von Gelerntem. In allen Fällen wird etwas „wieder hervorgebracht" oder „wieder erzeugt" und für die Reproduktion ist stets eine äußere Instanz nötig.

Im biologischen Bereich wird der Begriff „Reproduktion" als Synonym für Fortpflanzung benutzt. Lebewesen haben im Gegensatz zur unbelebten Natur die Fähigkeit zur Selbstvervielfältigung: Leben erzeugt Leben. Durch die individuell begrenzte Lebenszeit resultiert daraus eine Abfolge von Generationen, die die Möglichkeit zur Veränderung und damit auch zur Evolution schafft. Dazu tragen verschiedene Mechanismen bei, in die der Mensch mehr und mehr durch Gentechnik und Reproduktionsmedizin eingreifen kann.

Rekombination und Vielfalt

Im Verlauf der Meiose werden die elterlichen Erbanlagen durch die zufallsgemäße Verteilung der homologen Chromosomen neu kombiniert. Innerhalb der Chromosomen können die Gene infolge des Stückaustausches umgruppiert werden. Bakterien erreichen Ähnliches durch die so genannten parasexuellen Vorgänge der Transformation, Transduktion und Konjugation. In allen Fällen resultiert daraus eine größere Vielfalt an Genotypen, die durch Selektion zu einer besseren Angepasstheit der Organismen an ihre Umwelt führt.

Rekombination und Vielfalt

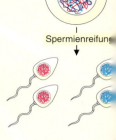

Replikation und Mutation

Die „identische Replikation" der DNA ist nicht immer ein perfektes Kopieren: Geringfügige Fehler der Polymerase, die die Nucleotide komplementär zum Originalstrang anlagert, führen zu Punktmutationen, andere Fehler etwa zu Rasterverschiebungen, Abbrüchen oder Nonsens-Sequenzen. Trotz der weitgehenden Beibehaltung der genetischen Information können auf diese Weise Varianten erzeugt werden, die „Spielmaterial" für die Evolution darstellen.

Replikation und Mutation

Aus dem Reproduktionslabor

Ungeschlechtliche Fortpflanzung

Einzeller teilen sich, Pflanzen bilden Ausläufer, Brutknospen oder Tochterzwiebeln. Eine derartige *asexuelle Fortpflanzung* ist bei höheren Tieren äußerst selten, jedoch können genetisch identische Organismen künstlich durch *Klonen* auch bei Säugetieren hergestellt werden. Ungeschlechtliche Fortpflanzung — in der keine Neukombination der Erbanlagen möglich ist — darf nicht verwechselt werden mit eingeschlechtlicher Fortpflanzung *(Parthenogenese)*, die z. B den Blattläusen eine Massenvermehrung ermöglicht.

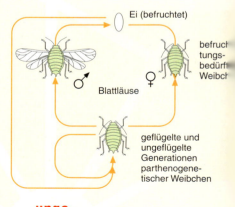

ungeschlechtliche Fortpflanzung

• Zusammenhänge denken • Zusammenhänge erkennen • Zusammenhänge erarbeit

168 *Neurobiologie und Verhalten*

Sexualität

Fortpflanzungsstrategien

Eltern investieren in ihren Nachwuchs. Das verursacht Kosten. Bestimmte Verhaltensstrategien gewährleisten einen möglichst effektiven Einsatz der begrenzten Kapazitäten. Dies kann sich z. B. darin äußern, dass sich eine Organismenart im Verlauf ihres Lebens selten fortpflanzt, dabei aber z. B. durch Brutpflege viel investiert. Eine andere Organismenart kann mit weniger Aufwand häufiger viele Nachkommen haben. Durch die Selektion wird jeweils der bestmögliche Kompromiss begünstigt. Ausschlaggebend sind fast immer ökologische Faktoren.

Agaven kommen in trocken-heißen Lebensräumen vor und vermehren sich ungeschlechtlich. Blüten- bzw. Fruchtbildung erfolgt nur in außergewöhnlich niederschlagsreichen Jahren. Dies ermöglicht den Jungpflanzen eine erfolgreiche Keimung. Das Überangebot an Samen wird nicht komplett vertilgt.

Sexualität

Bei der sexuellen Fortpflanzung wird eine große, stationäre, weibliche Keimzelle von einer kleinen, beweglichen männlichen Keimzelle befruchtet. Die Anzahl der lebensfähigen Fortpflanzungseinheiten (Spermien bzw. fertile Pollen, Eizellen bzw. keimfähige Samenanlagen) bestimmt die *reproduktive Effizienz* der Organismen. Die Selektion legt dagegen den *reproduktiven Erfolg* fest, also die Anzahl der überlebenden Nachkommen. Dadurch verändert sich die Häufigkeit der Allele verschiedener Gene *(reproduktive Fitness)*. Auch helfende Geschwister haben eine reproduktive Fitness.

Fortpflanzungsstrategien

Geschlechtsbestimmung

Normalerweise wird das Geschlecht bei der Befruchtung der Eizelle irreversibel festgelegt *(genotypische Geschlechtsbestimmung)*. In seltenen Fällen können Außenfaktoren wie die Temperatur ausschlaggebend sein. Für den Igelwurm ist es der Kontakt des Larvenstadiums mit einem Weibchen, der die Entwicklung zum Männchen festlegt. Bei der Korallengrundel sind es ökologische Faktoren: Im Great Barrier Reef vor der australischen Küste findet dieser Fisch nur schwer geeignete Korallenstöcke, die das paarweise Brüten erlauben. Jungfische bleiben daher geschlechtsneutral. Frei werdende Brutplätze besetzen Fische sofort und der Partner nimmt dann jeweils das andere Geschlecht an.

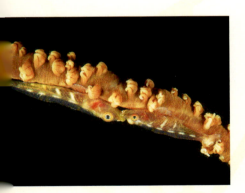

Geschlechtsbestimmung

Aufgaben

1. Die so genannte *Big-Bang-Strategie* wird z. B. von einigen Bambusgewächsen verfolgt: Die Organismen durchlaufen über mehrere Jahre nur vegetative Wachstumsphasen, investieren dann ihre gesamte Energie in eine einzige sexuelle Reproduktionsphase und sterben danach ab. Nennen Sie die Vor- und Nachteile.
2. Beim Pazifischen Lachs zehren die Männchen und Weibchen während der Wanderung zum Paarungsort von ihrem Körpervorrat und gehen nach dem Ablaichen zugrunde. Beschreiben Sie Kosten und Nutzen dieser Strategie.
3. Beurteilen Sie Revierverteidigung, Brutpflege oder Brutfürsorge oder den Bau spezifischer Nester zur Aufzucht der Nachkommen im Hinblick auf die reproduktive Fitness.
4. Reproduktion im Sinne von „Erzeugen von Nachkommen" bedeutet nicht automatisch Vermehrung. Begründen Sie dies.
5. Die verschiedenen Formen der ungeschlechtlichen (vegetativen) Fortpflanzung gewährleisten, dass ein Individuum Kopien aller seiner Gene weitergibt. Stellen Sie die Vor- und Nachteile im Vergleich mit der geschlechtlichen Fortpflanzung dar.
6. Fitness im Sinne DARWINS wird nicht an der Anzahl der Nachkommen gemessen, sondern daran, wie viele von ihnen überleben und selbst wieder Nachkommen haben. Daraus ergeben sich unterschiedliche Fortpflanzungsstrategien. Erläutern Sie die Zusammenhänge.
7. Buschblauhäher haben sog. „Helfer am Nest", die sich selbst nicht fortpflanzen. Unter welchen Bedingungen kann dieses auf den ersten Blick uneigennützige (altruistische) Verhalten einen reproduktiven Fitnessgewinn darstellen?

Zusammenhänge denken ● Zusammenhänge erkennen ● Zusammenhänge erarbeiten ●

Neurobiologie und Verhalten

Basis Konzepte

Steuerung und Regelung

Organismen und Lebensgemeinschaften halten viele Zustandsgrößen in engen Grenzen, auch wenn innere oder äußere Faktoren sich kurzfristig erheblich ändern. Durch Regelung wird erreicht, dass diese Zustandsgrößen in einem funktionsgerechten Rahmen bleiben. In Anlehnung an die technische Kybernetik wird der dabei angestrebte Wert als *Sollwert* bezeichnet. Für bestimmte Vorgänge ist es möglich, diesen Sollwert gegebenen Veränderungen anzupassen. Während durch die Regelung ein Zustand aufrecht erhalten wird, kann durch Steuerung die Intensität oder Richtung von Vorgängen geändert werden.

Typisch für die Regelung ist die negative Rückkopplung. Regelkreismodelle in Form von Blockdiagrammen verdeutlichen dies durch verschiedene Komponenten. Sie werden für physiologische Prozesse verwendet und sind meist komplex. Pfeildiagramme sind einfacher und werden häufig in der Populationsökologie eingesetzt.

Pupillenreaktion

Der Pupillenreflex ist ein Beispiel einer Proportionalregelung: Bei verstärktem Lichteinfall verkleinert sich die Pupille, bei vermindertem Lichteinfall vergrößert sie sich jeweils entsprechend der augenblicklichen Regelabweichung.

Im Unterschied zur einfachsten Form des Regelkreises enthält dieses System bereits ein Führungsglied. Es ermöglicht eine Verstellung des Sollwerts. Vereinfachend lässt sich dies mit einer Wasserstandsregelung vergleichen.

Pupillenreaktion

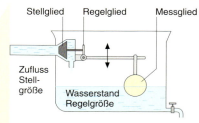

Automatische Wasserstandsregelung

Blutzuckerspiegel

Zur Regelung des Blutzuckerspiegels greifen mehrere Regelkreise ineinander (vernetzte Systeme). Der Zuckergehalt des Blutes wird ständig gemessen und in einem Bereich von 60 – 120 mg Glucose pro 100 ml Blut gehalten. Daran sind zwei Hormone der Bauchspeicheldrüse (Insulin, Glukagon) beteiligt. Deren Aktivität wird wiederum von weiteren Organen, Nervensignalen und Hormonen beeinflusst. Faktoren wie Stress, Nahrungsaufnahme, Muskeltätigkeit oder Ruhe wirken als Störgrößen.

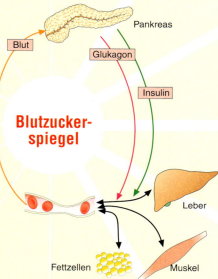

Körpertemperatur

Vögel und Säugetiere sind in der Lage, ihre Körpertemperatur in engen Grenzen konstant zu halten. An dieser Regelung sind zwei ganz verschiedene Stellglieder beteiligt: Die Muskulatur zur aktiven Erwärmung und Schwitzen bzw. Hecheln zur aktiven Abkühlung.

Bei wechselwarmen Tieren übernehmen Verhaltensänderungen teilweise die Stellgliedfunktion: Reptilien im Hochgebirge oder in der Steppe regulieren ihre Körperwärme durch Sonnenbäder am Tag bzw. das Aufsuchen geschützter Höhlen in der Nacht.

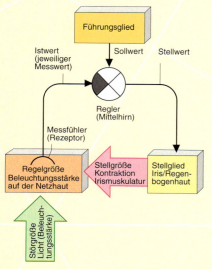

Körpertemperatur

● Zusammenhänge denken ● Zusammenhänge erkennen ● Zusammenhänge erarbeit

170 *Neurobiologie und Verhalten*

Technische Beispiele

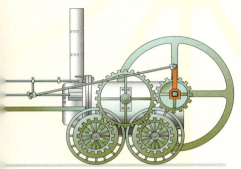

Technische Beispiele

Regelkreismodelle orientieren sich an der Technik: Heizkörper- bzw. Kühlschrankthermostate oder Regler am Bügeleisen halten voreingestellte Temperaturen konstant. In Industrie und Technik spielen aber auch andere Regelungsprinzipien seit dem Bau der ersten Dampfmaschine eine Rolle: Der 1788 von JAMES WATT (1736 — 1819) entwickelte Fliehkraftregler ermöglichte eine gleichmäßige Leistung der durch heißen Wasserdampf angetriebenen Maschinen. Kühlwasserregelsysteme in Kraftfahrzeugen sind z. B. mit Rohrsystemen gekoppelt, die eine möglichst große Austauschfläche besitzen.

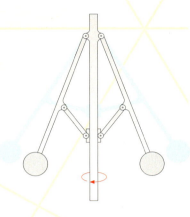

Populationsgröße

Die Populationsgrößen verschiedener Arten einer Lebensgemeinschaft stehen miteinander in Wechselbeziehungen. Durch Rückkopplungen werden nur vorübergehend stabile Verhältnisse erreicht, die sich aber schnell entsprechend neuer Umweltbedingungen ändern können. Einen festgelegten Sollwert gibt es nicht.

Eine Zunahme der Individuenzahl verstärkt z. B. die innerartliche Konkurrenz um Ressourcen, führt zu einem Überangebot für Räuber oder Parasiten und zu einer erhöhten Gefahr der Ausbreitung von Infektionskrankheiten.

Gen- und Enzymaktivität

Endproduktrepression und Substratinduktion sind Beispiele für eine negative Genregulation, da sie durch Rückkopplung der Repressorproteine gesteuert werden. Positive Genregulation wird durch die Anlagerung von Aktivatorproteinen an eine Kontrollregion vermittelt. Bei beiden Vorgängen spielen allosterische Proteine eine Rolle. Diese können ihre räumliche Struktur durch Anlagerung von Effektoren ändern *(Konformationsänderung)*.

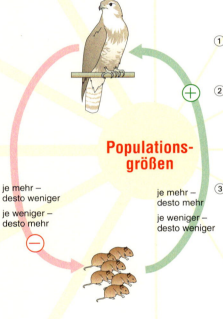

Populationsgrößen

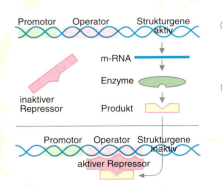

Gen- und Enzymaktivität

Aufgaben

① Verdeutlichen Sie die Unterschiede zwischen Steuerung und Regelung an einem Elektro-Spielzeugboot mit und ohne Fernbedienung.

② Die Regelung des Blutdrucks ist im Gegensatz zur Pupillenreaktion ein Beispiel für eine so genannte „zeitliche Integralregelung": Der Regelprozess erreicht trotz anhaltender Störgröße einen Sollwert und hält ihn ein. Erläutern Sie dies für Blutverluste infolge einer Verletzung.

③ Das Prinzip der negativen Rückkopplung beruht darauf, Abweichungen von einem Sollwert durch Gegenwirkungen zu verringern oder vollständig zu kompensieren. Andere Modelle sind mechanische Gleichgewichte, Überlaufsysteme, chemische Pufferung oder „feedforward-Systeme". Informieren Sie sich darüber und erläutern Sie die Unterschiede.

④ Erläutern Sie die dargestellten technischen Regelsysteme und vergleichen Sie ihren Aufbau und ihre Funktion mit ausgewählten biologischen Systemen.

⑤ Positive Rückkopplung verstärkt sich selbstständig. Suchen Sie nach je einem Beispiel in Biologie und Technik. Erläutern Sie jeweils die Zusammenhänge.

⑥ Muskeln erhalten den Befehl, sich zu verkürzen, sowohl über α-Motoneurone als auch über γ-Fasern, die zu den Muskelspindeln führen. Bereiten Sie ein Kurzreferat zur gegenseitigen Beeinflussung von Muskelspindel und Muskel bei Kontraktion und Dehnung vor.

· · · sammenhänge denken • Zusammenhänge erkennen • Zusammenhänge erarbeiten •

Neurobiologie und Verhalten

Basis Konzepte

Kompartimentierung

Lebende Systeme bestehen aus abgegrenzten Reaktionsräumen. Diese *Kompartimente* (frz. *compartiment* = Abteil, Fach) sind innerhalb einer Zelle von Membranen umschlossen. Durch die Abgrenzung wird es möglich, dass auf- und abbauende Stoffwechselprozesse in derselben Zelle zur gleichen Zeit stattfinden können, Substanzen und Energie gespeichert werden und auch die Erbsubstanz unbeschadet bleibt.

Membranen sind aber nicht nur Grenzen: Für einige Substanzen stellen sie unüberwindliche Barrieren dar, andere lassen sie passiv durchtreten oder transportieren sie aktiv in eine bestimmte Richtung. Nervenzellen ermöglichen z. B. durch Aufrechterhaltung eines Konzentrationgradienten den Transport von Informationen.

Das Prinzip der Unterteilung eines Systems in Teilräume ist jedoch nicht auf Zellen beschränkt. Jedes Lebewesen ist gegen seine Umgebung durch Strukturen abgegrenzt, die den Stoffaustausch beeinflussen und Energieverluste minimieren. Ebenso gibt es in der unbelebten Umwelt „Kompartimente": Mauern umgrenzen Wohnräume oder Straßen umgeben Wohngebiete.

Baukastenprinzip

Jede Zelle wird von einer Membran umschlossen, die den Ein- und Austritt von Stoffen kontrolliert. Bei Einzellern übernimmt eine einzige Zelle alle Lebensfunktionen, bei Vielzellern teilen die Zellen die Arbeit untereinander auf. Ähnlich spezialisierte Zellen sind wie die Teile eines Baukastens zu Zellverbänden *(Geweben)* und diese wiederum zu Organen zusammengeschlossen.

Auch der Körper vieler Tiere ist bausteinartig in Kompartimente untergliedert. Die Segmente des Regenwurms sind in Bau und Funktion mehr oder weniger ähnlich. Bei Gliederfüßern wie Insekten oder Spinnen sind die Segmente spezialisiert und zu Gruppen mit unterschiedlichen Funktionen vereinigt.

Spezialisierung

Jede Eukaryotenzelle ist durch Membranen in mehrere ineinander geschachtelte Reaktionsräume unterteilt. Jedes Kompartiment besitzt charakteristische Enzyme und nimmt besondere Aufgaben wahr. So sind z. B. Mitochondrien für die Energiegewinnung durch die Zellatmung zuständig und Chloroplasten für die Fotosynthese.

Die spezialisierten Kompartimente stehen aber untereinander in Kontakt: ER, Golgi-Apparat und die Plasmamembran sind z. B. durch Abschnürungs- und Fusionsprozesse verbunden. Man spricht von *Membranfluss*. Endo- und Exocytose zeigen beispielhaft, wie damit Substanzen transportiert werden.

Baukastenprinzip

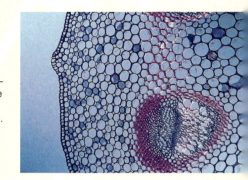

Schutz

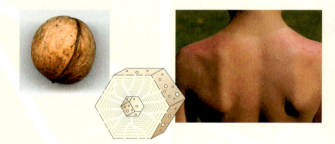

Abgrenzungen durch Membranen, Sekretionsprodukte oder spezifische Abschlussgewebe halten schädigende Einflüsse von den Organellen, Zellen oder Individuen fern. Beispiele sind unsere Haut, die Zellwand der Pflanzenzellen oder die Schleimkapseln von Bakterien.

Spezialisierung

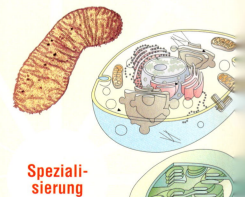

• Zusammenhänge denken • Zusammenhänge erkennen • Zusammenhänge erarbeit

Neurobiologie und Verhalten

Ökosysteme

Bachforelle

Barben

Brachse

Flunder

Kaulbarsch

Ökosysteme

Die Biosphäre umfasst den gesamten von Lebewesen besiedelten Bereich der Erde. Eingebettet darin sind Ökosysteme, die durch Stoffkreisläufe und Energieflüsse verbunden sind. Die vielfältigen Strukturen in den Ökosystemen sind die Grundlage der Biodiversität: Die unterschiedliche Verteilung von Ressourcen oder Ausprägung von abiotischen Faktoren (z. B. Temperatur) erlauben Spezialisierungen auf unterschiedliche Bereiche des Lebensraums. Daraus resultiert eine Abgrenzung, welche die Konkurrenz vermindert und die Vielfalt erhöht.

In den verschiedenen Flussregionen entstehen z. B. durch die unterschiedlichen Eigenschaften des Gewässers die Lebensbedingungen für charakteristische Fischarten.

Energiespeicherung

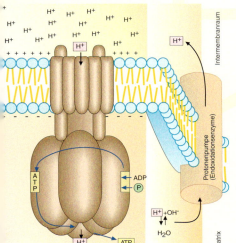

Energiespeicherung

Molekulare Pumpen wie die Natrium-Kalium-Pumpe in der Membran der Nervenzellen helfen, Potentiale aufrecht zu erhalten. Sie gewährleisten dadurch nicht nur das Ruhepotential, sondern spielen z. B. auch bei der Wiederherstellung von Ionengradienten an der Membran der Nervenzellen oder bei der Energiespeicherung in Form von Protonenpumpen eine Rolle. Dabei werden in der Atmungskette Elektronen- und Protonen-Transportsysteme an spezifische Membranen gekoppelt.

Stoffanreicherung

Ein auffälliges Beispiel für eine Stoffanreicherung sind die Vakuolen der Pflanzenzellen: Zahlreiche Substanzen werden dem cytoplasmatischen Stoffwechsel entzogen und entweder als Vorrat zur weiteren Verwendung oder als Abfall gespeichert. Sie können aber auch, wie verschiedene Giftstoffe zeigen, zur Abwehr von Fressfeinden dienen. Die Stoffanreicherung kann durch spezifische Moleküle in der Membran oder ähnlich dem Ionenfallenprinzip erfolgen.

Stoffanreicherung

Aufgaben

① Welche Vorteile bietet die Kompartimentierung?

② „Die Identität eines Zellkompartiments beruht im Wesentlichen auf spezifischen Proteinbestandteilen seiner Membran." Begründen Sie diese Aussage.

③ Welchen Beitrag leistet die Endosymbiontentheorie, um die Entstehung der Zellkompartimentierung zu erklären?

④ Mitochondrien und Plastiden sind Organellen mit einer Doppelmembran. Welche Reaktionsräume werden jeweils gegeneinander abgegrenzt und welche Prozesse laufen dort ab?

⑤ Von E. Schnepf wurde 1965 die Regel formuliert, dass eine biologische Membran immer eine plasmatische Phase von einer nicht plasmatischen Phase trennt. Überprüfen Sie dies anhand der Kompartimente der Eucyten.

⑥ Vom Biotop zur Biosphäre lässt sich ebenso wie von der Zelle bis zum Organismus eine „Einschachtelung von Kompartimenten" verschiedener Organisationsstufen sehen. Erläutern Sie dies und nennen Sie Beispiele.

⑦ *Lysosomen* enthalten Verdauungsenzyme in einem stark sauren Milieu, das durch Energie verbrauchende Protonenpumpen aufrecht erhalten wird. Welche Bedeutung hat dabei die Kompartimentierung?

Zusammenhänge denken ● Zusammenhänge erkennen ● Zusammenhänge erarbeiten ●

Neurobiologie und Verhalten

Basis Konzepte

Information und Kommunikation

Lebewesen nehmen Informationen auf, speichern und verarbeiten sie und kommunizieren miteinander. Voraussetzungen sind eine gemeinsame Sprache und geeignete Aufnahme-, Speicher- und Abgabemechanismen.

Das Wort „Information" wird im Alltag unterschiedlich benutzt: Objekte wie z. B. eine CD *enthalten* Informationen und Organismen *erhalten* Informationen. In der Biologie kann man *Information* definieren als eine Mitteilung, die aus einer räumlichen oder zeitlichen Folge von Signalen besteht, die beim Empfänger eine bestimmte Reaktion hervorruft. *Kommunikation* ist eine wechselseitige, aufeinander abgestimmte Informationsübertragung. Sie kann sowohl zwischen Organismen als auch innerhalb eines Organismus und in der Zelle stattfinden.

Sender und Empfänger

In einer Kommunikationskette geht vom Sender das verschlüsselte Signal aus, das beim Empfänger nicht nur ankommen, sondern auch entschlüsselt werden muss, d. h. Signale und Verarbeitungsmechanismen müssen aufeinander abgestimmt sein. Ein Beispiel dafür sind *Pheromone*. Diese Signalstoffe dienen der Kommunikation zwischen Individuen einer Art. *Bombykol* — der Sexuallockstoff des Seidenspinners — wird von den Weibchen produziert. Die entsprechenden chemischen Rezeptoren in den großen Antennen der männlichen Schmetterlinge reagieren noch auf äußerst geringe Konzentrationen der Substanz.

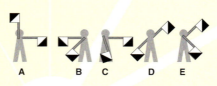

Codierung – Decodierung

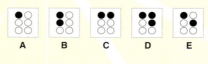

Redundanz

Der aus der Informationstheorie stammende Begriff der *Redundanz* (von lat. *redundantia* = Überfülle) beschreibt die informative Überbestimmtheit einer Nachricht. In der Nachrichtentechnik bietet eine hohe Redundanz wirksamen Schutz vor Übertragungsstörungen.

In der Genetik und Evolution ist Redundanz das mehrfache Vorliegen gleichartiger Signalstrukturen. So wird Sicherheit und Stabilität erzeugt. Entsprechend dem Ökonomie-Prinzip wird dies mit einer minimalen Anzahl beteiligter Faktoren erreicht. Nur fünf Elemente bauen die DNA auf, vier Basen codieren die gesamte Artenfülle und etwa zwanzig Aminosäuren bauen alle Proteine auf.

Sender und Empfänger

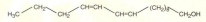

Strukturformel von Bombykol

Pheromonrezeptoren am Sinneshaar

Codierung / Decodierung

Ein Code ist eine eindeutige Vorschrift zur Umwandlung von Information aus einer Sprache in eine andere. Morsealphabet, die Verschlüsselung von Texten in Bits und Bytes oder das Telefon illustrieren dies. Mit dem genetischen Code z. B. wird die Information aus der „Sprache der Nucleinsäuren" in die „Sprache der Aminosäuren" übersetzt.

Mit einer Codierung kann eine Informationsübertragung auch sicherer gemacht werden. Nervenzellen senden frequenzcodiert und rechnen amplitudenmoduliert.

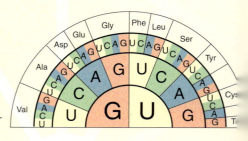

Redundanz

● Zusammenhänge denken ● Zusammenhänge erkennen ● Zusammenhänge erarbeit

Zellulärer Informationsfluss

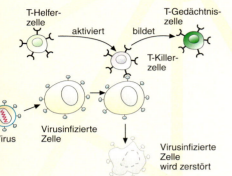

Innerhalb jeder Zelle erfolgt eine ständige Informationsübertragung von Organell zu Organell durch verschiedene chemische Substanzen. Aber auch benachbarte Zellen eines Gewebes können miteinander kommunizieren. Spezielle Zell-Zell-Kontakte ermöglichen den Austausch kleinerer Moleküle. Bei der Immunabwehr kommunizieren verschiedene Zellen entweder über Signalstoffe oder durch direkte Zellkontakte.

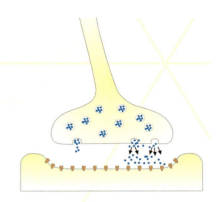

Nerven- und Hormonsystem

Das Nervensystem dient der schnellen und gezielten Kommunikation. Außer elektrischen Signalen werden an den Synapsen chemische Signale benutzt. Im Zusammenspiel afferenter und efferenter Bahnen gewährleisten Rückkopplungsmechanismen den Informationsfluss. Neben den schnell wirksamen Informationen des Nervensystems werden über die Blutbahn Hormone zur längerfristigen Kommunikation eingesetzt. Sie setzen an passenden Rezeptoren der Zielorgane an.

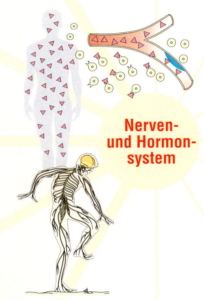

Verständigung

Der Begriff „Sprache" bezieht sich im engeren Sinn nur auf die verbale Kommunikation zwischen Menschen. Im weiteren Sinn versteht man darunter auch die Symbolsprache (Zeichensprache) oder die Sprache der Tiere (z. B. Bienentanz oder Ausdrucksverhalten). In Sozialverbänden sind optische und akustische Signale zur Verständigung wichtig für den Zusammenhalt oder für gemeinsame Aktivitäten. Auch Pflanzen kommunizieren untereinander oder mit Tieren, wenn z. B. Alarmsubstanzen bei Schädlingsbefall abgegeben werden.

Aufgaben

① Stellen Sie für je ein Beispiel aus der Verhaltensbiologie, Neurophysiologie, Stoffwechselbiologie und Genetik dar, wie Sender und Empfänger aufeinander abgestimmt sind.

② Im Rundfunk haben Kurz- und Mittelwellensender erheblich schlechtere Sendequalität als UKW-Stationen. Finden Sie eine Begründung.

③ Stellen Sie die verschiedenen Codierungsmechanismen bei der Informationsübermittlung in Nervensystemen dar.

④ Pflanzen speichern die Information über Belichtungsverhältnisse in Phytochrom-Molekülen. Stellen Sie die Arbeitsweise dieses Moleküls dar und erläutern Sie, wie dadurch Information verarbeitet wird.

⑤ Bücher, Filme, eine CD oder DVD sind Beispiele für technische Speichermedien. Vergleichen Sie diese Datenträger mit den biologischen Informationsträgern hinsichtlich der Art der Information, ihrer Speicherung und Weitergabe.

⑥ Begründen Sie die Aussage, dass Nucleinsäuren sowohl der Informationsspeicherung als auch der Informationsübertragung dienen.

⑦ Nennen Sie Gemeinsamkeiten und Unterschieden zwischen Nerven- und Hormonsystem. Vergleichen Sie diese Form der Informationsübertragung mit der zellulären Kommunikation bzw. der Kommunikation zwischen Individuen.

⑧ Warum kann man die Lautäußerungen „sprechender" Papageien nicht als Sprache bezeichnen?

⑨ Diskutieren Sie die Bedeutung der Signalfarben in den Balztrachten vieler Tiere. Vergleichen Sie dies mit der Funktion von Warnfarben.

● Zusammenhänge denken ● Zusammenhänge erkennen ● Zusammenhänge erarbeiten ●

Neurobiologie und Verhalten **175**

Basis Konzepte

Variabilität und Angepasstheit

Betrachtet man die Gliedmaßen der Wirbeltiere und ihren Körperbau, so ergeben sich meist eindeutige Hinweise auf Lebensraum und Lebensweise. Eine derartige Beziehung zwischen Bau, Funktion und Umwelt gilt für alle Lebewesen. Als *Angepasstheit* wird sie dann bezeichnet, wenn eine Struktur und die damit verbundene Funktion das Überleben der Organismen fördert. Ein Beispiel ist der Hase, der sich eng an den Boden drückt und durch seine Fellfarbe gut getarnt ist. Dieser im Verlauf der Evolution erreichte Zustand wird häufig von dem Prozess der *Anpassung* unterschieden. Damit ist nicht eine schrittweise genetische Veränderung über mehrere Generationen gemeint, sondern die individuelle Anpassung, wie sie z. B. das Chamäleon demonstriert bzw. wie sie durch Modifikationen hervorgerufen wird.

Angepasstheit wird durch *Variabilität* ermöglicht und durch Selektion bewirkt. Variabilität bedeutet, dass sich Individuen, Zellen, Programme, Funktionen, Strukturen oder Strategien unterscheiden. Einige dieser Varianten erfüllen die Anforderungen der Lebensbedingungen besser als andere. Ist dies genetisch fixiert, unterliegen sie der Selektion und bleiben bevorzugt erhalten oder sterben aus. Dadurch entsteht — im Verlauf vieler Schritte bzw. Generationen — die *Angepasstheit* bezüglich der augenblicklichen Umwelt.

Plastizität

Der Fähigkeit von Lebewesen zur individuellen Anpassung liegen Genotypen zugrunde, die abhängig von der Umwelt unterschiedliche Phänotypen entstehen lassen (im Gegensatz zum genetisch fixierten Polymorphismus). Dadurch entstehen sichtbare *Modifikationen*. Auch das Nervensystem passt sich anatomisch an gemachte Erfahrungen an *(Neuroplastizität)*. Unter ökologischen Gesichtspunkten ist die Plastizität die Fähigkeit der Organismen, in bestimmten Bereichen eines oder mehrerer Umweltfaktoren über längere Zeit zu existieren *(Reaktionskurve)*.

Polymorphismus

Polymorphismus bedeutet, dass die Individuen in einer Population genetisch bedingt ein unterschiedliches Erscheinungsbild zeigen, aber keine Unterarten oder Rassen darstellen. Zwischen den verschiedenen Phänotypen muss es keine kontinuierlichen Übergänge geben wie z. B. der Saisondimorphismus des Landkärtchens zeigt. Einige Pflanzen des Weißklees setzen z. B. Blausäure als Reaktion auf Pflanzenfresser frei, schützen sich aber dort nicht, wo wenig Schnecken vorkommen. Blausäure freisetzende Pflanzen sind empfindlicher gegenüber Frost und Infektionen.

Plastizität

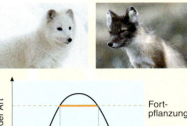

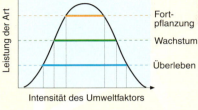

Gestalt und Umwelt

Durch eine ähnliche Lebensweise können unabhängig von der Verwandtschaft der Arten weitgehende Übereinstimmungen in der Form und Gestalt des Körpers oder einzelner Organe entstehen. Ein bekanntes Beispiel für diese *Konvergenz* ist die strömungsgünstige Körperform verschiedener Wirbeltierarten. Umgekehrt können sich aber auch — wie die Darwinfinken zeigen — Gründerpopulationen in zahlreiche neue Arten auffächern, wenn die Umwelt dies zulässt *(adaptive Radiation)*. Frösche oder Insekten verändern sich im Verlauf der Individualentwicklung *(Metamorphose)*.

Polymorphismus

• Zusammenhänge denken • Zusammenhänge erkennen • Zusammenhänge erarbeiten

176 *Neurobiologie und Verhalten*

Biochemische Anpassung

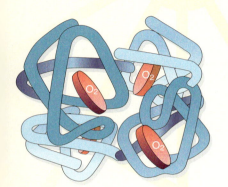

Organismen können die meisten Stoffwechselprozesse veränderten Umweltbedingungen anpassen und dann auf dieser Basis durch Regulation wieder konstant halten. Menschen, die in großer Höhe leben, sind z. B. an ein vermindertes Sauerstoffangebot durch *erhöhte Hämoglobinkonzentrationen* angepasst. Insekten und Amphibien produzieren bei extrem niedrigen Temperaturen *Gefrierschutzproteine*, die Eisbildung in der Körperflüssigkeit verhindern. Im Gehirn der Regenbogenforelle variiert die Acetylcholinesterase in Abhängigkeit von der Temperatur. Auch die verstärkte Ausbildung von Muskeln bei häufigem Gebrauch kann auf biochemische Prozesse zurückgeführt werden.

Klonselektion im Immunsystem

Das Immunsystem stellt unermesslich viele B-Zellen her, von denen jede einen anderen Antikörper bilden kann. Nur die Zelle, die ein Antigen erkannt hat, vermehrt sich und stellt als Plasmazelle den passenden Antikörper in großen Mengen her. Dadurch findet eine selektive Produktion von jenen Antikörpern statt, die der Bekämpfung der Eindringlinge dienen.

Optimierung

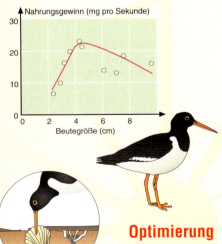

Ziel einer Optimierung kann es sein, mit einem Minimum an Aufwand äußerst komplexe Leistungen zu erreichen und unter dem Aspekt der Wirtschaftlichkeit die Ressourcen zu schonen. Biologen untersuchen ähnlich wie Wirtschaftswissenschaftler Gewinn und Verlust, in der Biologie aber bezogen auf Kosten und Nutzen der in der Evolution entstandenen Angepasstheiten. Als Kosten gelten die Energiemengen, die investiert werden; der Nutzen bezieht sich z. B. auf das Verhalten im Sinne von Fitnessmaximierung *(Adaptationswert)*.

Aufgaben

1. Man sagt, die Selektion arbeitet nach dem Schrotschussprinzip. Erläutern Sie dies.
2. Suchen Sie nach je einem Beispiel für genetisch fixierten Polymorphismus, balancierten Polymorphismus sowie Plastizität und vergleichen Sie die Beispiele.
3. Nach Hirnverletzungen können Betroffene unter entsprechender Therapie bestimmte Tätigkeiten wieder erlernen oder vollständig gesund werden. Worauf beruht das und wie lässt es sich erklären?
4. Biochemische Anpassungen können auf Veränderung der Genexpression oder der Enzymaktivität beruhen. Erläutern Sie dies.
5. Durch die Evolution lässt sich einerseits die hohe Diversität der Lebensformen erklären, andererseits aber auch die Tatsche, dass alle Organismen gemeinsame Kennzeichen des Lebendigen aufweisen. Begründen Sie dies.
6. Prüfen Sie die Eignung des Begriffs „Überleben des Stärkeren" zur Beschreibung der Selektion.
7. Viele Krankheitserreger lassen sich durch Antibiotika nicht mehr bekämpfen. Beschreiben Sie den Prozess der Resistenzbildung und ermitteln Sie den Bezug zu Variabilität und Angepasstheit.
8. In der medizinischen oder industriellen Forschung wird ein Ausgangsstoff in kleinen Schritten gezielt oder zufällig verändert und dann auf Wirksamkeit geprüft. Vergleichen Sie dies mit der biologischen Evolution.
9. Vergleichen Sie die Umfärbung der Scholle, eines Hermelins im Winter und die Tarnfarbe eines Feldhasen unter dem Aspekt von Anpassung und Angepasstheit.

• Zusammenhänge denken • Zusammenhänge erkennen • Zusammenhänge erarbeiten •

Neurobiologie und Verhalten **177**

Glossar

Adaptation
Anpassung, speziell von Sinnesorganen oder Rezeptoren an unterschiedliche Reizintensitäten, z. B. beim Auge durch Veränderung der Iris bzw. Netzhaut

afferent
bei Nerven: von Sinneszellen zum Zentralnervensystem hinleitend

Aggression
Sammelbezeichnung für Angriffs-, Verteidigungs- und Drohverhalten innerhalb einer Art oder zwischen Arten

Akkommodation
Einstellung des Auges auf verschieden weit entfernte Gegenstände, z. B. durch eine Veränderung der Linsenbrechkraft

Aktion, bedingte
durch Lernen gebildete Assoziation zwischen einem Verhaltenselement und einem aktivierten Antrieb

Aktionspotential
während der Erregung des Axons gemessener zeitlicher Verlauf des Membranpotentials; pflanzt sich über das Axon durch Veränderung der Ionenkanäle fort

Alles-oder-Nichts-Gesetz
Gesetzmäßigkeit für bestimmte Vorgänge, die entweder nur vollständig und in voller Intensität oder gar nicht ablaufen, z. B. beim *Aktionspotential* von Nervenzellen

allopatrische Artbildung
allos (gr.) „anders", *patria* (lat.) „Heimat" = „in verschiedenen Gebieten"; Entstehung von Arten aus geografisch isolierten Populationen einer Ursprungsart

Altruismus
selbstloses Verhalten, Begünstigung Anderer; Gegensatz zu Egoismus (Formen: *reziproker* und *nepotistischer Altruismus*)

Angepasstheit
Eigenschaft eines Lebewesens, die sein Überleben in einer bestimmten Umwelt fördert

Anpassung
Prozess, in dessen Verlauf Individuen Eigenschaften aufweisen, die für das Überleben in ihrer speziellen Umwelt förderlich sind

Antagonist
Gegenspieler, z. B. bei Muskeln, Hormonen, Rezeptoren an Synapsen und bei chemischen Reaktionen

Appetenz
Suchen nach der ein bestimmtes Verhalten auslösenden Reizsituation, das gerichtet (ähnlich einer *Taxis*) oder ungerichtet sein kann (z. B. während der Nahrungssuche)

Artbildung
Prozess der Entstehung neuer Arten aus einer Ursprungsart; man unterscheidet *allopatrische Artbildung* bei räumlicher Trennung von Populationen und *sympatrische Artbildung* bei gemeinsamen Vorkommen

Attrappenversuch
in der Ethologie verwendetes Experiment mit Nachbildungen von Reizkonstellationen, das zur Prüfung der Auslösbarkeit von Verhaltensweisen eines Tieres verwendet wird

Aversion, bedingte
erlerntes Verhaltenselement; durch schlechte Erfahrung (Bestrafung) wird ein ursprünglich neutraler oder positiv wirkender Reiz mit Abwehr oder Flucht verbunden

Axon
bis zu 100 cm langer Ausläufer einer Nervenzelle, über den die Erregungen vom Zellkörper zu den Synapsen geleitet werden

Bateman-Prinzip
Der Fortpflanzungserfolg der Männchen steigt mit jedem Paarungspartner, nicht so derjenige der Weibchen.

Befruchtung
Verschmelzung der Zellkerne zweier Keimzellen zu einer befruchteten Eizelle (Zygote); nach der *Besamung*

Begattung
geschlechtliche Vereinigung eines männlichen und eines weiblichen Individuums zur direkten Übertragung von Spermazellen in die weiblichen Fortpflanzungsorgane; dadurch wird die *Besamung* und anschließende *Befruchtung* der Eizelle ermöglicht

Behaviorismus
Forschungsrichtung der Lernpsychologie (ursprünglich aus Amerika), die Verhalten auf einfache Reiz-Reaktions-Schemata zurückführt

Besamung
Eindringen der Spermazelle in die Eizelle; die Besamung geht der *Befruchtung* voraus

Beschädigungskampf
risikoreiches Kampfverhalten, bei dem Tiere verletzende Waffen verwenden, wie z. B. Zähne, Krallen, Geweihspitzen u. a.; tödlicher Ausgang möglich (siehe *Kommentkampf*)

Chronobiologie
erforscht Ursache und Funktion der zeitlichen Organisation von Lebewesen

Darwinismus
Konzepte, die sich auf die Selektionstheorie von CHARLES DARWIN berufen, ausgehend von gemeinsamer Abstammung, Artbildung in Populationen, allmählichem Ablauf *(Gradualismus)* und natürlicher *Selektion*, die auf verschiedene Phänotypen in einer Population wirkt

Depolarisation
schnelle Änderung des Ruhepotentials (siehe *Ruhepotential*)

Deprivation
Entzug von sozialen Kontakten, z. B. Zuwendung und Liebe (oder: Mangel an wichtigen Lebensfunktionen)

Divergenz
beschreibt das Auseinanderlaufen verschiedener evolutiver Entwicklungslinien zu größeren Unterschieden hin (vgl. *Konvergenz*)

Diversität
Mannigfaltigkeit in einem Ökosystem; sie berücksichtigt die Artenzahl, deren Häufigkeitsverteilung und ihre genetische Vielfalt; eine gängige Maßeinheit ist der Diversitätsindex nach SHANNON

Domestikation
der Prozess der Haustierwerdung und der Entwicklung von Kulturpflanzen aus Wildformen als Folge menschlicher Zuchtwahl

Effektor
Erfolgsorgan bei Tieren, das die Reaktion eines Organismus auf Reize ausführt; Muskel oder Drüse

efferent
durch Nerven vom Zentralnervensystem wegleitend zu Erfolgsorganen (wie Muskeln oder Drüsen)

Glossar

Elterninvestment
Fürsorgeaufwand, den Eltern in die Aufzucht von Nachkommen investieren, der deren Überlebenswahrscheinlichkeit erhöht, aber die Eltern teilweise daran hindert, weitere Nachkommen zu produzieren

Empathie
Fähigkeit, sich in die Situation und die Vorstellungen eines anderen Wesens hineinzuversetzen

Endhandlung
von KONRAD LORENZ geprägter Begriff für die abschließende Verhaltensweise einer *Instinkthandlung*

Endknopf
verdicktes Ende eines Axons

Erbkoordination
ein genetisch fixierter, formstarrer Bewegungsablauf (von KONRAD LORENZ eingeführter Begriff)

Erregungsleitung, saltatorische
Im Unterschied zur kontinuierlichen Erregungungsleitung an marklosen Nervenfasern springt die Erregung an myelinisierten Fasern von Schnürring zu Schnürring

Ethnozentrismus
Sichtweise, nach der die Eigenschaften der eigenen Volksgruppe (Kultur) höher bewertet werden als die anderer

Ethogramm
Zusammenstellung aller Verhaltensweisen einer Tierart

Ethologie
Verhaltensforschung, Teilgebiet der Biologie; Lehre vom tierischen und menschlichen Verhalten

Fitness, reproduktive
Maß für den reproduktiven Lebensfortpflanzungserfolg eines Individuums, d. h. die Fähigkeit, seine Gene in der Folgegeneration zu verbreiten

Fortpflanzung
Kennzeichen des Lebens, wobei durch die Weitergabe genetischer Information artgleiche Nachkommen entstehen. Zur geschlechtlichen (sexuellen) Fortpflanzung gehört die Befruchtung von Keimzellen. Bei der ungeschlechtlichen (asexuellen) Fortpflanzung entstehen Nachkommen aus einem Teil des Elternorganismus. Fortpflanzung ist oft mit *Vermehrung* verbunden.

Ganglienzelle
synonym für Nervenzelle (siehe *Neuron*)

Gedächtnis
Speicher für erworbene Informationen im Gehirn, die als Erinnerung wieder abrufbar sind

Gedächtniszellen
spezielle Weiße Blutzellen, die nach erstmaligem Kontakt mit einem Antigen entstehen und über Jahre im Körper verbleiben können; sie sorgen bei weiteren Antigenkontakten für die schnelle Produktion spezifischer Antikörper

Gegenspielerprinzip
Prinzip, nach dem ein Zustand in einem Organismus durch mindestens zwei gegeneinander wirkende Steuermechanismen kontrolliert und geregelt wird (siehe *Antagonist*)

Gegenstromprinzip
optimierte Form des Wärme- oder Stoffaustausches zwischen unterschiedlichen Flüssigkeiten oder Gasen, die sich durch eine dünne Barriere getrennt in entgegengesetzter Richtung bewegen

Gen
Funktionseinheit der Erbinformation, die auf einem Chromosom liegt und aus DNA besteht; ein Gen ist nach heutiger Auffassung der DNA-Abschnitt, der für ein RNA-Molekül codiert

Generalisation
erlernte Verknüpfungen, durch die ursprüngliche Informationen oder Erfahrungen auch auf andere, ähnliche Situationen und Reizkombinationen übertragen werden

Gewöhnung
reizspezifisches Ausbleiben einer Reaktion oder einer Wahrnehmung, z. B. bei ständig vorhandenen gleichen Duftstoffen

Gradualismus
Sichtweise der evolutionären Veränderungen von Lebewesen, die von gleitenden, allmählichen *(graduellen)*, nicht sprunghaften Übergängen bei der Bildung neuer Organe ausgeht

Habitat
von einer einzelnen Art bevorzugter Lebensraum

Habituation (Gewöhnung)
im Zusammenhang mit Lernvorgängen auftretendes Verschwinden einer anfänglich gezeigten Reaktion

Hemmung, bedingte
durch negative Erfahrungen hervorgerufene Hemmung eines Verhaltens (siehe *Lernen*)

Hemmung, neuronale
Hemmung von Übertragungsvorgängen im Gehirn durch inhibitorische postsynaptische Potentiale

Hominiden
Menschenaffen (Orang Utan, Gorilla, Schimpanse, Bonobo) und der Mensch einschließlich aller ausgestorbener Vorfahren; nach älterer Gliederung nur der Mensch und seine ausgestorbenen Vorfahren (heute: Hominine)

Hominoide
dazu zählen die Gibbons, die Menschenaffen und der Mensch incl. aller ausgestorbener Vorfahren

Hormone
sind Träger eines zweiten Informationssystems. Sie sind chemische Signalstoffe, die in bestimmten Zellen oder Organen gebildet und im Körper über das Blut zu den Wirkzellen transportiert werden.

Hyperpolarisation
Veränderung des Membranpotentials in negativer Richtung als Folge vergrößerter Ladungsunterschiede zwischen dem intra- und extrazellulären Raum

Infantizid
Tötung von Jungtieren der eigenen Art (meist durch die Männchen)

Inhibition, laterale
Die Umfeldhemmung in einer neuronalen Verschaltung dient der Kontrastverstärkung z. B. an den Grenzen heller und dunkler Flächen.

Instinkthandlung
von KONRAD LORENZ eingeführter und heute umstrittener Begriff für ein „angeborenes", durch bestimmte *Schlüsselreize* über einen entsprechenden Auslösemechanismus ausgelöstes weitgehend formkonstantes Verhalten, das nur bei Vorliegen einer spezifischen Handlungsbereitschaft abläuft

Glossar **179**

Glossar

Isolation
trennender Mechanismus, der den Genaustausch von Individuen unterbindet; man unterscheidet präzygote Mechanismen, die vor der Befruchtung einer Eizelle wirken, und postzygote Mechanismen, die die Entwicklung der Zygote zu einem fruchtbaren Individuum verhindern. *Isolation* trennt verschiedene Genpools bzw. Arten und ermöglicht dadurch deren eigenständige Entwicklung.

Kaspar-Hauser-Experiment
ist ein Versuch mit Tieren, während dessen sie durch Isolierung von Artgenossen daran gehindert werden, bezüglich eines bestimmten Verhaltens Erfahrungen zu sammeln

Kindchenschema
Kombination von Kopf- und Körpermerkmalen, durch die beim Menschen und verschiedenen Primaten Zuwendung und gegebenenfalls auch Betreuung sowie Pflegeverhalten ausgelöst werden.

Kognition
wird in der Psychologie mit Lebensbewältigung gleichgesetzt; zur *Kognition* gehören die Anteile: Wahrnehmung, Schlussfolgerung, Erinnern, Denken, Entscheiden und Gedächtnisbildung

Kommentkampf
risikoarmes Kampfverhalten unter Artgenossen, bei dem die Tiere keine verletzenden Waffen verwenden oder diese lediglich in ritualisierter Form nicht verletzend einsetzen: z. B. Drohen, Schieben

Konditionierung
einfacher Lernprozess durch Ausbildung einer bedingten Reaktion (Reflex oder Aktion) als Antwort auf einen spezifischen Reiz

Konflikt (biologische Definition)
liegt innerhalb eines Individuums vor, wenn für zwei sich widersprechende Verhaltensweisen gleich starke Motivationen vorliegen. Ein Konflikt zwischen zwei Individuen liegt dann vor, wenn das Verhalten eines Partners seine eigene reproduktive Fitness erhöht, aber die des anderen dadurch senkt.

Konkurrenz
gegenseitige Einschränkung von Lebewesen durch die Nutzung gleicher begrenzter Ressourcen

Konkurrenzausschlussprinzip
Verschiedene Arten in einem Lebensraum können auf Dauer nicht koexistieren, wenn sich ihre ökologischen Nischen bezüglich der genutzten knappen Ressourcen gleich bzw. zu ähnlich sind.

Konvergenz
beschreibt eine im Verlauf der Evolution zunehmende Ähnlichkeit von Individuen oder Organen bei verschiedenen Entwicklungslinien; Ursache ist meist ein ähnlicher Selektionsdruck (vgl. *Divergenz*)

K-Stratege
Lebewesen, das seine Biomasse und Energie vorwiegend in die Sicherung der eigenen Existenz investiert und dadurch konkurrenzstark und langlebig ist (vgl. *r-Stratege*)

Kultur
Gesamtheit aller über Lernvorgänge von Generation zu Generation weitergegebenen technischen Fähigkeiten sowie moralischen, künstlerischen und religiösen Vorstellungen; in der Mikrobiologie: Gruppe gezüchteter Mikroorganismen oder Zellen

Lebenslaufstrategie
Art der Ressourcennutzung durch einen Organismus. Dabei wird nicht das maximal Mögliche für eine einzelne Variante realisiert, sondern der bestmögliche Kompromiss (siehe *K-* und *r-Stratege*)

Lerndisposition
genetisch vorgegebenes Lernvermögen innerhalb bestimmter Grenzen, das sich zwischen den Arten und auch zwischen Individuen unterscheiden kann

Lernen
Verhaltens- oder Wissensveränderung infolge individueller Erfahrung auf der Grundlage veränderter neuronaler Strukturen

Membranpotential
elektrische Spannung über die Zellmembran, hervorgerufen durch eine unterschiedliche Verteilung von Ionen; wechselt am Axon zwischen *Ruhepotential* und *Aktionspotential*

Mimese
täuschende Nachahmung eines belebten oder unbelebten Objektes der Umgebung, das für die eigenen Fress-

feinde ohne Bedeutung ist, durch ein Lebewesen, dessen Überlebenswahrscheinlichkeit dadurch steigt

Mimikry (Scheinwarntracht)
täuschende Nachahmung von Warnsignalen, die von wehrhaften oder giftigen Arten (Vorbild) ausgehen und so die Nachahmer vor Fressfeinden schützen

Monogamie
Paarbildung von nur einem Weibchen und nur einem Männchen

Natrium-Kalium-Pumpe
ATP verbrauchender Transportmechanismus in der Zellmembran, der auch gegen einen hohen Konzentrationsgradienten Na^+- gegen K^+-Ionen austauschen kann; wichtig für das *Ruhepotential*, vor allem an Muskel- und Nervenzellen

Nerv
ein Bündel von Nervenfasern und von Bindegewebe umgeben; er dient der Leitung elektrischer Erregungen (siehe *Aktionspotential*)

Neurit
Fortsatz der Nervenzelle; meist synonym für das Axon verwendeter Begriff

Neuron (Nervenzelle)
spezialisierter Zelltyp, der elektrische Erregungen bildet bzw. leitet

Oberflächenvergrößerung
bei Lebewesen zu beobachtendes und von ihnen genutztes Strukturprinzip; eine möglichst große Oberfläche bei gegebenem Volumen verbessert die Funktion als Austausch- und Reaktionsfläche

Optimierungsprinzip
Organismen sind so strukturiert bzw. verhalten sich so, dass die Nutzen N (Fitness fördernde Faktoren) dieser Strukturen bzw. dieses Verhaltens ihre Kosten K (Fitness mindernde Faktoren) überwiegen: N > K

Paarungssystem
beschreibt, mit welchen (wie vielen) Partnern sich Individuen paaren

Panmixie
gleiche Paarungswahrscheinlichkeit für jedes Individuum einer Population mit jedem anderen des anderen Geschlechts; damit vollständige genetische Durchmischung der Population

Glossar

Parasympathicus
Teil des vegetativen Nervensystems, der die Aktivität z. B. der Muskeln reduziert und die der Verdauung erhöht; Gegenspieler zu *Sympathicus*

Parasitismus
Beziehung zwischen Lebewesen unterschiedlicher Arten, bei der das eine (der Parasit) auf Kosten des anderen (des Wirtes) lebt, indem er sich von diesem ernährt; im Gegensatz zum Räuber tötet der Parasit seinen Wirt, meist nicht vorher oder dabei

Parthenogenese (Jungfernzeugung)
Fortpflanzungstyp, bei dem aus unbefruchteten Eizellen Nachkommen hervorgehen; bei Insekten recht häufig (z. B. Drohnen der Honigbiene)

Phänotyp
Gesamtheit der äußeren Merkmale eines Organismus

Pheromon
chemischer Botenstoff, der der Kommunikation mit Artgenossen dient; anders als Hormone wirken Pheromone außerhalb des Körpers

Phytohormon
pflanzliche Botenstoffe; diese Substanzen steuern die pflanzliche Entwicklung (z. B. Keimung, Wachstum, Samenreifung, Blattabwurf). Im Gegensatz zu Tieren haben Pflanzen aber keine echten morphologisch abgegrenzte Hormondrüsen.

Polyandrie
Zusammenleben von einem Weibchen mit mehreren Männchen (siehe *Paarungssystem*)

Polygamie
Zusammenleben von einem Individuum mit mehreren Individuen des anderen Geschlechts

Polygynandrie
Zusammenleben mehrerer Weibchen mit mehreren Männchen (siehe *Paarungssystem*)

Polygynie
Zusammenleben eines Männchens mit mehreren Weibchen (siehe *Paarungssystem*)

Population
Gruppe von Individuen einer Art in einem bestimmten Gebiet, die eine Fortpflanzungsgemeinschaft bilden

Potential, postsynaptisches
Das Membranpotential nach dem synaptischen Spalt kann durch die Transmitter verändert werden zu einem EPSP *(erregendes postsynaptisches Potential)* oder einem IPSP *(inhibitorisches postsynaptisches Potential)*. EPSP's sind Depolarisierungen und fördern die Entstehung von Aktionspotentialen am Axonursprung, IPSP's stellen eine Hyperpolarisierung dar und hemmen sie.

Prägung
Lernvorgang, dessen Ablauf auf eine sensible Entwicklungsphase beschränkt ist und der zu einem sehr stabilen Lernergebnis führt

Reflex
weitgehend erblich bestimmte, mehr oder weniger zwangsläufige Reaktion eines tierischen Organismus auf einen bestimmten Reiz

Reflex, bedingter
erlernter, konditionierter *Reflex*, der nicht mehr nur auf den angeborenen unbedingten Reiz, sondern auf einen bestimmten, erlernten Reiz hin erfolgt

Reflexbogen
Kette von Prozessen und Stationen *(Rezeptoren, afferenten* und *efferenten* Nervenbahnen, *Synapsen,* Reflexzentrum und *Effektoren),* die für den Ablauf eines *Reflexes* verantwortlich sind

Refraktärzeit
Zeit, in der an einer erregbaren Membran (z. B. eines Axons) nach einer Erregung aufgrund der Inaktivität bestimmter Ionenkanäle trotz einer Depolarisierung keine neue Erregung ausgebildet werden kann

Regelkreis
kybernetisches Modell zur Darstellung einer *Regelung* in Form von Blockschaltbildern oder Pfeildiagrammen

Regelung
Aufrechterhalten eines bestimmten Zustandes gegenüber verändernd wirkenden Einflüssen; der Ausgleich von Störungen und die Einstellung eines Gleichgewichts erfolgen meist durch negative Rückkopplung

Reifung
Entstehen einer Verhaltensweise auf genetischer Grundlage ohne die Notwendigkeit von Erfahrung

Reiz
Umwelteinfluss, der auf einen Organismus einwirkt und an spezifischen Zellen (Rezeptoren) Erregungen auslösen kann; Reizaufnahme und -verarbeitung sind ein Kennzeichen des Lebens

REM-Schlaf
Phase des Schlafs, in dem rasche Augenbewegungen erfolgen

Repolarisation
Wiederherstellung des Ruhepotentials (Membranpotential) nach einem Aktionspotential (Gegensatz *Depolarisation*)

Revier
von Lebewesen gegen Artgenossen verteidigter Raum; sichert eine Ressource

rezeptives Feld
alle Rezeptoren eines Sinnesorgans, die primär auf ein sensorisches Neuron zusammengeschaltet werden

Rezeptor
Sinnesphysiologie: Zone, an der durch spezifische Reize Erregungen ausgelöst werden; Molekularbiologie: meist membrangebundenes Molekül, das spezifische Moleküle bindet und damit Prozesse im Zellinneren auslöst

r-Stratege
Lebewesen, das Energie vorwiegend in Fortpflanzungsprodukte investiert; es hat zahlreiche, konkurrenzschwache Nachkommen (vgl. *K-Stratege*)

Rückkopplung
Ein Zustand oder Vorgang übt eine Wirkung aus, die ihn selbst wieder positiv (Aufschaukelungskreis) oder negativ *(Regelkreis)* beeinflusst.

Ruhepotential
elektrische Spannungsdifferenz zwischen Innen- und Außenseite einer erregbaren Membran im nicht erregten Zustand, z. B. an Nerven- oder Muskelzellen

Schlüsselreiz
Begriff aus der klassischen Ethologie für einen Reiz oder eine Reizkombination, der/ die eine erbkoordinierte Handlung auslöst (siehe *Instinkthandlung*)

Schlüssel-Schloss-Prinzip
räumliches Passen zweier Moleküle zueinander, z. B. Enzym und Substrat

Glossar **181**

Glossar

Selektion (Auslese)
natürliche Selektion (natürliche Auslese): beruht auf dem unterschiedlichen Fortpflanzungserfolg verschiedener Phänotypen, der auf die Wechselbeziehungen zwischen den Organismen und ihrer Umwelt zurückzuführen ist
künstliche Selektion (künstliche Zuchtwahl): Auswahl von Haustieren und Kulturpflanzen entsprechend der menschlichen Zuchtziele
sexuelle Selektion (geschlechtliche Zuchtwahl): Auswahl durch den Geschlechtspartner; beruht auf der Variabilität der sekundären Geschlechtsmerkmale, verstärkt den Geschlechtsdimorphismus

Selektionsfaktoren
Faktoren, die den unterschiedlichen Fortpflanzungserfolg verschiedener Phänotypen bewirken; man unterscheidet *abiotische Selektionsfaktoren* (z. B. Kälte, Dunkelheit) und *biotische Selektionsfaktoren* (z. B. Räuber, Parasiten)

Selektionstheorie
Theorie über die Ursachen der Evolution, begründet von CHARLES DARWIN und ALFRED RUSSEL WALLACE

Selektionstypen
aufspaltende Selektion: Individuen am Rande des phänotypischen Spektrums werden gegenüber denen in der Mitte begünstigt. Folge: Im ursprünglichen Maximum der Häufigkeitskurve entsteht ein Minimum.
gerichtete Selektion: Individuen eines Teils des phänotypischen Spektrums werden begünstigt. Folge: Häufigkeitsverteilung verschiebt sich in die Richtung der begünstigten Teilpopulation.
stabilisierende Selektion: Individuen in der Mitte des phänotypischen Spektrums werden gegenüber denen am Rande begünstigt. Folge: Häufigkeitsverteilung bleibt konstant.

semipermeabel
Membraneigenschaft: durchlässig für das Lösungsmittel und undurchlässig für gelöste Stoffe; führt bei Membrankontakt unterschiedlich konzentrierter Lösungen zu Osmose

sensible Phase
begrenzter Zeitraum, in dem über obligatorische Lernvorgänge spezifische Verhaltensmuster festgelegt werden können (z. B. *Prägung*)

Sexualdimorphismus
Verschiedenheit der Geschlechter (siehe *Geschlechtsdimorphismus*)

Signal
Reiz, der der verschlüsselten Übertragung von Information dient

Sinneszelle
Zelle, an der spezifische Reize neuronale Erregungen auslösen

Sozialsystem
beschreibt, in welcher Konstellation Männchen und Weibchen zusammenleben (vgl. *Paarungssystem*)

Soziobiologie
Wissenschaft, die biologische Angepasstheiten des sozialen Verhaltens von tierischen und menschlichen Populationen untersucht

Soziomatrix
Einordnungstafel; das emotionale Beziehungsgeflecht in einer Gruppe wird meist in Form eines Soziogramms dargestellt, in dem Distanz oder Nähe zwischen den Individuen einer Gruppe deutlich werden.

Sozioökologie
untersucht, wie soziale Systeme der Tiere von ökologischen Bedingungen abhängen

Spalt, synaptischer
Zwischenzellraum zwischen präsynaptischer Membran des Endknopfs und postsynaptischer Membran der Empfängerzelle

Spermienkonkurrenz
liegt vor, wenn die Spermien mehrerer Männchen gleichzeitig in einem Weibchen um Eizellen konkurrieren

Steuerung
im Unterschied zur *Regelung* die Beeinflussung der Richtung oder Intensität von Größen oder Vorgängen

Stoffkreislauf
Zirkulation von Stoffen, wie Kohlenstoff oder Stickstoff in einem Ökosystem; ein Kreislauf besteht aus Speichern (z. B. Biomasse, Atmosphäre, Ozeane, Gesteine) und Flüssen (z. B. Assimilation, Zersetzung, Fossilisierung). Produzenten binden in ihrer Biomasse Elemente aus den Speichern Atmosphäre und Boden. Konsumenten bzw. Destruenten setzen sie meist in die gleichen Speicher wieder frei.

Strategie
genetisch bedingte Entscheidungsregel für den Einsatz verschiedener Verhaltensalternativen mit gleicher Funktion in unterschiedlichen Situationen

Stress
Summe der Reaktionen eines Organismus auf erhöhte Anforderungen aus der Umwelt

Symbiose
Abhängigkeit zwischen zwei Arten mit gegenseitigem Nutzen

Sympathicus
Teil des vegetativen Nervensystems, der bestimmte Organe (z. B. Skelettmuskulatur, Herz) zu höherer Leistungsfähigkeit des Körpers aktivieren kann und andere (z. B. Verdauung, Sexualfunktion) hemmt; Gegenspieler zum *Parasympathicus*

sympatrisch
syn (gr.) „zusammen", patria (lat.) „Heimat" = „zusammen vorkommend"; vergleicht das Vorkommen verschiedener Arten oder Populationen bzw. den Weg der *Artbildung* (vgl. *allopatrisch*)

Synapse
Kontaktstelle zur Erregungsübertragung zwischen Nervenzelle einerseits und Nerven-, Muskel- oder Drüsenzelle andererseits

Taktik
Verhaltensalternativen gleicher Funktion innerhalb einer *Strategie*

Taxis
Orientierungsbewegungen frei beweglicher Organismen, die von der Richtung des Reizes bestimmt werden; ist die Bewegung zur Reizquelle hin gerichtet, spricht man von positiver Taxis, bei entgegengesetzter Richtung von negativer Taxis

Tradition
Weitergabe erlernter Informationen innerhalb einer Gruppe und zwischen den Generationen

Übersprunghandlung
ist ein Begriff aus der klassischen Ethologie, der das Auftreten eines Verhaltens in situationsfremden Funktionszusammenhängen beschreibt (z. B. während des Hahnenkampfes erfolgt weder Angriff noch Flucht, sondern es erfolgen Pickbewegungen)

182 *Glossar*

Glossar

Umweltfaktor
Einfluss, der von außen auf ein Lebewesen wirkt; zu unterscheiden sind abiotische Faktoren der unbelebten Umwelt (physikalisch, chemisch) und biotische Faktoren, die von anderen Lebewesen ausgehen (etwa Beute, Räuber, Konkurrenten)

Ursache, proximate
genetischer, physiologischer, wie z. B. hormoneller oder jeglicher andere direkte Einfluss, der die Ausbildung eines Merkmals bewirkt

Ursache, ultimate
Zweckursache, die den selektionstheoretischen Grund für die Ausbildung eines Merkmals angibt, bei dem die Funktion des Merkmals und deren Selektionswert herangezogen werden

Variabilität
die Erscheinung, dass die Individuen einer Population ungleich sind; dies kann genetisch bedingt *(genetische Variabilität, Polymorphismus)* oder durch Umweltunterschiede hervorgerufen sein *(modifikatorische Variabilität)*

Verhaltensökologie
Wissenschaft von der Angepasstheit von Verhaltensweisen — nicht nur des Sozialverhaltens — an die ökologischen Rahmenbedingungen

Verhaltenspolymorphismus
liegt vor, wenn Tiere mehrere unterschiedliche Verhaltensweisen mit derselben Funktion ausführen können (z. B. *Taktiken*)

Vermehrung
Kennzeichen des Lebens, bei dem die Anzahl der Individuen vergrößert wird; Vermehrung ist stets mit *Fortpflanzung* verbunden

Verwandtschaftsgrad
Maß für die genetische Übereinstimmung zwischen zwei Individuen, gemessen am Anteil abstammungsgleicher Gene in Prozent des Genoms (Verwandtschaftskoeffizienz)

Register

Abscisinsäure 80
Abstraktion 118
Abwandlungsprinzip 166
Acetylcholin 20, 22, 25, 28, 51
Acetylcholinesterase 28
Adaptation 36
Adaptationswert 177
Adenosinmonophosphat, zyklisches (c-AMP) 71
Adenylatcyclase 45
Aderhaut 32
Adrenalin 51, 75, 79
Aequorin 23
afferent 4, 30
Agar 80
Aggregation 135
Aggression 156, 159
Aggressionsverhalten 158
Akkommodation 32, 37
Aktion, bedingte 106
Aktionspotential 12, 14
Aktionsraum, überlappender 131
Alkylphosphat 28
Alles-oder-Nichts-Gesetz 12
Alpha-Tier 157
Altruismus 148, 149, 150
Altruismus, nepotistischer 151
Altruismus, reziproker 149, 150, 151
Amakrine 32
Amplitude 25
Amplituden-Codierung 25
Amygdala 58
Angepasstheit 176
Angst 64
Anpassung 176, 177
Anpassungssyndrom, allgemeines (AAS) 79
Antigen 167
Antikörper 167
Antiport 9
Aplysia 98, 104
Appetenz, bedingte 106
Appetenzverhalten 91, 102
Arbeitsgedächtnis 58
ARISTOTELES 16, 120
Aspirin 64
Atropa belladonna 29
Atropin 29
Attrappe 90
Attrappenversuch 91, 92, 113
Auge 32
Augengruß 128
Augenkammer, vordere 32
Augenorganelle 33
Auslösemechanismus, angeborener (AAM) 90, 96
Außenreiz 101
Austauschversuch 113
Auswertung, statistische 93
Autoimmunerkrankung 29
Auxin 80, 81

Aversion, bedingte 106
Axon 6, 15
Axonhügel 6

BAERENDS, GERARD P. 103
Balken 52
Balzverhalten 140
BANDURA, ALBERT 108, 159
BANTING, F. GRANT 76
Barbiturate 67
BARTHOLOW, ROBERT 16
BATEMAN, ANGUS JOHN 137, 138, 157
Bateman-Prinzip 137
Bauchmark 48
Baukastenprinzip 172
Bausteinprinzip 166
Begriffsbildung, averbale 118
Begriffsbildung, verbale 118
Behaviorismus 88, 106
BELL, DOROTHY 132
Beobachtungs-Konditionierung 117
Beobachtungsmethode 94
Berberaffe 142
BERNARD, CLAUDE 29
Beschädigungskampf 136, 154, 155
BEST, CH. 76
Bestrafungstraining 108
Betrug, eingeschränkter 161
Betrug, totaler 161
Betrugsvermeidung 161
Beuger-Strecker-Reflex 31
Beuger-Strecker-System 37
Beutelzelle 98
Bewachungsmonogamie 145
Bewegungswahrnehmung 42
Big-Bang-Strategie 169
Bindehaut 32
Biomembran 8
Biotopprägung 112
Bipolarzelle 32
Blasenauge 33
Blaumeise 110, 137
Blinder Fleck 32
BLINKS, J. R. 23
Blutzuckerbelastungstest 74
Blutzuckergehalt 74
Blutzuckerspiegel 74, 77, 170
Bombykol 174
Botenstoff 68, 71
Botulinumtoxin 28
BOYSEN-JENSEN, PETER 80
BREHM, ALFRED 92
Brennweite 37
BROWN 162
Brücke 53
Brutparasitismus, innerartlicher 160
Brutpflegeverhalten 103
Buntbarsch 159
Buschblauhäher 148

CAJAL, SANTIAGO RAMÓN Y 7
Carrier 8
Cerebral-Blood-Flow 54
Cerebralganglion 48
CHENEY, DOROTHY 120
Chronobiologie 100
Chronometrie 100
Cilie 44
cis-Form 34
Clostridium botulinum 28
Codierung 46, 174
Coniin 28
Conium maculatum 28
Cortex 49, 52, 61
Corticotropin-Releasing-Hormon (CRH) 64
COSMIDES 162
Curare 29
CUSHING, HARVEY 54
Cyanid 19
Cytokinin 80

DALY, MARTIN 147
DARWIN, CHARLES 80, 88, 120, 148, 169
DAVIES, NICHOLAS 89
Decodierung 174
Dendrit 6
Depolarisation 12, 21
Depolarisationsphase 12
Depression 65
Deprivation 115
Diabetes mellitus 76
Diffusion 8
Dikdik 132
Dishabituation 104
Distress 79
DÖHL, JÜRGEN 119
DONNAN, FREDERIK G. 16
Dreiphasen-Sandwespe 103
Droge 66
Duftreiz 107

Ecstasy 67
Effektor 5, 30, 36
efferent 30
Effizienz, reproduktive 169
Eiablagehormon (ELH) 98
Eigennutz 150
Eigenreflex 31
Einschüchterer 155
Einsiedlerkrebs 152
Electrooculogramm (EOG) 60
Elektroenzephalogramm (EEG) 54, 60
Elementarmembran 8
Elterninvestment 142, 153
Empathie 63, 121
Empfänger 160, 174
Encodierung 124
Endhandlung 91, 102
Endhirn 49
Endknopf 6, 20

Endorphine 64, 66
Endplatte, Motorische 22, 24, 30
Energie, aktionsspezifische 91
Energiespeicherung 173
Entwicklung 72
Enzymaktivität 171
Epilepsie 55
Epiphyse 53
Erbkoordination 88, 90, 91
Erdbeerköpfchen 99
Erfolg, reproduktiver 169
Erkunden 111
Ernährungsstrategie 132
Erregungsleitung 18
Erregungsleitung, kontinuierliche 14
Erregungsleitung, saltatorische 15
Eskalationsstrategie 154
Ethnozentrismus 163
Ethogramm 94
Ethologie 87, 88, 90
Ethylen 80, 81
Euglena 33
Evolution 61
evolutionsstabil 140
Extinktion 106
EYPASCH, URSULA 90

Facettenauge 33
Fairness 150
Faktor, endogener 90
Faktor, exogener 90
Farbensehen 40
Farbmischung, additive 40
Feld, elektrisches 15, 21
Feld, rezeptives 38
Feminisierung, testikuläre 73
Fetizid 146
Fight-or-Flight-Syndrom 79
Fitness 89, 131, 136, 147, 160
Fitness, direkte 148, 149
Fitness, indirekte 148, 149
Fitness, reproduktive 169
Fitnessgewinn 146
Fitnessverlust 146
Flachauge 33
Fluchttraining 108
Focustier 95
Fortpflanzung 152
Fortpflanzung, ungeschlechtliche 168
Fortpflanzungserfolg 136, 146
Fortpflanzungsstrategie 141, 169
Fortpflanzungssystem 138
Fortpflanzungstaktik 144
Fortpflanzungsverhalten 136
Fototaxis, negative 33
Fototropismus 80
FOUTS, ROGER 120

184 *Register*

Fovea 32, 38
Frage, funktionale 86
Frage, kausale 86
Frau-Schema 96
Freeclimbing 66
Freilandbeobachtung 92
Fremdreflex 31
Frequenz 24
FREUD, SIGMUND 42
FRISCH, KARL VON 88
Frustrations-Aggressions-
Theorie 158
Fühler 75
Funktion 166
Funktionsschaltbild 109

GALLESE, VITTORIO 127
GALVANI, LUIGI 10, 16
Ganglienzelle 32
Ganglion 48
GARDNER 120
GARNER, R. C. 120
Gedächtnis 58, 59
Gedächtnis, episodisches
58
Gedächtnis, perzeptuelles
58
Gedächtnis, prozedurales 58
Gedächtnis, sensorisches
58
Gefangenendilemma 150
Gefrierschutzprotein 177
Gegenseitigkeit 149
Gegenspielerprinzip 37, 167
Gegenstromprinzip 167
Gehirn 45, 49, 52, 58, 62
Genaktivität 171
Generalisieren 118
GERARD, RALPH W. 16
Gesangsprägung 112
Geschlechterkonflikt 137,
139
Geschlechtsbestimmung,
genotypische 169
Gesellschaft, anonyme 165
Gesellschaft, geschlossene
anonyme 135
Gesellschaft, geschlossene
individualisierte 135
Gesetz der doppelten
Quantifizierung 91
Gesichtsfeld 42
Gewebe 172
Gewöhnung 111
Gibberilin 80
Giemsa-Lösung 7
Gliazelle 6
Glucosewert 76
Glukagon 75
Glukokortikoid 79
Gnu 132
GOLDENBOGEN 159
GOLGI, CAMILLO 7
GOODALL, JANE 156
Gorilla 139
GORTER, E. 17
GRENDEL, F. 17

grooming 157
Großhirn 52
Großmutter-Hypothese 151
Grubenauge 33
GUDERNATSCH, JOHN F. 68
Guppy 152

Habitat 130
Habitatwahl 163
Habituation 104
Hamilton-Ungleichung 148
Hämoglobinkonzentration
177
Handeln nach Plan 118
Handicap-Prinzip 161
Handlungsbereitschaft 91
Handlungsfolge 102
Hanuman-Langure 138, 146
Haplochromis burtonii 159
Harem 138, 139, 154
HASSENSTEIN, BERNHARD 109
Hautlichtsinn 33
Heckenbraunelle 144
HEINROTH, OSKAR 88, 112
HELLER 133
Hemisphäre 52
Hemmung, bedingte 106
Hemmung, postsynaptische
27
Hemmung, präsynaptische
27
Heroin 66
HESS, ECKHARD H. 112
HESS, H. E. 129
HEYES 120
Hinterhirn 49
Hippocampus 53, 61, 122
HIPPOKRATES 16
Hirndurchblutung 55
Hirnentwicklung 114
Hirnforschung 54
Hirnrinde 52
Hirntod 55
Hochbegabung 126
HODGKIN, ALAN L. 12, 16, 17,
18
HOLST, DIETRICH VON 78
HOLST, ERICH VON 31
Horizontalzelle 32
Hormon 68, 72, 82
Hormon, adrenocorticotro-
pes (ACTH) 79
Hormon, Follikel stimulieren-
des (FSH) 53
Hormon, Thyroxin stimulie-
rendes (TSH) 68
Hormonsystem 175
Hormonwirkung 70
Hornhaut 32
Humanethologie 96
HUXLEY, ANDREW F. 16, 17
Hydra 48
Hyperpolarisation 12, 13,
21, 35
Hypoglykämie 77
Hypophyse 53, 68
Hypothalamus 53, 78

Ich-Begriff, averbaler 118
Imitation 117
Immunsystem 177
Imponiergehabe 156
Impulsgeber, 100
Individualverhalten 94
Infantizid 146, 147
Information 174
Informationsfluss, zellulärer
175
Inhibition, laterale 39
Instinkt 91
Instinkt-Dressur-Verschrän-
kung 91, 110
Instinkthandlung 90
Instinktkonzept 90
Instinktlehre 88, 91
Instinktverhalten 88, 90, 91
Insulin 74
Intelligenz, emotionale 126
Intelligenz, soziale 126
Intelligenzquotient (IQ) 126
Interneuron 50, 104
Investment, väterliches 145
Ionenkanal 8, 11, 18
Ionenkanal, ligandenabhän-
giger 21
Ionenkanal, spannungsab-
hängiger 21
Ionenleckstrom 11
Ionentheorie der Erregung
13
IQ-Test 127
Iris 32
Istwert 36, 75

JARMAN, PETER 132
Jarman-Bell-Prinzip 132, 135
Jetlag 100
Jugendkultur 165

Kampfstrategie 154, 155
Kanal, spannungsabhängiger
13, 21
Kannphase 110, 123
Kaspar-Hauser-Experiment
92, 96
Kaspar-Hauser-Tier 110
Katalepsie 105
KATZ, BERNARD 12, 17
KELLOG, LOUISE und WINTHROP
120
Kernspinresonanz 115
Kindchenschema 97
Kindesmisshandlung 147
Kinese 101
Kinocilie 46
Kippbild 56
Kleinhirn 49, 53
Kloake 145
Klonselektion 177
KOEHLER, OTTO 118
KÖHLER, WOLFGANG 116, 125
Kognition 43, 108, 119
Kohlmeise 152
Kommentkampf 154, 155

Kommissur 48
Kommunikation 160, 174
Kommunikation, nonverbale
128
Kommunikationssystem 160
Kompartimentierung 172
Kompassorientierung 101
Komplexauge 33
Konditionierung 107, 108
Konditionierung, klassische
106
Konditionierung, operante
106, 108
Konformationsänderung 171
Konnektiv 48
Kontaktabstand 143
Kontrast 38
Konvergenz 176
Konzentrationsgradient 11
Kooperation 150
Kopplung, elektromechani-
sche 22
Körperhaltung 129
Körpersignal 128
Körpersprache 128
Körpertemperatur 170
KREBS, JOHN 89
Kudu, Kleiner 132
Kultur 117, 164
Kulturenübernahme 164
Kulturenvielfalt 162
Kulturschock 162
Kurzzeitgedächtnis 58

Laborexperiment 92
Lachtaube 83
Langerhans'sche Inseln 74,
75
Langzeitgedächtnis 58
Langzeitpotenzierung (LTP)
122
Latrodectes 28
Lebenslaufstrategie 152, 153
Lederhaut 32
Leerlaufhandlung 91
LEEUWENHOEK, ANTONIE VAN 16
LEHRMANN, DANIEL S. 83
Leitung, elektrotonische 14
Leitungsgeschwindigkeit 19
Lerndisposition 110
Lernen 108, 110, 118, 122
Lernen, fakultatives 110
Lernen, individuelles 117
Lernen, kognitives 124
Lernen, komplexes 116
Lernen, obligatorisches 110,
112
Lernen, soziales 116
Lernen durch Einsicht 116
Lernen durch Nachahmung
108, 116, 124
Lernen durch Versuch und
Irrtum 125
Lernphase 110, 123
Lernprozess 124
Lernprozess, kognitiver 108
Lerntheorie 158

Register **185**

Lerntyp, auditiver 124
Lerntyp, kommunikativer 124
Lerntyp, medienorientierter 124
Lerntyp, motorischer 124
Lerntyp, personenorientierter 124
Lerntyp, visueller 124
Lichteinfluss 100
Lichtsinneszelle 33
Lidschlussreflex 31, 108
Limbisches System 51, 53, 58, 64
LING, GILBERT 16
Linse 32
Linsenauge 33
Lipiddoppelschicht 8
LLINÁS, RUDOLPHO 17
LOEWI, OTTO 17
Loligo 12
LORENZ, KONRAD 88, 91, 97, 110, 112, 158
Lymphe 11
Lysosomen 70, 173

Magnetismus 47
Magnetresonanztomographie (MRT) 55
Mandelkern 53
Mann-Schema 96
Mark, Verlängertes 53
Markscheide 6
MATSUZAWA, TETSURO 119
MATTEUCCI, VITTORIO 16
Maus 93
Mechanismus, angeborener auslösender (AAM) 88, 90, 91
Membranfluss 172
Membranpotential 10
Membranprotein, integrales 8
Membranprotein, peripheres 8
MERING, J. 76
Messfühler 36
Metamorphose 68, 70, 176
MILINSKI 133
Minderbegabung 126
Mindmap 123, 124
MINKOWSKI, O. 76
Mittelhirn 49, 53
Modell 109
Modell, konzeptionelles 154
Modifikation 176
Monarchfalter 86, 87
Monogamie 135, 138, 144
monosynaptisch 30
Motoneuron 104
Muskel 22
Muskelkontraktion 22
Muskulatur, quer gestreifte 22
Mutation 168
Myasthenia gravis 29
Myelin 6

Myelinschicht 15
Myosinkopf 22

Nachahmung 117
Nachfolgeprägung 112
Nachfolgereaktion 112
Nachhirn 49, 53
Nächster-Nachbar-Methode 95
Nahrungserwerb 133
Nahrungsprägung 112
Natrium-Kalium-Pumpe 11
Nautilus 33
Navigation 101
NEHER, ERWIN 17
Neostigmin 29
Nerv 6
Nerv, efferenter 4
Nerv, motorischer 4, 30
Nerv, sensorischer 4, 30
Nervenfaser 6
Nervensystem 48, 50, 175
Nervensystem, autonomes 50
Nervensystem, diffuses 48
Nervensystem, peripheres 50
Nervensystem, vegetatives 50, 51
Nervenzelle 7
Netzhaut 32, 34
Neurit 6
Neurobiologie 4
Neuron 6, 8, 26, 48
Neuroplastizität 176
Neurosekretion 68
NICHOLSON, CHARLES L. 17
NICOLSON, GARTH 17
Nilhecht 47
Noradrenalin 51
Nozizeption 64
Nozizeptor 64

Oberflächenvergrößerung 167
Objektprägung 112
Octopus 109
Ökosystem 173
Ommatidium 33
Opiatrezeptor 66
Opium 66
Optimierung 177
Orang-Utan 141
Organ, analoges 166
Orientierungsbewegung 101
Ortsprägung 112
Oxytocin 82

PAAL, ARPAD 81
Paarungssystem 135, 138
Panik 64
Pantoffelschnecke 153
Papageientaucher 133
PARACELSUS 66
Parasympathicus 50, 51
Parthenogenese 168
Partnerbewachung 143

Partnerwahl 137
Patch-Clamp-Technik 9, 17, 18
PAWLOW, IWAN PETROWITSCH 106
Permeabilität 11
Phase, sensible 112, 114
Pheromon 174
Phobie 64
Phonograph 120
Phytohormon 80
Pigmentbecherauge 33
Pigmentschicht 32
Pilotieren 101
Plastizität 176
PLATON 28, 120
Platzhirsch 154
Polyandrie 135, 144
Polygamie 135
Polygynandrie 135, 144
Polygynie 135, 138, 144
Polymorphismus 176
Pons 49, 53
Populationsgröße 171
Positronen-Emissions-Tomographie 55
postsynaptisch 20
Potential, erregendes postsynaptisches (EPSP) 21, 25, 54
Potential, inhibitorisches 39
Potential, inhibitorisches postsynaptisches (IPSP) 21, 25
Prägung 112, 114
Prägung, sexuelle 112
Prägungskarussell 112
Prägungslernen 114
Präparation 7
präsynaptisch 20
Primaten 138
Problem-Box 106
Problemlösen 119
Protease 70
psychoaktive Stoffe 66
Psychologie, vergleichende 89
Psychopharmaka 66
Pubertät 115
Pumpe 8
Pupille 32
Pupillenreaktion 170

Radiation, adaptive 176
Rangordnung 136, 157
Räuberdruck 133
Reaktion 24
Redundanz 174
Reflex 30, 31, 104
Reflex, bedingter 106
Reflex, monosynaptischer 31
Reflex, polysynaptischer 31
Reflex, unbedingter 104, 106
Reflexbogen 30, 31, 50, 104
Reflexmodell, elektronisches 109
Refraktärzeit 13, 14

Regelgröße 36, 75
Regelkreis 36
Regelkreismodell 36
Regelung 75, 170
Regler 36
Reifung 111
Reiz 24, 42, 46
Reiz, elektrischer 47
Reiz, mechanischer 46
Rekombination 168
Releasing-Hormon 53
REM-Phase 61
RENSCH, BERNHARD 119
Replikation 168
Repolarisation 12
Repolarisationsphase 12
Reproduktion 168
Resident 146
Restreproduktionswert 153
Retikulum, Sarkoplasmatisches 22
Retina 32
Revier 130, 131
Revierverhalten 131
Rezeptorpotential 24, 44
Rezeptorzelle 32
Rhabditis inermis 98
Rhodopsin 34
Rhythmus, circadianer 100
Riechschleimhaut 44
Riechsinneszelle 44
Riesenelen, Östliches 132
Ritualisierung 161
RIZZOLATTI, GIACOMO 127
Röhren 154
Rosenköpfchen 99
ROSS 159
Rotgesichtsmakake 116
Rotgesichtsuakari 160
Rothirsch 154
Rückenmark 30, 50
Rückenschwimmer 102
Rückkopplung, negative 36
Ruhefrequenz 46
Ruhepotential 10, 11, 19
Rundtanz 107
RUSKA, ERNST 17

SAKMANN, BERT 17
Sammellinse 37
Sammlungs-Trennungs-Gesellschaft 156
Sandwespe 103
Sarin 28
Sarkomer 22
Satellitenmännchen 140
SAVAGE-RUMBAUGH, SUE 121
Schierling, Gefleckter 28
Schierlingsbecher 28
Schilddrüse 69
Schimpanse 139, 156, 157
Schlaf 60, 61
Schlafforschung 55
Schlüssel-Schloss-Prinzip 166
Schlüsselreiz 88, 90, 91
Schlüsselreizkonzept 90

Schmerz 64
Schmerzfaser 66
SCHNEPF, E. 173
SCHONS 145
Schwalbenwurzgewächs 86
Schwänzeltanz 107
Schwarze Witwe 28
SCOTT 159
Seeanemone 48
Seeelefant 136
Sehgrube, zentrale 32
Seidenspinner 44
Sender 160, 174
Sensitivierung 111
Sensorneuron 104
Sexualhormon 63
Sexualität 169
Sexualstrategie 140
SEYFARTH, ROBERT 120
SHERRINGTON, CHARLES 17
Signal 160
Signalisieren 160
Signalverarbeitung 42
Signalverstärkung, biochemische 71
Silbermöwe 90, 153
SINGER, SEYMOUR J. 17
Sinne 46
Sinneszelle 24, 32, 47
Sinusknoten 31
SKINNER, BURRHUS F. 106
Skinner-Box 106
SOKRATES 28
Sollwert 36, 170
Soma 6
Sondierer 155
Sozialabstand 95
Sozialstruktur 138
Sozialsystem 138
Sozialverhalten 95
Soziobiologie 85, 87, 89, 136
Soziomatrix 95
SPALDING, DOUGLAS 112
Spalt, synaptischer 20
Speicherhormon 74
Spermatophore 87
Spermienkonkurrenz 143
Spezialisierung 172
Spiegelneuron 121, 127
Spielverhalten 111
Spinalganglion 50

Spines 114
Spitzmaus 113
Sprache, menschliche 120
Sprachenerwerb 115
Springbild 56
Stäbchen 32, 34
Stabheuschrecke 105
Stammhirn 53
Stellglied 75
Stellgröße 75
Stereocilie 46
STERN, WILLIAM 126
Sternaldrüse 78
Steuerung 170
Stichling 102
Stimmungsübertragung 117
Stoffanreicherung 173
Störgröße 75
Strategie 140, 154
Strategie, konditionale 140
Stress 78
Stressor 79
Strickleiternervensystem 48
Struktur 166
Subkultur 165
Sucht 67
Summation, räumliche 26
Summation, zeitliche 26
Suxamethonium 28
Symbolsprache 121
Sympathicus 50, 51, 79
Symport 9
Synapse 6, 20, 26, 114
Synapse, erregende 20, 26
Synapse, hemmende 21, 26
Synapse, neuromuskuläre 22
Synapsengift 28, 29
Syndrom, androgenitales (AGS) 63

Tabun 28
Taktik 140
Taubstummensprache, amerikanische (ASL) 120
Taxis 91, 101, 102
Territorium 131
Tetrodotoxin 18
Thalamus 53, 64
Thaumatin 76
Thaumatococcus spec. 76

THORNDIKE, EDWARD L. 88, 106
Thyrotropin-Releasing-Faktor (TRF) 68
Thyroxin 68
Tiefenwahrnehmung 42
TINBERGEN, NIKOLAAS 88, 90
Tomographie 55
TOOBY 162
Tractus spinothalamicus 64
Tradition 116, 162
Transducin 35
trans-Form 34
Transmitter 20
Transport, aktiver 9
Transport, passiver 8
Traum 60
Triebtheorie der Aggression 91
TRIVERS, ROBERT L. 147
Tubocurarin 29
Tupaja 78
Typusdenken 88

Übersprungbewegung 91
Uniport 8
Universalismus 96, 162, 163
Unterlassungstraining 108
Unzertrennliche 99
Ursache, proximate 84, 87
Ursache, ultimate 85, 87

Vampir, Gemeiner 149
Variabilität 176
Vaterschaftsunsicherheit 143
Vaterschaftswahrscheinlichkeitshypothese 143
Ventrikel 54
Verband, offener anonymer 135
Verfahren, statistisches 92
Vergelter 155
Verhalten 31, 82
Verhalten, genetisch bedingtes 98, 102
Verhalten, neukombiniertes 116
Verhaltensabfolge 102
Verhaltensanalyse, wissenschaftliche 88
Verhaltenselement 94
Verhaltensforschung 88, 92

Verhaltenshäufigkeit 94
Verhaltensökologie 87, 89
Verhaltenspolymorphismus 140
Vernetzung 122
Versöhnung 157
Verständigung 175
Verwandtschaftskoeffizient 148
Verwirrungseffekt 134
VESTER, FREDERIC 124
VOLAND, ECKHART 147
VOLTA, ALESSANDRO 16
Vorderhirn 49

WAAL, FRANS DE 157
Wahrheit, absolute 160
Wahrheit, eingeschränkte 160
Wahrnehmung 42, 56
Wasserbock 132
WATSON, J. B. 88
WATT, JAMES 171
Wechselwirkung 166
WENT, FRITS 81
Werkzeuggebrauch 116
Wertbegriff, abstrakter 118
Westküstenschmetterling 86
WILLARD, DAN E. 147
WILLIS, THOMAS 76
WILSON, MARGO 147
WILTSCHKO, WOLFGANG 101
wirbelloses Tier 48
Wirbeltier 49

Zahlbegriff, averbaler 118
Zapfen 32, 34, 40
Zebrafink 82
Zeichensprache 120
Zeitgeberprotein 100
Zellantwort 70
Zellkörper 6
Zentralkoordination 31
Zentralnervensystem (ZNS) 4, 48, 50
ZIPPELIUS, HANNA-MARIA 90, 113
Zonulafaser 32
Zwergmanguste 134
Zwischenhirn 49, 53

Register **187**

Bildnachweis

Fotos: 4.1 FOCUS (Science Photo Library), Hamburg — 5.1 Corbis (zefa/E. & P. Bauer), Düsseldorf — 5.2 Okapia (Howie Garber), Frankfurt — 6.2 aus „Gehirnund Nervensystem", Spektrum der Wissenschaft, S. 64, Abb. 2 — 7.S Okapia (D. Kunkel, Phototake), Frankfurt — 7.1, 4 Johannes Lieder, Ludwigsburg — 7.3 Prof. Dr. Manfred Keil, Neckargemünd — 7.5 aus „Spektrum der Wissenschaft" 11/79, Museo Cajal, Madrid — 8.Rd. FOCUS (SPL, David McCarthy), Hamburg — 9.2 Max-Planck-Institut für Medizinische Forschung (Bert Sakmann, Ernst Neher), Heidelberg — 10.1a Stefan Goreau, Estate of Fritz Goro, Chappaqua, USA — 16.S Klett-Archiv (Aribert Jung), Stuttgart — 16.2 Corbis (Bettmann), Düsseldorf — 16.3 FOCUS (SPL, Georgette Douwma), Hamburg — 16.4 Okapia (Fawcett, Friend/Science Source), Frankfurt — 17.1 Max-Planck-Institut für Medizinische Forschung (Bert Sakmann, Ernst Neher), Heidelberg — 18.S Okapia (D. Kunkel, Phototake), Frankfurt — 20.2 Okapia (Fawcett, Friend/Science Source), Frankfurt — 22.1 aus REM-Atlas „Zellen und Gewebe", Gustav Fischer Verlag, Stuttgart — 26.2 Manfred P. und Christina Kage, Lauterstein — 28.1a FOCUS (SPL), Hamburg — 28.1b Okapia (John Mltchell, OSF), Frankfurt — 28.1c Okapia (Ernst Schacke, Naturbild), Frankfurt — 29.S Okapia (D. Kunkel, Phototake), Frankfurt — 33.S Klett-Archiv (Aribert Jung), Stuttgart — 34.1 Prof. Dr. Heinz Wässle, MPI für Hirnforschung, Frankfurt/M. — 34.2 aus „Fujita/Tanaka/Tokunaga, Zellen und Gewebe, ein REM-Atlas für Mediziner und Biologen", Urban & Fischer Verlag — 35.1a/b aus REM-Atlas „Zellen und Gewebe", Gustav Fischer Verlag, Stuttgart — 37.S MEV, Augsburg — 46.S Corel-Corporation, Unterschleißheim — 47.2 Okapia (Hans Reinhard), Frankfurt — 54.S Okapia (D. Kunkel, Phototake), Frankfurt — 54.1 FOCUS (Alexander Tsiaras, Science Photo Library), Hamburg — 54.2 Picture Press (Volker Hinz, STERN), Hamburg — 55.1 Volker Steger (M. Raichle, St. Louis), Stuttgart — 56.S creativ collection, Freiburg — 56.1 aus „R. Goebel, D. Khorram-Sefat, L. Muckli, H. Hacker & W. Singer: The constructive nature of vision, direkt evidence from functional magnetic resonance imaging studies of apparent motion and motion imagery"; European Journal of Neuroscience, 10, 1563-1573 — 56.2 Christa Winkler, Stuttgart — 57.1 Getty Images RF (Eyewire), München — 57.2 Corbis (zefa/Stefan Schuetz), Düsseldorf — 59.1, 4, 9, 12, 13 Prof. Jürgen Wirth, Dreieich — 59.2 MEV, Augsburg — 59.3 Reinhard-Tierfoto, Heiligkreuzsteinach — 59.5 Corbis (Digital Art), Düsseldorf — 59.6 Avenue Images GmbH (Thinkstock), Hamburg — 59.7, 10 Corbis (Tom & Dee Ann McCarthy), Düsseldorf — 59.8 Avenue Images GmbH (Brand X Pictures), Hamburg — 59.11 Photodisc — 62.1a aus „Evolution and Human Behaviour", November 2002, Vol. 23, No. 6, S. 467-479, G.M. Alexander and M. Hines, (c) Elsevier — 62.1b Action Press (Big Pictures (U.K.) LTD.), Hamburg — 66.S Mauritius (K. Paysan), Mittenwald — 66.1 National Institute on Drug Abuse (Michael J. Kuhar), Baltimore, USA — 66.2 Mauritius (Zak), Mittenwald — 74.1 Picture-Alliance (Okapia/Jeffrey Telner), Frankfurt — 76.S Boehringer Ingelheim Pharma GmbH &, Ingelheim am Rhein — 76.1 Mauritius (Hubatka), Mittenwald — 76.2 Bilderberg (Milan Horacek), Hamburg — 77.1 Visum (Laureen Greenfield), Hamburg — 80.1 Visuals Unlimited (Sylvan Wittwer), Hollis — 80.2 Visuals Unlimited (Jack Bostrack), Hollis — 82.1 Okapia (Tom Vezo), Frankfurt — 82.2 Silvestris (Lothar Lenz), Dießen — 83.S Okapia (Frank Krahmer), Frankfurt — 84.1 Corbis (Reuters), Düsseldorf — 84.2 Okapia (Prof. Bernhard Grzimek), Frankfurt — 84.3 Corbis (Sygma), Düsseldorf — 84.4 FOCUS (SPL), Hamburg — 85.1 Getty Images (Taxi, Benjamin Shearn), München — 85.2 Okapia (David Thompson, OSF), Frankfurt — 85.3 Angermayer (Günter Ziesler), Holzkirchen — 85.4 Okapia (Manfred Danegger), Frankfurt — 85.5 Getty Images (Image Bank, Joseph Van Os), München — 85.6 IFA (R. Maier), Ottobrunn — 86.1 Prof. Jürgen Wirth, Dreieich — 86.Rd.1 Wildlife (J. Cox), Hamburg — 86.Rd.2 Okapia (Dr. Gilbert S. Grant), Frankfurt — 88.1 Picture-Alliance (dpa), Frankfurt — 88.2 Okapia (Darek Karp, Naturbild), Frankfurt — 90.1 Georg Quedens, Norddorf-Amrum — 91.S Okapia (B. Cavignaux, BIOS), Frankfurt — 93.S Reinhard-Tierfoto, Heiligkreuzsteinach — 94.1, Rd.1-Rd.5, 95.2a-d Hans-Peter Krull, Kaarst — 96.1 Argum (Thomas Einberger), München — 96.Rd.1-Rd.3 I. Eibl-Eibesfeldt, Liebe und Hass, Piper-Verlag 1970, Zeichnungen nach Aufnahmen aus Filmen des Autors — 97.1 Hans-Peter Krull, Kaarst — 97.Rd. Mauritius (age fotostock), Mittenwald — 100.Rd. Silvestris (Lehmann), Dießen — 101.S Corel Corporation, Unterschleissheim — 103.S Silvestris (Günter Roland), Dießen — 103.2 Silvestris (Günter Roland), Dießen — 104.1a Naturfotografie Frank Hecker (Frieder Sauer), Panten-Hammer — 105.Rd. Silvestris (Heinrich König), Dießen — 107.S Klett-Archiv (Aribert Jung), Stuttgart — 109.S Harald Lange Naturbild, Bad Lausick — 110.Rd. ARDEA London Limited (Brian Bevan), London — 113.S Okapia (Barrie E. Watts, OSF), Frankfurt — 113.1-3 Hanna-Maria Zippelius, Mechernich — 114.1a/b aus „Christa Meves, Geheimnis Gehirn - warum Kollektiverziehung und andere Unnatürlichkeiten für Kleinkinder schädlich sind. Resch-Verlag, Gräfelfing 2005 — 116.1 Prof. Dr. Jürgen Lethmate, Ibbenbüren — 116.2 Natural History Phot. Agency (Orion Press), London — 116.Rd. Wildlife (P. Ryan), Hamburg — 118.S Okapia (NAS, Tim Davies), Frankfurt — 118.1 Prof. Dr. Jürgen Lethmate, Ibbenbüren — 118.6 FWU, Grünwald — 120.2, 121.1 Great Ape Trust of Iowa, Des Moines — 124.S Avenue Images (Digital Vision(, Hamburg — 124.1 f1 online digitale Bildagentur (Prisma), Frankfurt — 125.1 aus „American Journal of Psychology" 80, G.H. Fisher, Measuring Ambiguity. © 1967 by the Board of Trustees of the University of Illinois. Abdruck mit Genehmigung der University of Illinois Press — 125.2 © 2006 United Feature Syndicate Inc., Distr. by kipkakomiks.de — 125.3 Photothek.net Gbr (U. Grabowsky), Radevormwald — 126.1b Picture-Alliance (dpa/Joerg Carstensen), Frankfurt — 128.1 Corbis (zefa/Sven Hagolani), Düsseldorf — 128.2 I. Eibl-Eibesfeldt, Liebe und Hass, Piper-Verlag 1970, Zeichnungen nach Aufnahmen aus Filmen des Autors — 128.Rd.1-Rd.3 Avenue Images GmbH (StockDisc), Hamburg — 128.Rd.4 Stockphoto (RF/Duncan Walker), Calgary, Alberta — 128.Rd.5 Das Fotoarchiv (Yavuz Arslan), Essen — 129.2 Foto Oster, Mettmann — 130.1a/b Angermayer (Rudolf Schmidt), Holzkirchen — 132.1a Silvestris (J. & C. Sohne), Dießen — 132.1b Okapia (Daryl & Shama Balfour), Frankfurt — 132.1c, 1e Silvestris (Sohns), Dießen — 132.1d Okapia (Frank Krahmer), Frankfurt — 133.2 Wildlife (Delpho), Hamburg — 134.1 Okapia (Joe McDonald), Frankfurt — 134.Rd. Okapia (Sohns), Frankfurt — 135.1 Okapia (Konrad Wothe), Frankfurt — 136.1 Silvestris (E. & D. Hosking), Dießen — 137.1 Angermayer (Rudolf Schmidt), Holzkirchen — 138.1 Mauritius (age), Mittenwald — 140.Rd. Manfred Pforr, Langenpreising — 141.1 Hans-Peter Krull, Kaarst — 141.2 Imago Stock & People (Dieter Matthes), Berlin — 142.1 Andreas Paul, Institut für Anthropologie, Universität Göttingen — 144.S Okapia (P. Laub), Frankfurt — 144.1 Silvestris (Roger Wilmshurst), Dießen — 146.1 Prof. Volker Sommer, Holzhausen/Rhw. — 147.S Corel-Corporation, Unterschleißheim — 148.1 Angermayer (Günter Ziesler), Holzkirchen — 149.1 Okapia (Jany Sauvanet), Frankfurt — 151.1b direktfoto/Ute Voigt (Wolfgang Vollrath), Gießen — 152.S Angermayer (Sigi Köster), Holzkirchen — 152.1 Silvestris (Aitken), Dießen — 152.3, 5 IFA (R. Maier), Ottobrunn — 153.2 Georg Quedens, Norddorf-Amrum — 153.4 Okapia (NAS, A. Martinez), Frankfurt — 156.1 Okapia (NAS, Tom McHugh), Frankfurt — 157.K Angermayer (Günter

Ziesler), Holzkirchen — 157.RD. Arco Digital Images (P. Wegner), Lünen — 159.S Getty Images (PhotoDisc), München — 160.1 Okapia (Ludwig Werle), Frankfurt — 160.2 Silvestris (Gerard Lacz), Dießen — 160.Rd.1 Reinhard-Tierfoto, Heiligkreuzsteinach — 160.Rd.2 Silvestris (V. Brockhaus), Dießen — 161.K1, K2 Hans Peter Krull, Kaarst — 162.S Corel Corporation, Unterschleissheim — 162.1 Corbis (Peter Guttmann), Düsseldorf — 162.2 EPD (Anja Kessler), Frankfurt — 162.3a/b, 4 Okapia (NAS; Art Wolfe), Frankfurt — 162.5 EPD, Frankfurt — 163.1 Prof. Jürgen Wirth, Dreieich — 163.2 EPD (Höria), Frankfurt — 163.3 Corbis (Peter Harholdt), Düsseldorf — 163.4, 5 Hans-Peter Krull, Kaarst — 163.6 Okapia (Fritz Pölking), Frankfurt — 163.7 Okapia (G. Wittsie, Peter Arnold), Frankfurt — 163.8 Corbis (Joel Sartore), Düsseldorf — 163.9 Okapia (M. Schneider, UNEP, Still Pictures), Frankfurt — 163.10 Corbis (David Muench), Düsseldorf — 164.S MEV, Augsburg — 164.1, 2 Hans-Peter Krull, Kaarst — 165.1 Avenue Images GmbH (image 100), Hamburg — 165.2 Visum (Chris Stowers/Panos Pictures), Hamburg — 165.3 Mauritius (PYMCA), Mittenwald — 166.1 FOCUS (Andrew Syred, SPL), Hamburg — 166.2 Eric R. Kandel, Essentials of neural science and behaviour, McGraw-Hill, S. 287, New York — 166.3 Reinhard-Tierfoto, Heiligkreuzsteinach — 166.4 Okapia (Dr. Frieder Sauer), Frankfurt — 167.1 Okapia (Manfred P. Kage), Frankfurt — 168.1 aus „E. Passarge, Taschenatlas der Genetik", S. 81, Georg Thieme Verlag, Stuttgart — 168.2 Okapia (Ulrich Zillmann), Frankfurt — 169.1 Corbis (Roger Tidman),

Düsseldorf — 169.2 Silvestris (Volkmar Brockhaus), Dießen — 169.3 Silvestris (Fleetham), Dießen — 170.1a/b Okapia (G. I. Bernard, OSF), Frankfurt — 170.2 Tilman Wischuf, Cleebronn — 172.1 Okapia (Norbert Lange), Frankfurt — 172.2 Prof. Jürgen Wirth, Dreieich — 172.3 Silvestris (Janicek), Dießen — 172.4 Corbis (Lester Lefkowitz), Düsseldorf — 173.1 Reinhard-Tierfoto, Heiligkreuzsteinach — 174.1a, 2 Angermayer (H. Pfletschinger), Holzkirchen — 174.1b aus „Herbert Schmid, Wie Tiere sich verständigen", Otto Maier Verlag, Ravensburg, S. 24 (M. Boppré) — 175.1 Corbis (Barton), Düsseldorf — 176.1a Silvestris (J. & Ch. Sohns), Dießen — 176.1b Okapia (Konrad Wothe), Frankfurt — 176.2 Silvestris (Gerhard Kalden), Dießen — 176.3 IFA (The Natural History), Ottobrunn — 177.1 Corbis (Michael Kevin Daly), Düsseldorf

Grafiken: Prof. Jürgen Wirth, Visuelle Kommunikation, Dreieich unter Mitarbeit von Eveline Junqueira, Matthias Balonier und Nora Wirth

Nicht in allen Fällen war es möglich, den Rechteinhalber der Abbildungen ausfindig zu machen. Berechtigte Ansprüche werden selbstverständlich im Rahmen der üblichen Vereinbarungen abgegolten.

Symbol	Kennbuch-stabe	Gefahren-bezeichnung	Gefährlichkeitsmerkmale
	T+	Sehr giftig	Sehr giftige Stoffe können schon in sehr geringen Mengen zu schweren Gesundheitsschäden führen.
	T	Giftig	Giftige Stoffe können in geringen Mengen zu schweren Gesundheitsschäden führen.
	Xn	Gesundheits-schädlich	Gesundheitsschädliche Stoffe führen in größeren Mengen zu Gesundheitsschäden.
	Xi	Reizend	Dieser Stoff hat Reizwirkung auf Haut und Schleimhäute, er kann Entzündungen auslösen.
	C	Ätzend	Dieser Stoff kann lebendes Gewebe zerstören.
	E	Explosionsge-fährlich	Dieser Stoff kann unter bestimmten Bedingungen explodieren.
	O	Brand fördernd	Brand fördernde Stoffe können brennbare Stoffe entzünden, Brände fördern und Löscharbeiten erschweren.
	F+	Hochent-zündlich	Hochentzündliche Stoffe können schon bei Temperaturen unter 0 °C entzündet werden.
	F	Leicht entzündlich	Leicht entzündliche Stoffe können schon bei niedrigen Temperaturen entzündet werden. Mit der Luft können sie explosionsfähige Gemische bilden.
	N	Umweltgefähr-lich	Wasser, Boden, Luft, Klima, Pflanzen oder Mikroorganismen können durch diesen Stoff so verändert werden, dass Gefahren für die Umwelt entstehen.

190   *Gefahrensymbole*